前言

在當前巨量資料時代下，推薦系統有著舉足輕重的地位。尤其是在網際網路經濟非常發達的時代，推薦系統可謂無處不在。如今推薦系統的做法變化多端，究其原因主要是近年來機器學習演算法領域的發展空前火熱。推薦系統的工程學問很多，但大方向相對較清晰，無非是收集巨量資料，然後統計分析，在做出模型之後根據模型預測使用者的偏好並做出推薦，所以如今的重點是研究推薦模型的做法，也是推薦演算法的研究。當然將演算法用作推薦早已不是新鮮事，但是問題在於推薦演算法派系眾多，例如有基於 CTR 預估發展的推薦演算法、序列推薦演算法、知識圖譜推薦演算法等。大的派系中還會分小派系，例如知識圖譜推薦演算法會分基於知識圖譜嵌入的推薦演算法、基於知識圖譜路徑的推薦演算法等。

寫作本書的初衷很簡單，市面上講解推薦演算法的書不算少，找到接地氣、值得按部就班系統地學習的書卻很少，筆者想用由淺入深的正確打開方式，使大家無痛學習推薦演算法，所以本書的重點之一是要整理這些眾多派系的推薦演算法，找出一條清晰的脈絡讓大家能夠順利入門。正如前文所説，機器學習乃至深度學習演算法日新月異，也就代表了推薦演算法本身的發展也一定是永不停歇地向前發展的，所以了解眾多派系的演算法並不是最終目的，而是要透過了解現有成熟的演算法進而領略出屬於自己的演算法系統，這樣方能跟上甚至引領這個時代。簡而言之，本書的真正重點是透過整理脈絡由淺入深地帶領大家走進推薦演算法領域，並建立自己的推薦演算法推理想法。

✤ 本書主要內容

- 第 1 章介紹推薦系統的發展歷史，對其做初步的了解。
- 第 2 章介紹較基礎的推薦演算法。

- 第 3 章介紹基於第 2 章的基礎推薦演算法結合深度學習的發展推導出的進階推薦演算法。
- 第 4 章介紹圖神經網路及結合圖神經網路進一步推導出的推薦演算法。
- 第 5 章介紹知識圖譜及結合知識圖譜進一步推導出的推薦演算法。
- 第 6 章介紹整個推薦系統的詳細結構及基本做法。
- 第 7 章介紹評估推薦演算法及推薦系統的指標及方式。
- 第 8 章介紹整個推薦工程整體的生命週期。

✤ 閱讀建議

　　本書內容豐富，尤其是第 2~5 章，這 4 章由淺入深地介紹各個派系的推薦演算法及推導過程，屬於本書的核心。其中每個演算法都介紹得非常詳細，並且都會有實戰範例程式幫助大家理解並提高動手能力。第 2 章和第 3 章建議讀者按照順序詳細閱讀，第 2 章是建立基礎，而第 3 章是基於第 2 章的推導，這兩章讀完後基本上就能入門推薦演算法且能夠有推導演算法的能力了。第 4 章的圖神經網路是目前的熱門學科，本書會由推薦的角度帶領大家了解圖神經網路且應用於推薦演算法中。第 5 章的知識圖譜算是專業度更高、實用性更強的推薦演算法派系，已經掌握前 4 章知識的讀者要學習第 5 章的知識應該是輕而易舉的。

　　第 6~8 章是整個推薦系統、商業及推薦工程的介紹。這 3 章筆者建議大家可以在讀完第 3 章後隨時提前取出閱讀。尤其是第 7 章，它系統地介紹了推薦系統的評估指標。大家可以在範例程式的基礎上增加自己的改良程式，並同時利用第 7 章的評估指標實際評估。

✤ 致謝

最初在網路上作為興趣上傳講解演算法的視訊，受到了不少網友的關注，因此有了寫作本書的契機。感恩在此過程中遇到的每一位支持者，尤其感謝我的妻子給予我的支持與幫助。

由於時間倉促，書中難免存在不妥之處，請讀者見諒，並提出寶貴意見。

於方仁

目錄

Contents

03 進階推薦演算法

Contents

04 圖神經網路與推薦演算法

05 知識圖譜與推薦演算法

Contents

06 推薦系統的建構

07　推薦系統的評估

08 推薦專案的生命週期

Contents

A 結語

推薦系統的初步了解

1.1 什麼是推薦系統

推薦系統是幫助使用者從巨量資訊中選擇有效物品的系統。

隨著目前人類世界的發展，資訊越來越多。若不加以處理，普通人很難靠自己從巨量的資訊中選擇適合自己的內容，這個問題的學名叫作資訊超載。

曾幾何時，電視的頻道總共只有十幾個甚至更早才幾個。每天晚上 7 點總是知道自己該看什麼電視節目，因為總共只有幾個選擇，但如今可在網路上觀看有史以來絕大多數的電視節目，包括電影、綜藝等。

而相對新聞內容，這些影視資訊其實還算有限，人類世界每天都能產生上億事件，但並不是所有事件都值得去關心，也不是所有事件讓我們想要去關心。假設一個新聞平臺僅是將每天的新聞延展在介面中，那麼相信沒有人能夠有這個心思從這些內容中尋找自己關心的事件。

為了解決資訊超載的問題，人類發明了推薦系統。推薦系統要做的事情是透過使用者的行為資料判斷出使用者的喜好，再結合系統內物品的資料進而計算出使用者可能喜歡的物品，然後將這些物品推薦給使用者。只要系統推薦出的物品的確令使用者滿意，那麼資訊超載的問題自然也就解決了。

但是推薦系統的潛力並不只是解決資訊超載，因為最令使用者滿意的物品並不代表是最適合使用者的物品。舉個簡單的例子，例如一個景點推薦系統，今天使用者向系統詢問推薦的景點，系統根據使用者的歷史資料統計並預測出使用者今天一定最想去迪士尼樂園，但是系統發現因為週末的原因迪士尼樂園今天的遊玩人數很多，如果使用者去迪士尼樂園未必能有好的遊玩體驗，所以系統再結合所有的資料綜合得到今天最適合該使用者去的景點為動物園。

1.2 推薦系統的由來

最初為了解決資訊超載問題的手段是將最好的物品推薦給使用者，所謂最好的物品可以透過資料統計出最多人關注的物品，也可以是平臺方主觀認為的內容最好的物品，但是所謂最好的物品其範圍實在太廣，所以可以將物品分類，然後根據一定規則統計出每個類別最好的物品推薦給使用者。這種古老的推薦方式固然很好，但是問題在於並沒有考慮到青菜蘿蔔各有所好的事實。

直到 1992 年，在美國加州的帕羅奧圖，有一家研究中心名為 Xerox Palo Alto Research Center，簡稱 PARC，發表了一篇名為 Using Collaborative Filtering to Weave an Information Tapestry[1] 的論文。該事件就代表著個性化推薦系統的開始。

1.2.1 Tapestry

Tapestry 是該推薦系統的名稱，Using Collaborative Filtering to Weave an Information 意思是利用協作過濾編織資訊，協作過濾 (Collaborative Filtering) 一詞便從此問世。當時的協作過濾與當今的協作過濾已經大相逕庭，協作過濾在當時的簡單解釋是人類協作系統過濾掉不喜歡的內容進而只推薦感興趣的內容。

Tapestry 主要解決的是個性化的問題，當時 PARC 公司的員工每天會收到相當多的電子郵件，但對於特定員工來講不是每封郵件都是有用的，所以該公司設計了一個郵件分發的機制，大概的意思是每人會在每天收到的郵件中挑選出幾份自己感興趣的，然後系統會根據這些資料優先推送感興趣的內容，並且不斷迭代形成越來越準確的推薦。

1.2.2 GroupLens

接下來的里程碑是約翰‧里德爾於 1994 年建立的 GroupLens[2] 新聞推薦系統。約翰‧托馬斯‧里德爾 (John Riedl，1962 年 1 月 16 日—2013 年 7 月 15 日) 是美國電腦科學家，也是明尼蘇達大學的教授。後來，里德爾所在的實驗室也以 GroupLens 命名。

GroupLens 基本的運作機制是讓讀者對看過的新聞進行一個評分，然後系統會綜合考慮所有人的評分，將有相似評分的使用者歸為同類使用者，並對使用者推薦與其同類的使用者喜歡的新聞 (這種推薦方式是目前普通人認知下的協作過濾含義)。隨後明尼蘇達大學的那個實驗室也以 GroupLens 命名。

1997 年，GroupLens 實驗室發佈了大名鼎鼎的 MovieLens 電影推薦系統，並開放原始碼了資料集。MovieLens 的資料集及電影推薦系統至今仍然是最適合推薦演算法入門的實戰專案。

1.3 推薦系統的概況

目前是一個巨量資料時代,簡而言之,目前的推薦系統是以各種演算法進行建模分析,進而預測出使用者喜歡的物品並進行推薦,所以簡單來說,目前的推薦系統是收集資料、統計資料的過程。如果確實沒有資料,那就設計產生資料的辦法。

因此目前推薦系統的核心是推薦演算法,隨著機器學習演算法的快速發展,越來越多的資料處理技巧被開發出來。GroupLens 的協作過濾推薦方式已經不是最優秀的推薦方式,更多的是利用機器學習乃至深度學習演算法產生的模型去推薦。且同一個推薦系統中,即使同一種推薦任務也會有多個模型同時進行配合去推薦。

推薦系統中的推薦任務自然不止一個,例如一個電子商務平臺首頁的綜合推薦、物品詳情頁的相似物品推薦、加入篩選條件的排序推薦,這些都屬於推薦系統中不同的推薦任務。

而同一個推薦任務所使用的模型也許不止一個,至少會有召回模型與排序模型之分。召回模型的任務是將候選物品從百萬級降至千百級,召回區別於召回率的那個召回,召回率的召回是從 Recall 一詞翻譯得來,而召回模型的召回是由 Match 一詞翻譯得來。其實 Match 譯作匹配可能更好。實際上召回模型是快速從大量的候選物品中匹配出少量的物品,而排序模型的任務是將這些匹配出的物品排序。召回與排序會在第 6 章詳細介紹。

推薦系統本身的業務邏輯層也有很多門路,但是既然推薦系統的核心是演算法,而演算法的核心是數學,數學是一門尋找事物間人類無法直觀發覺的隱藏關係的學科,所以入門推薦系統還應從推薦演算法學習,只要將推薦演算法學好,自然能推理出推薦系統的業務邏輯。

1.4 推薦演算法的概況

相較自然語言處理或電腦視覺而言，推薦演算法是最靈活且範圍極大的。靈活是在於所有的數學技巧都能應用於推薦演算法。範圍極大在於推薦本質上是預測，而所有機器學習演算法的任務本質上其實都是預測。例如自然語言處理中的文字分類任務是預測文字屬於哪一個分類，其實完全可以理解成給文字推薦一個最合適的分類任務。人臉辨識任務可以視為給一個人臉的圖像推薦一個最匹配的人。

是的，若以演算法角度去理解推薦，則不需要僅理解成給使用者推薦產品。僅需要理解成給 A 預測最匹配的 B，但是推薦演算法靈活及範圍大的特點是推薦演算法派系眾多，並且如今在深度學習大環境下的推薦演算法領域可謂百家爭鳴，各大公司及大學每年都會發佈新型的演算法模型。眼下正是本領域的上升期，並且目前並沒有一個最「正確」的通用推薦演算法，只有從客觀環境出發最「合適」的推薦演算法。對於人才的需求要有自己的知識系統，演算法想法清晰。

本書會將眾多推薦演算法分門別類，接下來的第 2~5 章會由淺入深地整理脈絡。圖 1-1 展示了推薦演算法的初步分類。

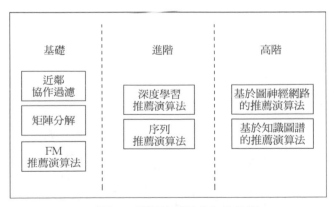

▲ 圖 1-1 推薦演算法的初步分類

具體每個類別會在對應章節中詳細介紹，第 2 章介紹基礎推薦演算法，第 3 章介紹進階推薦演算法，第 4 章介紹高階推薦演算法中的圖神經網路推薦演算法。第 5 章介紹知識圖譜推薦演算法。這些推薦演算法從效果來講並沒有高下之分，本書將其分類為高階或基礎是根據演算法模型的自身前置知識而言。

學習這些演算法最重要的是從中學習推薦演算法推演的方法，而非在遇到具體場景後依樣畫葫蘆地直接照搬某個演算法。

CHAPTER

02

基礎推薦演算法

推薦演算法的三大基礎是協作過濾、矩陣分解和 FM，這 3 個基礎中的重點是協作過濾，所以學習推薦演算法之前要了解一下協作過濾。

2.1 協作過濾

協作過濾一詞最初在 1992 年由 PARC 公司提出，此時協作過濾的含義是人類協作系統過濾喜歡或不喜歡的內容，進而達到個性化推薦的效果。

目前對於協作過濾的廣泛理解是人以群分，物以類聚。這是約翰·里德爾於 1994 年提出的 GroupLens 推薦概念。GroupLens 的推薦概念是說系統會推薦給使用者與其相似的使用者喜歡的物品，假設使用者應該會喜歡與其同一類使用者喜歡的物品，這就叫人以群分。

當代對於協作過濾的理解，並不是最初 1992 年提出的「協作過濾」一詞的形態。那為什麼不直接把「協作過濾」稱為「集體過濾」，並且

「集體過濾」是 GroupLens 的直譯，這樣可能就能見名思義了。這是因為個人的「協作過濾」也一樣具備「集體過濾」的效果。

假設有 3 個使用者和 3 個物品，使用者僅需要告訴系統自己喜歡的產品是什麼，然後我們便可將使用者回饋的資訊畫出，如圖 2-1 所示。

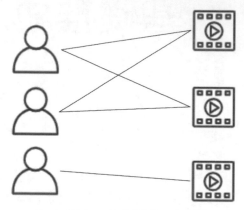

▲ 圖 2-1 協作過濾示意圖

很明顯，可以將由上往下數的第 1 個和第 2 個人歸為一個集體，因為他們都喜歡第 1 個和第 2 個物品。同理，第 1 個和第 2 個物品也同樣被第 1 個和第 2 個人喜歡，所以也可被歸為同一類物品，即人以群分，物以類聚。而對於收集資料而言，僅收集了使用者與物品的個人互動資料。

這是為什麼協作過濾無須改為集體過濾的原因，只要使用者回饋出其與物品發生的互動行為，使用者與使用者之間自然就會因為物品而連接起來，同理，物品與物品間也會因為使用者而連接起來。

從演算法上講，協作過濾可以歸為以下三大類：

(1) 近鄰協作過濾，例如 UserCF 和 ItemCF。
(2) 矩陣分解協作過濾，例如 SVD 和 LFM。
(3) 所有使用者物品互動資訊作標註的演算法。

目前網路上有很多關於協作過濾的教學，但是筆者認為講得都不夠透徹，所以本章由近鄰協作過濾開始，慢慢來整理協作過濾的脈絡，並會在本章的最後做一個總結。

2.2 基礎近鄰指標

首先採用最簡單、最好理解的近鄰協作過濾入門推薦演算法進行講解，所謂近鄰可以先理解為相似使用者，所以為了找到所謂的相似使用者或近鄰，需要先了解近鄰相似度指標。

近鄰相似度指標是衡量兩個樣本之間相似度的數學量，設定值越大代表這兩個樣本越相似。接下來將介紹幾個最基礎的相似度指標。

本節程式的位址為 recbyhand/chapter2/s2_basicSim.py。

2.2.1 CN 相似度

通用鄰居 (Common Neighbors, CN) 相似度觀察兩個樣本之間共有的鄰居數量來決定它們是否相似，其運算式為

$$S_{xy} = | N(x) \bigcap N(y) | \qquad (2\text{-}1)$$

$N(x)$ 表示 x 樣本的鄰居集，在一個社群網站的好友推薦場景中，CN 相似度也是使用者 x 與使用者 y 之間共同好友的數量，而在短影片推薦場景中，CN 相似度可以認為是使用者 x 與使用者 y 都喜歡的短影片數量。

CN 相似度的程式非常簡單，僅需計算兩個集合的交集長度，程式如下：

```
#recbyhand/chapter2/s2_basicSim.py
#CN (Common Neighbors) 相似度
```

```
def CN(set1,set2):
    return len(set1&set2)
```

CN 相似度的值是 [0, ∞]，所以無法單從某兩個樣本的 CN 相似度指標的值來判斷它們是否相似，而必須對樣本間的兩兩 CN 相似度比較後才能判斷。當然也可對所有的 CN 相似度做歸一化處理。

2.2.2 Jaccard 相似度

假設使用者 A 喜歡電影 1、2 和 3。使用者 B 喜歡電影 1~10。使用者 C 喜歡電影 2、3 和 4。如果僅考慮 CN 相似度指標，則使用者 A 與使用者 B 的 CN 相似度為 3，使用者 A 與使用者 C 的相似度為 2。如此一來使用者 B 對於使用者 A 來講更相似。

但是直覺告訴我們似乎這樣不是很合理，因為使用者 B 喜歡的電影太多了，與其他使用者有重疊的部分自然會多，而使用者 A 與 C 分別僅喜歡 3 部電影，並且在此基礎上還有兩部電影重疊。似乎使用者 C 相對使用者 B 來講更應該是使用者 A 的相似使用者，所以 Jaccard 在 20 世紀初提出的 Jaccard 指標用於當前場景似乎更加準確。公式以下 [1]：

$$S_{xy} = \frac{|\ N(x) \bigcap N(y)\ |}{|\ N(x) \bigcup N(y)\ |} \tag{2-2}$$

由公式 (2-2) 可以看出，Jaccard 指標是在 CN 指標的基礎上除以樣本間的聯集。這樣就考慮了樣本本身的集合越多，對於相似判斷的權重就會越低。

Jaccard 相似度的程式如下：

```
#recbyhand/chapter2/s2_basicSim.py
#Jaccard 相似度
def Jaccard(set1,set2):
    return len(set1&set2)/len(set1|set2)
```

　　將上文提到的 A、B 和 C 三種使用者資料代入，則可以得到使用者 A 與使用者 B 的 Jaccard 相似度為 0.3，使用者 A 與使用者 C 之間的相似度為 0.5，所以使用者 C 與使用者 A 更加相似。

　　且 Jaccard 相似度的設定值範圍為 [0,1]，越接近 1 則表示越相似。不需要再做歸一化處理。

2.2.3 Cos 相似度

　　Cos 相似度即兩個向量在空間裡的夾角餘弦值。夾角餘弦值越接近於 1 代表夾角越接近 0°，即在空間中的方向越相近。反之，餘弦值越接近於 0 代表夾角接近 90°，即在空間中越接近正交。如果接近於 -1 則代表完全反方向的向量。Cos 相似度的設定值範圍為 [-1,1]。

　　Cos 相似度的公式如下：

$$S_{XY} = \frac{\boldsymbol{X} \cdot \boldsymbol{Y}}{\|\boldsymbol{X}\| \|\boldsymbol{Y}\|} \tag{2-3}$$

　　即兩個向量的內積除以 L^2 範數的乘積。

基礎知識——範數

範數是用來衡量一個向量大小的物理量，記作 L^p 或 $\|X\|_p$，定義如下：

$$\|\boldsymbol{X}\|_p = \left(\sum_i |x_i|^p\right)^{\frac{1}{p}} \tag{2-4}$$

其中，$p \in \mathbf{R}, p \geqslant 1$。

當 $p = 1$ 時，是 L^1 範數：

$$\|\boldsymbol{X}\|_1 = \sum_i |x_i| \tag{2-5}$$

即 X 向量中所有元素絕對值的和。

當 $p = 2$ 時，是 L^2 範數：

$$\| X \|_2 = \left(\sum_i | x_i |^2 \right)^{\frac{1}{2}} \tag{2-6}$$

即所有元素平方和再求根。L^2 範數也被稱為歐幾里德範數 (Euclidean Norm)。因為它表示的是原點與該向量的歐幾里德距離。在機器學習中很常用，有時會省略下標 2，直接用 $\| X \|$ 表示，通常也被稱為向量的模長。有時也可透過向量與自身轉置的點積來計算，記作 $X^{\mathrm{T}} X$。

向量間 Cos 相似度的程式如下：

```
#recbyhand/chapter2/s2_basicSim.py
# 兩個向量間的 Cos 相似度
def cos4vector(v1,v2):
    return (np.dot(v1,v2))/(np.linalg.norm(v1)*np.linalg.norm(v2))
```

兩個集合間 Cos 相似度的公式如下：

$$S_{xy} = \frac{| N(x) \bigcap N(y) |}{\sqrt{| N(x) | \times | N(y) |}} \tag{2-7}$$

該公式僅是在 Cos 原版式子的基礎上做了幾步簡單的變化，因為可以把集合視作 1 與 0 的向量。例如：$N(x)=\{1,2,3,5\}$, $N(y)=\{1,4,5,6\}$，則 x 的向量可表示為 $[1,1,1,0,1,0]$，y 的向量可表示為 $[1,0,0,1,1,1]$。x 與 y 向量的點乘是元素值同時為 1 的對應位置的和，也是兩個集合的交集，而 x 向量的模長，也是向量中為 1 的數量開根號，而為 1 的數量是本身集合的長度。如此便獲得了公式 (2-7)，程式如下：

```
#recbyhand/chapter2/s2_basicSim.py
# 兩個集合間的 Cos 相似度
def cos4set(set1,set2):
    return len(set1&set2)/(len(set1)*len(set2))**0.5
```

2.2.4 Pearson 相似度

皮爾森 (Pearson) 相似度又稱皮爾森相關係數，用於衡量兩個變數之間的相關程度。設定值範圍為 [-1,1]。1 代表完全相關，0 代表毫無關係，-1 代表完全負相關。基準公式為

$$S_{XY} = \frac{\text{cov}(\boldsymbol{X},\boldsymbol{Y})}{\sigma\boldsymbol{X}\sigma\boldsymbol{Y}} \tag{2-8}$$

其中，$\text{cov}(\boldsymbol{X},\boldsymbol{Y})$ 代表協方差矩陣，公式如下：

$$\text{cov}(\boldsymbol{X},\boldsymbol{Y}) = \sum_{i=1}^{n}(X_i - \overline{X})(Y_i - \overline{Y}) \tag{2-9}$$

$\sigma\boldsymbol{X}$ 代表 $\boldsymbol{X}$ 的標準差：

$$\sigma\boldsymbol{X} = \sqrt{\sum_{i=1}^{n}(X_i - \overline{X})^2} \tag{2-10}$$

$\overline{X}$ 是 X 的期望也是平均值，所以皮爾森相似度可展開為

$$S_{XY} = \frac{\sum_{i=1}^{n}(X_i - \overline{X})(Y_i - \overline{Y})}{\sqrt{\sum_{i=1}^{n}(X_i - \overline{X})^2}\sqrt{\sum_{i=1}^{n}(Y_i - \overline{Y})^2}} \tag{2-11}$$

程式如下：

```
#recbyhand/chapter2/s2_basicSim.py
# 兩個向量間的 Pearson 相似度
def pearson(v1, v2):
    v1_mean = np.mean(v1)
    v2_mean = np.mean(v2)
    return (np.dot(v1 - v1_mean, v2 - v2_mean))/\
        (np.linalg.norm(v1 - v1_mean) * np.linalg.norm(v2 - v2_mean))
```

2.2.5 Pearson 相似度與 Cos 相似度之間的聯繫

Pearson 相似度其實與 Cos 相似度之間存在著隱藏關係。Cos 相似度的公式展開為

$$\mathrm{Cos}_{XY} = \frac{\boldsymbol{X} \cdot \boldsymbol{Y}}{\|\boldsymbol{X}\| \|\boldsymbol{Y}\|} = \frac{\sum_{i=1}^{n} X_i Y_i}{\sqrt{\sum_{i=1}^{n} X_i^2} \sqrt{\sum_{i=1}^{n} Y_i^2}} \qquad (2\text{-}12)$$

Cos 公式和 Pearson 公式是不是很像？如果設向量 $\boldsymbol{X'}$ 和 $\boldsymbol{Y'}$ 並令 $\boldsymbol{X'}=\boldsymbol{X}-\overline{\boldsymbol{X}}$, $\boldsymbol{Y'}=\boldsymbol{Y}-\overline{\boldsymbol{Y}}$，則 Cos 相似度不是在求這兩個向量間的夾角餘弦值嗎？所以 Pearson 相似度是先讓每個向量的值都減去該向量所有值的平均值，然後求夾角餘弦值。這個操作其實等價於先對資料做標準化的處理，然後求取餘弦相似度，程式如下：

```
#recbyhand/chapter2/s2_basicSim.py
# 兩個向量間的 Pearson 相似度
def pearsonSimple(v1, v2):
v1 -= np.mean(v1)
v2 -= np.mean(v2)
return cos4vector(v1, v2) # 呼叫餘弦相似度函式
```

對資料做標準化處理的意義在哪裡呢？下面用實際的資料來說明，例如使用者 A 和使用者 B 對物品 1、物品 2 及物品 3 的評分分別是 A:[1,3,2] 和 B:[8,9,1]。如果直接求取它們的 Cos 相似度，則等於 0.82。這是一個很大的數，但是單從資料上看使用者 A 和使用者 B 不該有那麼高的相似度，因為顯然它們對物品的評分差異是很大的，所以對資料進行標準化處理後，也是將使用者對每個物品的評分減去該使用者對所有物品的平均得分，再求夾角餘弦值可得 0.11，即 Pearson 相似度，顯然這更加合理。

還需要注意的是，不是所有情況下 Pearson 相似度都優於 Cos 相似度。如果只是求兩個集合間的相似度，則 Pearson 相似度無意義。因為 Pearson 相似度更能表現的是資料的線性相關性，假設每個使用者對物品的評分具備時間屬性，例如使用者越早的評分記錄在向量中靠前的位置，越晚的評分記錄在向量中靠後的位置。此時的 Pearson 相似度就能完美地表現出不同使用者對物品喜好演化過程的相似度。

2.3 以近鄰為基礎的協作過濾演算法

近鄰協作過濾分為以使用者為基礎的協作過濾 (UserCF) 與以物品為基礎的協作過濾 (ItemCF)。

2.3.1 UserCF

以使用者為基礎的協作過濾 (User Based Collaborative Filtering, UserCF)[3]，也是最基礎的「人以群分」的概念，而定義人的要素主要是人的行為。

舉例來說，已知每個使用者喜愛的物品集合或每個使用者對產品的評分情況，可以用相似度指標計算出每兩兩使用者之間的相似度，然後得到每個使用者的近鄰，即相似使用者。這一步其實在機器學習中是 K 近鄰演算法 (*K*-Nearest Neighbor,KNN)。

可以設定一個 K 值，即得到每個使用者的 K 個最近鄰，然後從這 K 個最近鄰中挑選他們喜愛的物品並推薦給目標使用者。

2.3.2 行為相似與內容相似的區別

2.3.1 節講到定義人的要素主要是人的行為，而行為主要是為了區別人本身的內容屬性。行為可以透過觀察使用者的歷史記錄得到他喜愛的物品集來定義。內容屬性是指例如年齡、性別、職業等特徵。

從事推薦相關工作的產品經理及專案經理通常認為協作過濾是指找到目標使用者相似屬性的使用者，而初級的推薦演算法工程師通常會認為協作過濾是指找到目標使用者相似行為的使用者。那麼這兩者究竟誰對呢？其實都對，而且目前成熟的推薦演算法都會結合行為特徵與內容特徵做協作過濾，本書後面會講解。目前需先釐清什麼是行為特徵，什麼是內容特徵，以及它們的優劣勢。

一般認為行為特徵更加代表真實的情況，否則「憑什麼說女生就一定喜歡某某物品」這種疑問就會出現。的確，憑什麼知道職業為企業家的使用者會喜歡什麼，或家庭主婦會喜歡什麼。答案是憑女生、企業家和家庭主婦這類群眾的行為特徵。

所以即使相似使用者間的定義是用內容屬性定義，但是對於內容屬性本身的定義也是根據所屬這一類別的使用者行為而來，如圖 2-2 所示。

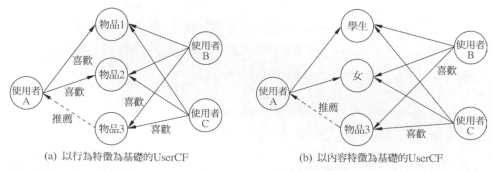

(a) 以行為特徵為基礎的 UserCF　　　　　(b) 以內容特徵為基礎的 UserCF

▲ 圖 2-2　以行為特徵以及內容特徵為基礎的 UserCF

以行為特徵為基礎的 UserCF 與以內容特徵為基礎的 UserCF 僅是定義相似使用者時所用的特徵不同，而儘管是以內容特徵為基礎的 UserCF，其實也是透過統計同時擁有「女」與「學生」內容特徵的使用者群眾喜歡什麼樣的物品，進而推薦給使用者 A。

通常來講，對於一個理想的推薦系統，只要它的使用者行為資料足夠多，自然簡單利用行為特徵做協作過濾就已經能達到很好的效果，但是現實中也有很多情況是使用者並沒有太多的行為，所以內容特徵造成的作用是將有限的資料透過內容特徵泛化開。例如雖然使用者 A 在系統中沒有與任何一個物品發生過互動，但是使用者 A 所在的使用者群眾 (例如「20 歲的男戰士」) 是有很多行為資料的，則自然可以暫時將這個群眾的行為資料泛化給使用者 A，進而給 A 做推薦。

但是涉及內容特徵後，僅憑 K 近鄰演算法其實還不夠，而是需要更多維度的演算法去處理，本書後面會講解。其實最初版的 UserCF 是：根據 K 近鄰演算法以行為特徵為基礎的協作過濾。只是 UserCF 也是以使用者為基礎的協作過濾這個名字起得太大，的確存在很多模糊的概念，所以筆者認為有必要幫大家將重點整理一下，總結如下。

(1) 狹義的 UserCF：根據 K 近鄰演算法以行為特徵為基礎得到相似使用者後，給目標使用者推薦相似使用者喜愛的物品。
(2) 廣義的 UserCF：透過任意手段找到相似使用者，給目標使用者推薦相似使用者喜愛的物品。

2.3.3 ItemCF

以物品為基礎的協作過濾 (Item Based Collaborative Filtering, ItemCF)[4]，也是「物以類聚」的概念，如果理解了「行為特徵」與「內容特徵」，則 ItemCF 就很好理解了。可參見以下兩種定義。

(1) 以物品為基礎的普通推薦：給目標使用者推薦與他喜愛的物品內容相似的物品。

(2) 以物品為基礎的協作過濾推薦：給目標使用者推薦與他喜愛物品行為相似的物品。

內容相似的物品很好理解，例如對於兩部電影而言，如果它們的題材一樣，故事內容又差不多，甚至標題看起來都一樣，則可認為是內容相似的電影，但什麼是行為相似的物品呢？根據 UserCF 的啟發可以知道，一個使用者與物品的互動行為可以認為是使用者的行為特徵，則對於物品而言，自然可以把這個物品與使用者的互動行為認為是物品的行為特徵。

以使用者物品互動行為特徵為基礎得到的相似使用者、以使用者物品互動行為特徵為基礎得到的相似物品，和以內容特徵為基礎得到的相似物品，這三者的區別如圖 2-3 所示。

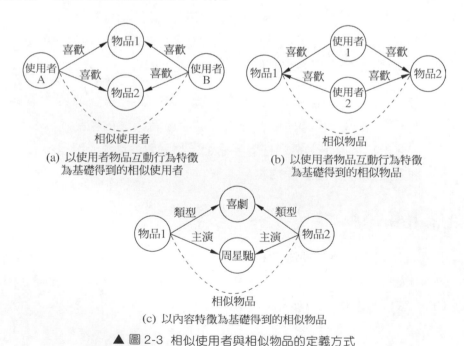

(a) 以使用者物品互動行為特徵
　　為基礎得到的相似使用者

(b) 以使用者物品互動行為特徵
　　為基礎得到的相似物品

(c) 以內容特徵為基礎得到的相似物品

▲ 圖 2-3 相似使用者與相似物品的定義方式

需要注意，以內容特徵為基礎得到的相似物品，這種手段稱不上協作過濾，所以前面稱之為以物品為基礎的普通推薦。因為協作過濾的重點是要在使用者物品的互動行為資料中找到推薦的規律並不斷地迭代模型。如果僅採用內容特徵做相似物品的定義，則物品間的相似度並不會根據使用者的行為發生迭代更新。且根據實際情況看來，以內容為基礎的推薦效果遠遜於 ItemCF，這也很好理解，因為以內容為基礎的推薦會造成給使用者推薦內容不斷趨近於同質化，但更重點的是以內容為基礎的推薦需要假設「使用者會喜歡與他喜歡的物品內容相似的物品」，而包括 ItemCF 在內的所有協作過濾需要的假設都是「使用者會喜歡跟他有相同喜好的人喜歡的物品」，從實際情況看來，後者假設為真的機率比前者更高。

理解上述內容後，再來看 UserCF 與 ItemCF 的推薦方式的區別，如圖 2-4 所示。

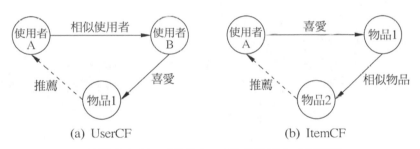

(a) UserCF　　　　　　　(b) ItemCF

▲ 圖 2-4 UserCF 與 ItemCF 的推薦方式的區別

一般情況下 UserCF 比 ItemCF 在模型效果評測上會顯得更好，但是實際情況下 ItemCF 往往比 UserCF 實用很多，很大一部分原因是因為系統中使用者往往比物品要多，並且變化快。推薦模型並不是僅訓練一次就可以了，必須即時地在巨量資料環境下更新。例如一個短影片平臺，使用者想看的影片往往僅被自己 5 分鐘內甚至更短時間內的影片影響。如果是 UserCF，必須即時更新每個使用者的相似使用者列表才能讓推薦準確，但是如果是 ItemCF，則要求沒那麼高，因為當用 ItemCF 給使用

者推薦影片時，取的是該使用者最近幾個喜愛影片的相似影片，這表示即使物品間的相似清單更新速率不是那麼快，使用者的行為變化也會被系統捕捉到。

2.3.4 實戰：UserCF

UserCF 完整程式的位址為 recbyhand/chapter2/s34_userCF_01label. py。這裡只列出了幾個關鍵的步驟。資料集採取 Movielens 的 ml-100k，將使用者物品評分三元組的檔案前置處理一下，將評分 4 以上 (包含 4) 的標註為 1，將評分 4 以下的標註為 0，會得到如圖 2-5 所示的資料。

```
243 543 0
165 717 0
297 612 1
114 941 0
252 599 1
304 571 0
5   304 0
```

▲ 圖 2-5 使用者物品互動標註資料

此資料是使用者 id、物品 id 及喜惡標註 (1 代表喜歡，0 代表不喜歡) 的三元組。本節寫一個最簡單入門的 UserCF，所以使用以下的函式來將資料讀成集合形式。傳入的是三元組資料，傳回的是 {user1:{item1, item2,item3} 和 user2:{item3,item4,item5}} 這種字典附帶集合的形式。每個使用者 id 對應的是他喜歡的電影集合，程式如下：

```
#recbyhand/chapter2/s34_userCF_01label.py
import collections
def getSet(triples):
    user_items = collections.defaultdict(set)
    for u, i, r in triples:
        if r == 1:
            user_items[u].add(i)
    return user_items
```

使用 2.2 節中介紹的基礎近鄰指標，並使用 KNN 演算法得到使用者的 K 近鄰，程式如下：

```python
#recbyhand/chapter2/s34_userCF_01label.py
def knn4set(trainset, k, sim_method):
    '''
    :param trainset：訓練集合
    :param k：近鄰數量
    :param sim_method：相似度方法
    :return：{ 樣本 1:[ 近鄰 1, 近鄰 2, 近鄰 3]}
    '''
    sims = {}
    # 兩個 for 迴圈遍歷訓練集合
    for e1 in tqdm(trainset):
        ulist = []# 初始化一個串列來記錄樣本 e1 的近鄰
        for e2 in trainset:
            # 如果兩個樣本相同，則跳過
            if e1 == e2 or len(trainset[e1]&trainset[e2]) == 0:
                # 如果兩個樣本的交集為 0，則跳過
                continue
            # 用相似度方法取得兩個樣本的相似度
            sim = sim_method(trainset[e1], trainset[e2])
            ulist.append((e2, sim))
        # 排序後取前 K 的樣本
        sims[e1] = [i[0] for i in
            sorted(ulist, key=lambda x:x[1],
                reverse=True)[:k]]
    return sims
```

得到使用者的近鄰集之後生成推薦列表，程式如下：

```python
#recbyhand/chapter2/s34_userCF_01label.py
# 得到以相似使用者為基礎的推薦列表
def get_recomedations_by_usrCF(user_sims, user_o_set):
    '''
    :param user_sims：使用者的近鄰集：{ 樣本 1:[ 近鄰 1, 近鄰 2, 近鄰 3]}
    :param user_o_set：使用者原本喜歡的物品集合：{ 使用者 1:{ 物品 1, 物品 2,  物品 3}}
```

```
    :return：每個使用者的推薦列表 { 使用者 1：[ 物品 1，物品 2，物品 3]}
    '''
    recomedations = collections.defaultdict(set)
    for u in user_sims:
        for sim_u in user_sims[u]:
            # 將近鄰使用者喜愛的電影與自己觀看過的電影去除重複後推薦給自己
            recomedations[u] |= (user_o_set[sim_u] - user_o_set[u])
    return recomedations
```

以上只是 UserCF 的重點程式，更多的內容可查看完整程式。

2.3.5 實戰：ItemCF

ItemCF 其實跟 UserCF 差不多，讀取資料及 KNN 的方法都一樣，ItemCF 的範例程式僅在 UserCF 的基礎上略微做了改動，檔案位址：recbyhand/chapter2/s35_itemCF_01label.py。

主要區別是在得到物品的近鄰集之後，生成每個使用者的推薦清單所用的邏輯不同，程式如下：

```
#recbyhand/chapter2/s35_itemCF_01label.py
# 得到以相似物品為基礎的推薦列表
def get_recomedations_by_itemCF(item_sims, user_o_set):
    '''
    :param item_sims：物品的近鄰集：{ 樣本 1：[ 近鄰 1，近鄰 2，近鄰 3]}
    :param user_o_set：使用者原本喜歡的物品集合：{ 使用者 1：{ 物品 1，物品 2， 物品 3}}
    :return：每個使用者的推薦列表 { 使用者 1：[ 物品 1，物品 2，物品 3]}
    '''
    recomedations = collections.defaultdict(set)
    for u in user_o_set:
        for item in user_o_set[u]:
            # 將自己喜歡物品的近鄰物品與自己觀看過的影片去除重複後推薦給自己
            if item in item_sims:
                recomedations[u] |= set(item_sims[item]) - user_o_set[u]
    return recomedations
```

2.3.6 實戰：標註為 1~5 的評分

標註為 1~5 的評分的完整程式位址：

recbyhand/chapter2/s36_userItemCF_15label.py。

資料如圖 2-6 所示，第三列的標註為
1~5 的數字。

```
180  1127    1
277  1178    5
275  1030    1
6    1320    4
```

▲ 圖 2-6 使用者物品評分三元組

這樣自然就取不到一個集合了，所以要用字典的形式讀取資料，程式如下：

```
#recbyhand/chapter2/s36_userItemCF_15label.py
#以字典的形式讀取資料，傳回 {uid1:{iid1:rate,iid2:rate}}
def getDict(triples):
    user_items = collections.defaultdict(dict)
    item_users = collections.defaultdict(dict)
    for u, i, r in triples:
        user_items[u][i]=r
        item_users[i][u]=r
    return user_items, item_users
```

此處無法簡單地利用集合間相似度指標計算使用者或物品的相似度，但是如果直接用向量間的相似度指標，則會有一個新問題，假如把所有的使用者與所有的物品展開而形成一個使用者數量 × 物品數量的表格，然後把某使用者給某物品的評分填入對應的位置，見表 2-1。

表 2-1 使用者物品共現表

使用者	物品 1	物品 2	物品 3	物品 4	物品 5
使用者 1	1	2	3	?	?
使用者 2	?	5	4	3	?
使用者 3	1	1	?	?	2
使用者 4	5	?	5	5	5

注意表格中的「?」儲存格,「?」表示該使用者並未對該物品做出評分,所以無法得到準確的數字。如果直接將表格中的一行代替對應使用者的向量,則會有以下情況,使用者 1 的向量是 [1,2,3,?,?],使用者 2 的向量是 [?,5,4,3,?]。對使用者 1 與使用者 2 求他們之間的 Cos 相似度該怎樣計算呢?

目前只能避開「?」去計算,根據 Cos 相似度的公式:

$$\text{Cos}_{XY} = \frac{\sum_{i=1}^{n} X_i Y_i}{\sqrt{\sum_{i=1}^{n} X_i^2} \sqrt{\sum_{i=1}^{n} Y_i^2}} \tag{2-13}$$

將使用者 1 與使用者 2 的資料代入,分子是一個求內積的操作,即對應位元相乘,然後全部加起來。避開問號的部分,使用者 1 與使用者 2 的內積也是 $2 \times 5 + 3 \times 4 = 22$,分母是兩個向量的 L2 範數相乘,使用者 1 的 L2 範數是 $\sqrt{1^2 + 2^2 + 3^2} \approx 3.74$,使用者 2 的 L2 範數是 $\sqrt{5^2 + 4^2 + 3^2} \approx 7.07$。最後計算 $22/(3.74 \times 7.07) \approx 0.83$。其實等效於用 0 去代替「?」的位置。

但是也不需要用 0 去填充所有的問號的位置,因為這樣會造成資料大規模稀疏,在實際工作中物品的量級往往是千萬級的,但很顯然一個使用者能對幾百個物品進行評分已經算是很活躍的使用者了,所以如果用 0 去填充該使用者沒評分過的其餘的所有物品,則該使用者向量中會有千萬個 0 存在,這是要避免的情況。

那該怎麼做呢?在求兩兩使用者或物品的相似度時,為 0 的部分不會參與計算,所以可以在計算相似度時,將使用者的向量擴充成這兩個使用者聯集的長度。例如上述的資料情況,當計算使用者 1 與使用者 2 的 Cos 相似度時,使用者 1 的向量就可以擴充為 [1,2,3,0],使用者 2 的向量則可擴充為 [0,5,4,3],但如果計算使用者 1 與使用者 3 的向量,則使用

者 1 的向量可擴充為 [1,2,3,0]，使用者 3 的向量可擴充為 [1, 1, 0, 2]。如果某兩個使用者間的交集數量為 0，則他們的相似度可直接傳回 0，程式如下：

```
#recbyhand/chapter2/s36_userItemCF_15label.py
# 根據評分字典得到 Cos 相似度
def getCosSimForDict(d1, d2):
    '''
    :param d1：字典 {iid1:rate, iid2:rate}
    :param d2：字典 {iid2:rate, iid3:rate}
    :return：得到 Cos 相似度
    '''
    s1 = set(d1.keys())
    s2 = set(d2.keys())
    inner = s1 & s2
    if len(inner) == 0:
        return 0 # 如果沒有交集，則相似度一定為 0
    a1, a2 = [],[]
    for i in inner:
        a1.append(d1[i])
        a2.append(d2[i])
    for i in s1 - inner:
        a1.append(d1[i])
        a2.append(0)
    for i in s2 - inner:
        a1.append(0)
        a2.append(d2[i])
    return b_sim.cos4vector(np.array(a1), np.array(a2))
```

其餘的部分和用集合去做的 UserCF 或 ItemCF 相似。具體可查看完整的程式，另外也可嘗試用 Pearson 相似度去試一試。

2.4 推薦模型評估：入門篇

推薦模型評估其實有很多內容，具體會在第 7 章詳細且系統地講解，但是筆者相信大家實戰過後一定想要評測一下自己的模型有沒有效果，所以此處還是先穿插著講解幾個基本的推薦演算法的評測方式，本節先來初步地了解一下最簡單、最基礎的評測方式。

2.4.1 廣義的準確率、精確率、召回率

機器學習的基本模型的評測指標有準確率、精確率、召回率、F1、AUC、ROC 等，本節重點先介紹準確率、精確率和召回率這 3 個最基礎的評估指標。

首先簡單介紹一下廣義的精確率和召回率，可參見以下 6 個概念。

(1) P (Positive)：正例數。

(2) N (Negative)：負例數。

(3) TP (True Positive 真正例)：將正例預測為正例數。

(4) FN (False Negative 假負例)：將正例預測為負例數。

(5) FP (False Positive 假正例)：將負例預測為正例數。

(6) TN (True Negative 真負例)：將負例預測為負例數。

理解上述概念後，廣義的準確率、精確率和召回率的計算公式分別如下：

$$準確率\ (Accuracy) = \frac{TP+TN}{P+N} \tag{2-14}$$

$$精確率\ (Precision) = \frac{TP}{TP+FP} \tag{2-15}$$

$$召回率\ (Recall) = \frac{TP}{TP+FN} \tag{2-16}$$

2.4.2 推薦系統的準確率、精確率、召回率

如果 2.4.1 節的內容沒理解，則可直接結合具體的資料來看。假設用測試資料的使用者物品標註三元組及模型舉出的預測情況，見表 2-2。

表 2-2 使用者物品標註三元組資料範例

資料名稱	資料內容									
使用者 id	1	1	1	1	1	2	2	2	2	2
物品 id	1	2	3	4	5	3	4	5	6	7
真實喜歡與否	True	True	False	False	True	True	False	True	True	False
預測是否喜歡	True	True	True	False	True	True	True	False	True	False

此時：

TP(真正例)，原本為 True，預測也為 True 的個數一共是 5 個。

FN(假負例)，原本為 True，預測成 False 的個數一共是 1 個。

FP(假正例)，原本為 False，預測為 True 的個數一共是 2 個。

TN(真負例)，原本為 False，預測為 False 的個數一共是 2 個。

首先來講解準確率，此處準確率 (Accuracy)=(TP+TN)/($P+N$)=(5+2)/10 =70%。

準確率其實很好理解，$P+N$ 是所有正例加上所有負例，即總樣本數，而 TP+TN 也是所有預測正確的數量，所以準確率就可理解為預測正確的機率。

在很多情況下，只看模型的準確率是不夠的，假如總共有 10000 個樣本，9990 個是負例，只有 10 個是正例，則模型只需將所有的輸出都標記為 False，它的準確率就可高達 99.9% 了。即使將某幾個負例也預測為正例，也根本動搖不了準確率在 99% 左右徘徊的可能性，所以針對這種情況，需要指標精確率來描述資料。

在表 2-2 所示的資料中，精確率 (Precision)=TP/(TP+FP)=5/(5+2)=71.4%，其中 TP 可以認為是使用者真實喜歡的物品，而 FP 是使用者不喜歡的物品，但被模型預測成喜歡並推薦給了使用者，所以精確率其實是最能離線模擬線上點擊率的指標。上述 10000 個樣本的這種情況，如果一個正例都沒預測對，則分子是 0 了，所以精確率會直接變成 0，而不會出現 99% 這種值。即使分對了幾個，分母的基礎 TP 僅是 10，而萬一將幾個負例也分成正例，那麼分母還得加上幾個 FP，這種情況下精確率也不會高得離譜，所以在推薦系統中精確率遠比準確率有參考價值。

最後計算召回率，此處召回率 (Recall)=TP/(TP+FN)=5/(5+1)=83.3%。分母的 TP+FN 其實是所有的正例，所以召回率評測的是，有沒有將使用者所有喜歡的物品充分挖掘出來並且匹配給使用者。這也是為什麼推薦系統的召回層的中文名叫召回層，而不叫匹配層的原因 (召回層的英文名為 Matching Layer)。因為推薦系統最好在召回層使用一些召回率高且快速的模型，盡可能地將使用者喜歡的物品挖掘出來，然後交由排序層排序，排序層模型重點追求的是點擊率，即精確率。

2.4.3 推薦列表評測

那麼問題來了，剛剛講解的近鄰協作過濾產生的只是一個推薦清單，並不是一個模型可以預測使用者給物品的點擊率或評分，那麼該怎麼評測呢？首先將 preds 定義為模型推薦的物品清單，將 pos 定義為使用者互動記錄中喜歡的物品集，將 neg 定義為使用者互動記錄中不喜歡的物品集。則

$$精確率 (Precision)= \frac{TP}{TP+FP} = \frac{|\ preds \cap pos\ |}{|\ preds \cap pos\ | + |\ preds \cap neg\ |} \tag{2-17}$$

$$全負精確率 (Precision_{full})= \frac{TP}{TP+FP'} = \frac{|\ preds \cap pos\ |}{|\ preds\ |} \tag{2-18}$$

$$召回率 (Recall) = \frac{TP}{TP+FN} - \frac{|\, preds \cap pos \,|}{|\, pos \,|} \tag{2-19}$$

測試集的資料見表 2-2。

對於使用者 1 而言，pos={1,2,5}，neg={3,4}。

此時假設給使用者 1 推薦的物品列表為 [2, 3, 4, 5, 6]，則 preds= {2,3,4,5,6}，

所以：

TP = |\, preds $\cap$ pos \,| = |\, {2,3,4,5,6} $\cap$ {1,2,5} \,| = |\, {2,5} \,| = 2

FP = |\, preds $\cap$ neg \,| = |\, {2,3,4,5,6} $\cap$ {3,4} \,| = |\, {3,4} \,| = 2

此處真正例很好找，是 [2, 5] 兩個物品，所以 TP 是 2，而假正例有 [3, 4] 等物品，物品 6 不在使用者 1 的測試集中，所以不能確定使用者 1 對物品 6 是喜歡還是不喜歡，所以假正例其實只有 3 和 4，則 FP 是 2，精確率為 TP/(TP+FP)=2/(2+2)=50%。

當然如果把物品 6 也看作負例，即把正例以外所有樣本全部當作負例去計算精確率自然也是可以的，這種測量方法可稱為全負精確率。此時的 neg 是除了正例 1、2 和 5 以外所有物品的集合，所以 FP′ 是集合 {3, 4, 6} 的長度，再加上兩個真正例分母計算得 5，全負精確率 =2/5=40%。其實按照正例以外均視為負例這種定義，分母的 (TP+FP) 總等於推薦列表的長度。

全負精確率通常比普通精確率更接近線上的點擊率，因為通常在一個系統中對於某個特定使用者而言，他不喜歡的物品一定遠遠多於他喜歡的物品，所以正例以外的物品小機率會是正例，而大機率是負例。

接下來的召回率就更好理解了，TP+FN 總是所有正例的數量，在目前資料環境下是所有使用者 1 喜歡的物品，也是 1、2 和 5 這 3 個物品，

其中 2 和 5 出現在推薦列表中，而物品 1 卻沒有，可以認為物品 1 是一個分錯的負例，即假負例，所以 FN 是 1，分母是 3，召回率是 66.6%。

2.4.4 對近鄰協作過濾模型進行評測

對 2.3 節的模型做個評測。首先用一個通用的函式求集合間召回率，程式如下：

```
#recbyhand/utils/evaluate.py
def recall4Set(test_set, pred_set):
    '''
    :param test_set: 真實使用者喜愛的物品集合 {iid1,iid2,iid3}
    :param pred_set: 預測的推薦集合 {iid2,iid3,iid4}
    :return: 召回率
    '''
    #計算它們的交集數量除以測試集的數量即可
    return len(pred_set&test_set)/(len(test_set))
```

然後撰寫一個求精確率的通用函式，程式如下：

```
#recbyhand/utils/evaluate.py
def precision4Set(test_pos_set, test_neg_set, pred_set):
    '''
    :param test_pos_set: 真實使用者喜愛的物品集合 {iid1,iid2,iid3}
    :param test_neg_set: 真實使用者不喜愛的物品集合 {iid1,iid2,iid3}
    :param pred_set: 預測的推薦集合 {iid2,iid3,iid4}
    :return: 精確率
    '''
    TP = len(pred_set&test_pos_set)
    FP = len(pred_set&test_neg_set)
    # 若推薦清單和真實的正負例樣本均無交集，則傳回 None
    p = TP / (TP + FP) if TP + FP > 0 else None
    #p = TP/len(pred_set) # 若對模型嚴格一點可這麼去算精確度
    return p
```

做評測前，需要劃分資料，即劃分出訓練集與測試集，程式如下：

```
#recbyhand/chapter2/dataloader.py
test_set = random.sample(triples, int(len(triples)*0.1))
train_set= list(set(triples) - set(test_set))
```

在從三元組讀取資料並使資料成集合形式的時候，可以順便得到使用者的正例集合與負例集合，修改原本在 recbyhand\chapter2\s44_userCF_01label.py 檔案中的 getSet() 方法，程式如下：

```
#recbyhand\chapter2\s44_userCF_01label.py
# 以集合形式讀取資料，傳回 {uid1:{iid1,iid2,iid3}}
def getSet(triples):
# 使用者喜歡的物品集
user_pos_items = collections.defaultdict(set)
# 使用者不喜歡的物品集
user_neg_items = collections.defaultdict(set)
# 使用者互動過的所有物品集
user_all_items = collections.defaultdict(set)
# 以物品為索引，喜歡物品的使用者集
item_users = collections.defaultdict(set)
for u, i, r in triples:
    user_all_items[u].add(i)
    if r == 1:
        user_pos_items[u].add(i)
        item_users[i].add(u)
    else:
        user_neg_items[u].add(i)
return user_pos_items, item_users, user_neg_items, user_all_items
```

得到推薦列表後，將推薦列表和真實的正負例集合代入求召回率及精確率的方法即可得到結果。評估兩次不同標註情況下的 UserCF 及 ItemCF 的精確率與召回率，結果見表 2-3。

表 2-3　近鄰協作過濾模型評估

模型	精確率 /%	召回率 /%
UserCF(label 0 1)	67.74	81.86
ItemCF(label 0 1)	70.95	62.35
UserCF(label 1~5)	71.31	69.67
ItemCF(label 1~5)	69.17	62.29

可以看到當標註僅為 0 或 1 時，UserCF 的召回率高於 80%。首先，的確協作過濾的召回率總是很出色，並且因為近鄰推薦的時間複雜度相當低，所以 UserCF 或 ItemCF 放在召回層很合適。

其次，可以發現並不一定複雜的是最好的，經過行業內幾年的驗證，發現使用者對物品的評分僅最低分和最高分有絕對的參考意義，例如評分 1~5，1 分代表使用者不喜歡，5 分代表使用者喜歡。中間的 2、3 和 4 分就很難講，有的使用者打的 3 分是不喜歡，而有的是喜歡。且實際的觀測資料也發現打 1 分與 5 分的佔比會遠高於其他分數。

所以到今天，實際的工業場景中也不太會用評分作為判斷使用者物品互動資料，取而代之的是使用者的隱性回饋資料，所謂隱性回饋資料是使用者在無意識的情況下造成的。評分屬於帶有主觀意識的行為，所以叫作顯性回饋。隱性回饋 (例如點擊操作) 可以認為是一次正例，曝光但未點擊則可認為是一次負例，得到的標註是 1 或 0。

2.5　進階近鄰指標

本節程式的位址：recbyhand/chapter2/s5_furtherSim.py。

除了一些基礎的相似度以外，可以結合業務場景自訂近鄰指標。例如推薦系統中常會遇到一個問題，即流行度長尾問題。

流行度長尾問題是指熱門的物品會更熱門，冷門的物品會更冷門，流行度會呈現一個冪律分佈。一個好的推薦系統在保證點擊率的同時，也得挖掘出冷門物品。

2.5.1 User-IIF 與 Item-IUF

在計算使用者間相似度時，可以用流行度去衰減熱門物品影響的相似權重，這種方法的學名叫作 User-IIF。逆物品頻率 (Inverse Item Frequency, IIF) 是指物品頻率的倒數，通常會取對數來使資料平滑，因為冪律函式取對數是一個線性函式，如圖 2-7 所示。

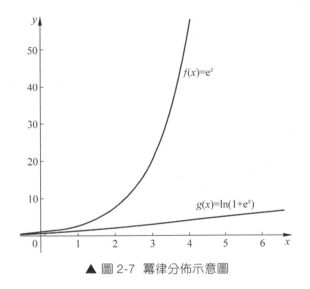

▲ 圖 2-7 冪律分佈示意圖

f 函式中當 x 僅為 5 時，$f(x)$ 的值已經超過了 50，而且 y 軸的座標本身的長度比例就比 x 軸大很多，可見冪律分佈的可怕，所以 g 函式取一個對數，就變成了斜率為 $\ln(e)$，即斜率是 1 的直線，加上一個常數 1 是為了防止物品頻率為 0 而無法計算。

設在當前推薦系統中物品頻率為點擊該物品的總人數，用 N(i) 表示。流行度 (Popularity) 用 ppl 表示，則有：

$$ppl_i = \ln(1+N_{(i)}) \qquad (2\text{-}20)$$

傳入一個物品索引集合後計算流行度並記錄，程式如下：

```
#recbyhand/chapter2/s5_furtherSim.py
import math
def getPopularity(data_sets):
    '''
    :param 使用者或物品集合 {iid:{uid1,uid2}}
    :return 傳回一個記錄流行度的字典 {iid1:ppl1, iid2:ppl2}
    '''
    p = dict()
    for id in data_sets:
        frequency = len(data_sets[id])
        ppl = math.log1p(frequency)#即 ln(1+x)
        p[id] = ppl # 得到流行度並記錄
    return p
```

有了流行度後，僅需代入基礎的相似度指標，例如代入一個 Cos 相似度。

$$S_{xy} = \frac{\sum\limits_{i \in (N(x) \cap N(y))} \dfrac{1}{ppli}}{\sqrt{\mid N(x) \mid \times \mid N(y) \mid}} \qquad (2\text{-}21)$$

公式 (2-21) 表示的意思是遍歷兩個使用者的交集，在計算每個交集物品給他們帶來的相似度影響時都去除以那個物品的流行度，程式如下：

```
#recbyhand/chapter2/s5_furtherSim.py
def getIIFSim(s1,s2,popularities):
    '''
    :param s1:使用者或物品集合 {iid1,iid2}
    :param s2:使用者或物品集合 {iid2,iid3}
    :param popularities:流行度字典 {iid1:ppl1, iid2:ppl2}
    :return:IIF 相似度
    '''
```

```
s=0
for i in s1 & s2:
    s += 1/popularities[i]
return s/(len(s1)*len(s2))**0.5
```

對於 ItemCF 也可以用這種方法來稀釋博愛使用者的權重，什麼是博愛使用者？博愛使用者是喜歡很多物品的使用者。其實跟熱門物品的意思一樣，博愛使用者對物品計算相似度的權重自然不及挑剔使用者重，所以計算的公式和 User-IIF 是完全一樣的，僅是將物品流行度字典換成使用者博愛度字典而已，並且其實名字也換了，叫作 Item-IUF，其中的 U 標識 User，IUF 是 Inverse User Frequency 的簡寫。

2.5.2 更高效率地利用流行度定義近鄰指標

User-IIF 與 Item-IUF 有一個遍歷操作，此操作總顯得效率不是很高，有沒有什麼更簡單的辦法可以提高計算的效率呢？當然有。可以改變 Cos 指標的分母：

$$S_{xy} = \frac{\mid N(x) \bigcap N(y) \mid}{\mid N(x) \mid^{1-\alpha_y} \times \mid N(y) \mid^{\alpha_y}} \tag{2-22}$$

$$\alpha = \frac{1 + \text{normalize}(\text{ppl}_y)}{2} \tag{2-23}$$

$$\text{normalize}(\text{ppl}_y) = \frac{\text{ppl}_y}{\max(\text{ppl})} \tag{2-24}$$

以上是一個公式組，別看公式多，其實很簡單，是在原 Cos 相似度的分母上多寫了個 α 的符號，原 Cos 相似度在此可以認為 α 為 0.5 的情況，即各自都開根號。α 是由物品 y 的流行度歸一化後透過一個簡單的計算得到的。歸一化後的設定值為 0~1，α 的設定值是 0.5~1，所以流行度越高，α 就會越高，而因為 α 在分母上，所以 α 越高，目標物件的相似度

的權重就越低，程式如下：

```
#recbyhand/chapter2/s5_furtherSim.py
# 歸一化
def normalizePopularities(popularities):
    '''
    :param popularities：流行度字典 {iid1:ppl1, iid2:ppl2}
    :return：歸一化後的流行度字典 {iid1:ppl1, iid2:ppl2}
    '''
    maxp = max(popularities.values())
    norm_ppl = {}
    for k in popularities:
        norm_ppl[k] = popularities[k]/maxp
    return norm_ppl

#alpha 相似度
def getAlphaSim(s1, s2, norm_ppl1):
    '''
    :param s1：使用者或物品集合 {iid1,iid2}
    :param s2：使用者或物品集合 {iid2,iid3}
    :param norm_ppl1：歸一化後的流行度字典 {iid1:ppl1, iid2:ppl2}
    :return：alpha 相似度
    '''
    alpha = (1 + norm_ppl1)/2
    return len(s1 & s2) / (len(s1)**(1 - alpha) * len(s2)**alpha)
```

可以看到利用這種計算方式的效率和 Cos 相似度幾乎是一樣的，甚至如果你覺得用除以最大流行度的方式去歸一化還是不夠簡單，則可以直接取一個 Sigmoid。

基礎知識——Sigmoid

Sigmoid 函式的公式為

$$\text{Sigmoid}(x) = \frac{1}{1+e^{-x}}$$ (2-25)

值的範圍為 0~1，函式影像如圖 2-8 所示。

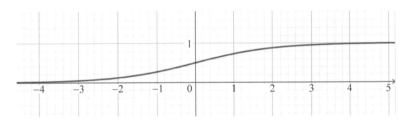

▲ 圖 2-8 Sigmoid 函式影像

可以看到 Sigmoid 的作用是將數字映射到 0~1 的區間，並且不改變原有的排序關係。

因為最大流行度還是得統計到所有物品或使用者的流行度後才能知道，而每天的點擊量及瀏覽量會即時變化，在實際工作中統計全量資料的頻率不會那麼高，而 Sigmoid 的計算是不需要知道一個所謂的最大流行度的，所以 Sigmoid 可以當作局部更新時的歸一化操作。且因為流行度不會為負，所以對流行度取 Sigmoid 值後範圍是 0.5~1，所以可以直接令

$$\alpha = \text{Sigmoid}(\text{ppl}_y)$$ (2-26)

如果取 Sigmoid 後資料可能不平滑，也可以根據實際資料情況調整 Sigmoid 函式中 x 的係數。例如把調整後的 Sigmoid 公式寫成：

$$\text{Sigmoid}'(x) = \frac{1}{1+e^{-0.2x}}$$ (2-27)

對比調整後的 Sigmoid′ 與原本的 Sigmoid 的函式曲線，可以發現調整後的函式更加平滑了，如圖 2-9 所示。

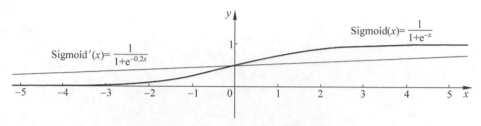

▲ 圖 2-9　Sigmoid 調整前後對比圖

在實際工作中可以透過機器學習訓練係數，此處不講解，相信大家學到這裡應該也具備了自訂相似度指標的能力。

2.5.3　自訂相似度指標的範式

在實際的營運資料中除了流行度以外，其實還有很多指標，例如多樣性、覆蓋率、資訊熵等都能增加到相似度的計算公式中。也可改變相似度公式，在自訂相似度指標公式時，需要滿足以下兩個相似度的基本性質。

1. Symmetric 對稱性

$$s(a,b) = s(b,a) \tag{2-28}$$

對稱性指把樣本對換一下位置後輸入相似度公式中，結果是一樣的。這很好理解，使用者 A 與使用者 B 之間的相似度只有一個值，絕不應該隨著 A、B 兩個使用者的計算順序的改變而產生不同的值。

2. Self-maximum 自最大性

$$s(a,b) \in [\text{min},\text{max}] \quad 和 \quad s(a,a) = \text{max} \tag{2-29}$$

自最大性指將樣本自身與自身輸入相似度公式，所得的結果應該是在所有樣本中最大的。如果相似度設定值範圍是 0 ～ 1，則代表自己與自己的相似度應為 1。這更好理解，自己與自己完全一樣，所以測得的相似度是相似度設定值範圍中的最大值。

只要滿足以上兩個相似度指標的基本性質，就可以結合實際的場景自訂更多有用的相似度指標去最佳化推薦效果。到此相信大家對近鄰協作過濾的推薦方式已經了解了，更深入的近鄰演算法就靠大家舉一反三，接下來講解矩陣分解的協作過濾演算法。

2.6　矩陣分解協作過濾演算法

矩陣分解協作過濾演算法是指透過矩陣分解的方式將使用者物品共現矩陣實現降維，進而泛化預測使用者物品未知位置的評分。最初的想法是透過 SVD(奇異值) 矩陣分解, 然後到非負矩陣分解，再到 LFM 隱語義模型。

時至今日，這一類模型更多的叫法為 ALS，並且與矩陣分解已沒什麼關係了，更像是深度學習推薦演算法模型的開端。本節就從矩陣分解推薦演算法到 ALS 來整理一下。

2.6.1　SVD 矩陣分解

奇異值分解 (Singular Value Decomposition, SVD) 的目的是將一個 $m \times n$ 的矩陣分解成 3 個矩陣，如圖 2-10 所示，一個是 $m \times m$ 的 U 矩陣，一個是 $n \times n$ 的 V 矩陣，在中間的 ξ 矩陣是僅在主對角線有值其餘元素為 0 的矩陣，那些值被稱為奇異值。

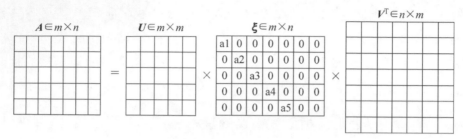

▲ 圖 2-10 SVD 的示意圖

本節程式的位址為 recbyhand\chapter2\s61_SVD.py。

SVD 矩陣分解作為基礎的矩陣分解，在 NumPy 中只需一步就可實現，程式如下：

```
#recbyhand\chapter2\s61_SVD.py
import numpy as np
u,i,v = np.linalg.svd(data)
```

奇異值的大小代表 U 和 V 矩陣中對應位置元素的重要性，且奇異值會從大到小排列。可以取前 k 個奇異值，然後將原來的矩陣降維，如圖 2-11 所示。

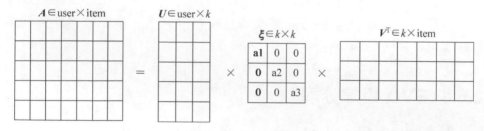

▲ 圖 2-11 SVD 分解降維

A 矩陣的形狀是 user×item，意思是使用者和物品的共現矩陣，形狀是使用者數量乘以物品數量。透過 SVD 降維後，就獲得了使用者數量 ×k 與物品數量 ×k 的兩個小矩陣，以及中間 k×k 的奇異值對角矩陣，程式如下：

```
#recbyhand\chapter2\s61_SVD.py
import numpy as np

def svd(data,k):
    u,i,v = np.linalg.svd(data)
    u=u[:,0:k]
    I =np.diag(i[0:k])
    v=v[0:k,:]
    rcturn u,i,v
```

2.6.2 將 SVD 用作推薦

得到降維過後的 U、ξ 和 V 後，並令 $U \times \xi \times V$，答案應該近似等於使用者物品的共現矩陣。在預測指定使用者與指定物品的評分時，只需按索引取出使用者矩陣的那一行向量 U_u 與物品矩陣的那一行向量 V_v 及奇異值矩陣做計算，公式為

$$r = U_u \xi V_v^T \tag{2-30}$$

其中，r 是使用者 u 對物品 v 的評分預測。

程式如下：

```
#recbyhand\chapter2\s61_SVD.py
def predictSingle(u_index,i_index,u,i,v):
    return u[u_index].dot(i).dot(v.T[i_index].T)
```

但是在實際工作中是不會用 SVD 降維的方式去做推薦的，原因有以下兩個：

(1) 實際場景的使用者物品數量往往在千萬級，不可能硬生生地在記憶體中載入一個使用者物品共現矩陣來實施矩陣降維。

(2) 不定義位置需要想個策略去初始化，而這些位置是要預測的位置。

但是，既然如此，為什麼有的文獻會提到 SVD 推薦呢，其實文獻中所講的 SVD 並不是透過 SVD 降維實現的推薦，而是由矩陣分解啟發的 LFM 隱因數模型。

2.6.3 LFM 隱因數模型

隱因數模型 (Latent Factor Model，LFM)[6]，最初於 2006 年被提出，隱因數指的是使用者的隱向量和物品的隱向量。出發點當然也是矩陣分解，但區別於 SVD 矩陣分解，LFM 的矩陣分解僅需兩個矩陣，如圖 2-12 所示。

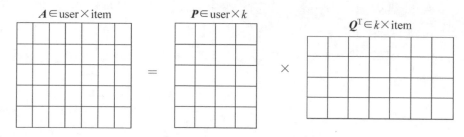

▲ 圖 2-12 LFM 計算示意圖

最左邊 A 矩陣還是形狀為使用者數量乘以物品數量的共現矩陣，而這次是分解成使用者數量 $\times k$ 與 $k \times$ 物品數量的兩個矩陣，k 是超參，而這兩個矩陣中每一行對應維度為 k 的向量可被稱為該使用者或物品的隱因數。雖然是由矩陣分解啟發而來，但實際操作中不需要進行矩陣分解來得到使用者和物品的隱因數，而是用交替最小平方的方式訓練得到。

交替最小平方 (Alternating Least Squares，ALS) 推薦演算法與 LFM 推薦演算法目前可被理解為同一種演算法的不同描述，並且在業內 ALS 的名稱用得相對更頻繁。本書也會以 ALS 來稱呼該演算法。

ALS 最初是一種傳統機器學習的訓練過程，隨著機器學習的發展，ALS 的訓練過程如今已經演變成了以深度學習點對點為基礎的訓練過

程。本書會在 2.6.6 節介紹如今的 ALS 理解方式，本節先來了解 ALS 起源時的訓練過程。

最初的 ALS 訓練過程如下：

(1) 隨機初始化 P 矩陣 (形狀為使用者數量 $\times k$) 與 Q 矩陣 (形狀為物品數量 $\times k$)。

(2) 將訓練資料中使用者 u 和物品 i 的評分與對應的 P_u 與 Q_i^T 點乘得到的值建立平方差損失函式。

(3) 用梯度下降最佳化損失函式。

(4) 最後輸出訓練好的 P 與 Q 矩陣。

全域目標函式：

$$A - P \cdot Q^{\mathrm{T}} \tag{2-31}$$

預測單一 u 與單一 i 的評分公式可表示為：

$$\hat{r}_{ui} = P_u \cdot Q_i^{\mathrm{T}} \tag{2-32}$$

損失函式如下：

$$\mathrm{loss}(r_{ui}, \hat{r}_{ui}) = \sum_{(u,i)\in A} (r_{ui} - \hat{r}_{ui})^{\wedge}2 \tag{2-33}$$

其中，r_{ui} 表示真實的評分，$\hat{r}_{ui}$ 表示預測的評分。損失函式在此用一個平方差損失函式為例，因為當初人們對於推薦的標註還是喜歡用類似於 1~5 評分的顯性回饋。

在傳統的機器學習概念下，通常會加上正規項來防止過擬合：

$$\mathrm{loss}(r_{ui}, \hat{r}_{ui}) = \sum_{(u,i)\in A} (r_{ui} - P_u \cdot Q_i^{\mathrm{T}})^{\wedge}2 + \lambda(\|P_u\|^2 + \|Q_i\|^2) \tag{2-34}$$

其中，λ 為正規項係數。

　　在這個過程中要訓練的參數是 P 和 Q 兩個矩陣,也是所有使用者和所有物品的隱向量。如果要用梯度下降的方式來迭代更新使用者和物品的隱向量,則需要計算出它們的偏導,公式如下:

$$P_u \text{ 的偏導} = -2 \times (r_{ui} - P_u \cdot Q_i^\mathrm{T}) \times Q_i + 2\lambda P_u$$
$$Q_i \text{ 的偏導} = -2 \times (r_{ui} - P_u \cdot Q_i^\mathrm{T}) \times Q_i + 2\lambda Q_i \tag{2-35}$$

　　另外,一切以使用者物品互動行為作標註得到的演算法模型都能稱為協作過濾出發的演算法,ALS 自然也不例外,而協作過濾有一個普遍的問題,即使用者評分偏差與物品流行度長尾分佈問題。

　　ALS 中是透過給每個使用者 (物品) 增加偏置項來解決的,設使用者 u 的偏置項為 b_u,物品 i 的偏置項為 b_i,則計算預測值 $\hat{r}_{ui}$ 的公式更新為

$$\hat{r}_{ui} = P_u \cdot Q_i^\mathrm{T} + b_u + b_i \tag{2-36}$$

包含偏置項及正規項之後的損失函式為

$$\text{loss} = \sum_{(u,i) \in A} (r_{ui} - \boldsymbol{P}_u \cdot \boldsymbol{Q}_i^\mathrm{T} - b_u - b_i)\char`\^2 + \lambda(|| \boldsymbol{P}_u ||^2 + || \boldsymbol{Q}_i ||^2 + b_u^2 + b_i^2)$$
$$\tag{2-37}$$

　　此時這些需要訓練的參數的偏導計算方式如下:

$$P_u \text{ 的偏導} = -2 \times (r_{ui} - P_u \cdot Q_i^\mathrm{T} - b_u - b_i) \times Q_i + 2\lambda P_u$$
$$Q_i \text{ 的偏導} = -2 \times (r_{ui} - P_u \cdot Q_i^\mathrm{T} - b_u - b_i) \times P_u + 2\lambda Q_i$$
$$b_u \text{ 的偏導} = -2 \times (r_{ui} - P_u \cdot Q_i^\mathrm{T} - b_u - b_i) \times 2\lambda b_u$$
$$b_i \text{ 的偏導} = -2 \times (r_{ui} - P_u \cdot Q_i^\mathrm{T} - b_u - b_i) \times 2\lambda b_i \tag{2-38}$$

　　有了這些理論知識後,下面開始撰寫程式。

2.6.4 ALS 程式實現

程式的位址為 recbyhand\chapter2\s64_ALS_tradition.py。本次程式僅使用 NumPy 來寫，首先定義 ALS 的類別，程式如下：

```
#recbyhand\chapter2\s64_ALS_tradition.py
import numpy as np

class ALS():

    def __init__(self, n_users, n_items, dim):
        '''
        :param n_users：使用者數量
        :param n_items：物品數量
        :param dim：隱因數數量或隱向量維度
        '''
        # 首先初始化使用者矩陣、物品矩陣、使用者偏置項及物品偏置項
        self.p = np.random.uniform(size = (n_users, dim))
        self.q = np.random.uniform(size = (n_items, dim))
        self.bu = np.random.uniform(size = (n_users, 1))
        self.bi = np.random.uniform(size = (n_items, 1))

    def forward(self,u,i):
        '''
        :param u：使用者 id shape:[batch_size]
        :param i：物品 id shape:[batch_size]
        :return：預測的評分 shape:[batch_size,1]
        '''
        return np.sum(self.p[u] * self.q[i], axis = 1,keepdims=True) +
self.bu[u] + self.bi[i]

    def backword(self, r, r_pred, u, i, lr, lamda):
        '''
        反向傳播方法，根據梯度下降的方法迭代模型參數
        :param r：真實評分 shape:[batch_size, 1]
        :param r_pred：預測評分 shape:[batch_size, 1]
        :param u：使用者 id shape:[batch_size]
```

```
    :param i：物品 id shape:[batch_size]
    :param lr：學習率
    :param lamda：正規項係數
    '''
    loss = r - r_pred
    self.p[u] += lr * (loss * self.q[i] - lamda * self.p[u])
    self.q[i] += lr * (loss * self.p[u] - lamda * self.q[i])
    self.bu[u] += lr * (loss - lamda * self.bu[u])
    self.bi[i] += lr * (loss - lamda * self.bi[i])
```

然後寫一個 train() 方法來訓練模型，中間細節筆者寫在程式註釋中，程式如下：

```
#recbyhand\chapter2\s64_ALS_tradition.py
def train(epochs = 10, batchSize = 1024, lr = 0.01, lamda = 0.1, factors_dim
= 64):
    '''
    :param epochs：迭代次數
    :param batchSize：一批次的數量
    :param lr：學習率
    :param lamda：正規係數
    :param factors_dim：隱因數數量
    :return:
    '''
    user_set, item_set, train_set, test_set = dataloader.readRecData(fp.
Ml_100K.RATING, test_ratio = 0.1)
    # 初始化 ALS 模型
    als = ALS(len(user_set), len(item_set), factors_dim)
    # 初始化批次提出資料的迭代器
    dataIter = DataIter(train_set)

    for e in range(epochs):
        for batch in tqdm(dataIter.iter(batchSize)):
            # 將使用者 id、物品 id 和評分從三元組中拆出
            u = batch[:,0]
            i = batch[:,1]
            r = batch[:,2].reshape(-1, 1) # 形狀變一變是為了方便廣播計算
            # 得到預測評分
```

```
r_pred = als.forward(u, i)
# 根據梯度下降迭代
als.backword(r, r_pred, u, i, lr, lamda)
```

其餘程式 (如資料讀取和資料批次迭代等) 就不展示在書中了。大家可查看本書附帶的完整程式。

2.6.5 推薦模型評估：MSE、RMSE、MAE

如果樣本集可分為正例或負例，則可用之前學過的準確率、精確率、召回率等評估指標直接評估模型，但這次 ALS 模型的預測值是一個範圍為 1~5 的數值。可以透過設定一個規則找到正負例，如果預測值四捨五入後等於真實評分，則為正例，反之則為負例，但這樣評估似乎並不那麼直觀。

其實對於這種非二分類的回歸模型有更直觀的評估方式，此處介紹 3 種新的評測指標。評估指標的程式位址：recbyhand\utils\evaluate.py.

(1) MSE(均方誤差，Mean Squared Error)：

$$\text{MSE} = \frac{1}{|A|} \sum_{(u,i) \in A} (r_{ui} - \hat{r}_{ui})^2 \tag{2-39}$$

均方誤差和損失函式一樣，是一個平方差距離，用真實值減去預測值，平方後可去除負數。|A| 代表樣本組的數量，除以 |A|，取一個平均值即組成均方誤差。MSE 越小代表預測值與真實值的誤差越小。

程式如下：

```
#recbyhand\utils\evaluate.py
def MSE(y_True , y_pred):
    return np.average((np.array(y_True) - np.array(y_pred)) ** 2)
```

(2) RMSE(均方根誤差，Root Mean Squared Error)：

$$\text{RMSE} = \sqrt{\text{MSE}} \qquad\qquad (2\text{-}40)$$

　　均方根誤差是在均方誤差的基礎上開根，因為計算均方誤差時為了去除負數求了個平方。開根自然是讓資料恢復到原來的數值範圍內，例如回到 1~5 的評分數值範圍，這樣得到的 RMSE 值就不僅是越小越好，而是可以和真實值在更接近的量綱中，所以更有參考意義，在平時工作中，RMSE 更常用。

　　程式如下：

```
def RMSE(y_True , y_pred):
    return MSE(y_True , y_pred) ** 0.5
```

(3) MAE(平均絕對誤差，Mean Absolute Error)：

$$\text{MAE} = \frac{1}{\mid A \mid} \sum_{(u,i) \in A} \mid r_{ui} - \hat{r}_{ui} \mid \qquad\qquad (2\text{-}41)$$

　　平均絕對誤差直接用絕對值來去除負數，所以也不需要再開根。可以說更加直觀，在實際工作中也經常使用。RMSE 與 MAE 的關係就像 L2 正規與 L1 正規一樣，前者會顯得更「圓潤」，而後者會更有「稜角」。

　　程式如下：

```
#recbyhand\utils\evaluate.py
def MAE(y_True ,y_pred):
    return np.average(abs(np.array(y_True) - np.array(y_pred)))
```

　　筆者已經將 RMSE 的評估寫在剛才訓練 ALS 模型的檔案中，大家直接去查看即可。

2.6.6 以深度學習點對點訓練思維理解 ALS

基礎知識──點對點訓練

點對點指的是從原始資料登錄到預測結果輸出,整個訓練過程都是在模型中完成的。區別在於傳統機器學習先對原始特徵進行特徵工程的訓練。

例如在傳統機器學習中會先把特徵進行 one-hot 編碼,以一個 one-hot 的編碼代替一個原始特徵輸入模型。該 one-hot 編碼在訓練中不會迭代更新,更新的是它對應的權重,所以相當於特徵編碼與模型訓練是分開進行的。

而隨著深度學習的興起,Embedding 的概念也隨之興起,對於每個特徵而言,在神經網路中通常會先隨機初始化一個 Embedding 層,每個特徵對應一個隨機初始化的 Embedding 向量,而隨著模型的迭代更新,該向量也會隨之迭代更新。可對比圖 2-13 與圖 2-14 來理解傳統機器學習訓練過程與點對點訓練過程的區別。傳統機器學習的訓練過程如圖 2-13 所示。

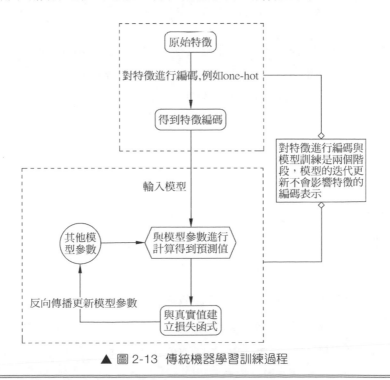

▲ 圖 2-13 傳統機器學習訓練過程

點對點訓練過程如圖 2-14 所示。

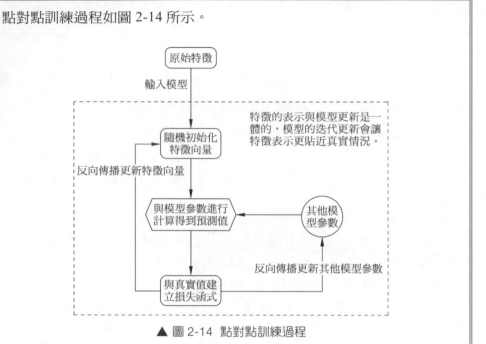

▲ 圖 2-14 點對點訓練過程

值得注意的是，點對點訓練過程雖然是隨著深度學習的興起而對應興起的，但它不是深度學習的專屬，如今回過頭來看機器學習模型也能進行點對點訓練。只不過因為模型不夠深，所以效果不如深度學習，而深度學習也不是只能進行點對點訓練，有時也可以先對特徵進行預編碼或預嵌入來初始化深度學習的 Embedding 層代替原先的隨機初始化。

　　如果理解了點對點的訓練過程，則可回過頭來看 ALS 的計算方式。有沒有發現所謂的隱因數不正是 Embedding 的概念嗎？所謂的隨機初始化隱因數矩陣，不就等於隨機初始化 Embedding 層嗎？此處就用新穎又簡單的方式來理解一下 ALS。

　　ALS 的模型首先會給每個使用者與每個物品分配一個向量，然後隨機初始化使用者數量個 User Embedding，以及物品數量個 Item Embedding。假設該 Embedding 的維度是 k。在 PyTorch 中的程式如下：

```
# 隨機初始化使用者的向量
user_embeddings = torch.nn.Embedding(n_users, k,max_norm = 1)
# 隨機初始化物品的向量
item_embeddings = torch.nn.Embedding(n_items, k,max_norm = 1)
```

　　設使用者 U 的向量為 u，物品 I 的向量為 i，則要預測使用者 U 與物品 I 的評分是：

$$\hat{r}_{UI} = u \cdot i \tag{2-42}$$

　　不要小看這一點積，兩個向量之間的點積可代表兩個向量間的相似度，即點積相似度。

基礎知識──點積相似度

點積的定義如下：

$$a \cdot b = \| a \| \| b \| \cos\theta \tag{2-43}$$

其中 $\cos\theta$ 代表它們的夾角餘弦值，在前面的章節中介紹過餘弦相似度。餘弦相似度其實是從這個式子出發，變化一下：

$$\cos\theta = \frac{a \cdot b}{\| a \| \| b \|} \tag{2-44}$$

Cos 相似度的分母分別是 a 和 b 向量的模長，如果做一個歸一化操作，將 $\| a \| = \| b \| = 1$，則式子就變成了：

$$\cos\theta = a \cdot b \tag{2-45}$$

所以在對兩個向量都歸一化的前提下，點積相似度等效於餘弦相似度，並且即使不歸一化，點積相似度也有餘弦相似度的意義，因為點積處在分子，這表示點積越大，其餘弦值越高，即餘弦相似度越高。

綜合所述，點積相似度的意義與餘弦相似度是一樣的。

如果注意到了上文中初始化 Embedding 的程式,就可以發現初始化時有一個參數是 max_norm=1。其實是給該向量增加了一個模長不超過 1 的限制條件,所以如此一來,對於 ALS 訓練後得到的使用者與物品的向量來講,可認為計算點積相似度或餘弦相似度有意義。這些向量在一些進階的召回層操作上很有用處,本書後面會講到。

有了模長不超過 1 的限制條件後,不需要額外增加正規項來防止過擬合,因為正規項的意義本身是為了防止參數過大,有了約束後參數自然大不了。

新版 ALS 的訓練採用 0 和 1 標註的資料,最後在點積的基礎上會加上一個 Sigmoid 函式來做二分類預測。對於二分類而言,損失函式用平方差就不合適了。比較常用的是二分類交叉熵損失函式 (Binary Cross Entropy, BCE),公式如下:

$$\text{BCEloss}(y, \hat{y}) = -y\log(\hat{y}) - (1-y)\log(1-\hat{y}) \tag{2-46}$$

最後寫一下二分類訓練任務時完整的 ALS 損失函式:

$$\text{loss}(r_{UI}, \hat{r}_{UI}) = \text{BCEloss}(r_{UI}, \text{sigmoid}(\boldsymbol{ui})), \parallel \boldsymbol{u} \parallel = \parallel \boldsymbol{i} \parallel = 1 \tag{2-47}$$

2.6.7 ALS 程式實現 PyTorch 版

程式的位址:recbyhand\chapter2\s67_ALS_PyTorch.py。

終於要用 PyTorch 深度學習框架來寫程式了,ALS 模型的核心程式如下:

```
#recbyhand\chapter2\s67_ALS_PyTorch.py
class ALS (nn.Module):
    def __init__(self, n_users, n_items, dim):
        super(ALS, self).__init__()
        '''
```

```
        :param n users：使用者數量
        :param n_items：物品數量
        :param dim：向量維度
        '''
        # 隨機初始化使用者的向量，將向量約束在 L2 範數為 1 以內
        self.users = nn.Embedding(n_users, dim, max_norm = 1)
        # 隨機初始化物品的向量，將向量約束在 L2 範數為 1 以內
        self.items = nn.Embedding(n_items, dim, max_norm = 1)
        self.sigmoid = nn.Sigmoid()

    def forward(self, u, v):
        '''
        :param u：使用者索引 id shape:[batch_size]
        :param i：使用者索引 id shape:[batch_size]
        :return：使用者向量與物品向量的內積 shape:[batch_size]
        '''
        u = self.users(u)
        v = self.items(v)
        uv = torch.sum(u*v, axis = 1)
        logit = self.sigmoid(uv)
        return logit
```

去掉註釋會發現只剩幾行程式，類別初始化方法 (__init__()) 中隨機初始化使用者和物品的 Embedding，在前向傳播方法 (forward()) 中是根據使用者和物品的索引取出它們對應的 Embedding，然後求內積，經 Sigmoid 啟動一下後輸出。深度學習框架都會有自動求導功能，所以不需要特意去寫反向傳播的程式，這會讓程式設計簡單許多。

接下來定義一個 train() 方法，開始模型訓練的過程，程式如下：

```
#recbyhand\chapter2\s67_ALS_PyTorch.py
def train(epochs = 10, batchSize = 1024, lr = 0.01, dim = 64, eva_per_epochs = 1):
    '''
    :param epochs：迭代次數
    :param batchSize：一批次的數量
    :param lr：學習率
```

```
:param dim：使用者物品向量的維度
:param eva_per_epochs：設定每幾次進行一次驗證
'''
# 讀取資料
user_set, item_set, train_set, test_set = \
dataloader.readRecData(fp.Ml_100K.RATING, test_ratio = 0.1)
# 初始化 ALS 模型
net = ALS(len(user_set), len(item_set), dim)
# 定義最佳化器
optimizer = torch.optim.AdamW(net.parameters(), lr = lr)
# 定義損失函式
criterion = torch.nn.BCELoss()
# 開始迭代
for e in range(epochs):
all_lose = 0
# 按一批次地讀取資料
for u, i, r in DataLoader(train_set,batch_size = batchSize, shuffle =
True):
    optimizer.zero_grad()
    r = torch.FloatTensor(r.detach().NumPy())
    result = net(u, I)
    loss = criterion(result,r)
    all_lose += loss
    loss.backward()
    optimizer.step()
print('epoch {}, avg_loss = {:.4f}'.format(e,all_lose/(len(train_set)//
batchSize)))

# 評估模型
if e % eva_per_epochs==0:
    p, r, acc = doEva(net, train_set)
    print('train：Precision {:.4f} | Recall {:.4f} | accuracy {:.4f}'.
format(p, r, acc))
    p, r, acc = doEva(net, test_set)
    print('test：Precision {:.4f} | Recall {:.4f} | accuracy {:.4f}'.
format(p, r, acc))
```

　　至此，我們知道雖然這部分演算法的起點是由矩陣分解而來，但現在的 ALS 演算法已和矩陣分解無關，隱因數是深度學習中 Embedding 的概念，並且 ALS 是個向量內積而已。它之所以有作用，背後還是因為協作過濾。千萬不能小看這一內積操作，它將作為眾多神經網路推薦演算法甚至包括圖神經網路推薦演算法的起點。

2.7　邏輯回歸出發的推薦演算法

　　目前介紹的演算法並沒有涉及使用者特徵或物品特徵等概念，所謂使用者特徵是指例如使用者的性別、職業、年齡等。在學習 ALS 與之前的演算法時，是直接以使用者 id 指代使用者的，這種操作稱為原子化指代，即僅用唯一識別碼指代一個樣本。區別於利用特徵的組合指代一個樣本。舉例說明，見表 2-4。

表 2-4　電影推薦場景下原子化指代與特徵組合指代樣本的區別

指代方式	使用者樣本	電影樣本
原子化指代	使用者唯一標識	物品唯一標識
特徵組合指代	男，學生，20 歲	動作片，2008 年

　　從物理意義上講，原子化指代代表每個人都是獨一無二的，學生或白領等標籤並不能定義「你」，所以這種模型訓練的依據完全是靠使用者和物品的互動標註，是協作過濾在其中起的核心作用。這自然很好，但是這要求系統內的使用者都盡可能是活躍使用者，系統內的物品都盡可能是熱門物品。如果某個使用者總共只看過一部電影，則定義他的就僅是那一部電影，反而會比用他的屬性特徵定義他更加閉塞。

　　所以在實際工作中，特徵的利用必不可少。系統會希望學習到某個特徵對於推薦影響的權重，當針對不活躍使用者時，系統也可透過活躍使用者的內容資料特徵泛化到非活躍使用者的推薦中。

　　對於特徵權重的學習，最基礎的方法自然是邏輯回歸。雖然以內容特徵為基礎的近鄰協作過濾似乎也是想要透過內容特徵去推薦，但近鄰演算法往往是預先設計一個以內容特徵為基礎的相似度指標去尋找內容相似度高的使用者或物品進行推薦，即推薦的效果幾乎全憑相似度指標的設計，而邏輯回歸的重點是透過標註學習到的每個特徵的影響權重。

2.7.1 顯性回饋與隱性回饋

　　在講解演算法前，先來正式介紹一下前文中也提到過的顯示回饋與隱性回饋。

　　顯性回饋：使用者主動觸發的回饋，例如對電影的評分，通常會有幾種不同的分數。

　　隱性回饋：使用者下意識觸發的回饋，例如點擊和瀏覽，僅產生 0 和 1 標註。

　　目前越來越流行利用隱性回饋所獲得的標註，原因有以下三個：

(1) 下意識的行為更能代表真實的想法。
(2) 評分範圍太廣，每人對每種評分的定義均不同，會使標註太複雜。
(3) 二分類模型遠比多分類或回歸任務簡單。

　　所以這也是為什麼目前這一系列演算法的起點是邏輯回歸而非線性回歸，因為隱性回饋大多數是二分類標註。其實是否採取邏輯回歸只與標註是否是二分類有關，顯性回饋也能做成二分類，例如只讓使用者選擇喜歡或不喜歡。

　　總而言之，推薦模型往往是個二分類模型，所以伴隨著隱性回饋的流行，另一個概念也隨之而來，CTR(Click Through Rate)[7] 預估。CTR是點擊率。邏輯回歸及邏輯回歸衍生的模型的最後一步均是 Sigmoid，即

把數字壓縮到 0~1 區間。則這一操作的模型都能被稱作 CTR 預估任務模型，其中還包含了二分類的 ALS 模型。

透過模型預測使用者對物品的點擊率之後，還可以透過點擊率進行排序，進而產生一個預測點擊率從高到低的推薦列表。

2.7.2 邏輯回歸

1. 原理

邏輯回歸 (Logistic Regression, LR)[8] 是最基礎的機器學習演算法之一，是在線性回歸的基礎上加上 Sigmoid 使輸出值壓縮在 0~1。公式如下：

$$\hat{y} = \text{sigmoid}\,(wx + b) \tag{2-48}$$

其中，x 是特徵表示的編碼，假設它的維度為 k，則 w 是一個維度為 k 的權重向量。其意義是給每個特徵分配一個權重，進而能讓模型學到特定特徵對於 CTR 的影響，而 b 是偏置項，維度為 1。

如果把 w 和 x 展開，則邏輯回歸的公式是：

$$\hat{y} = \sigma\left(\sum_{i}^{n} w_i x_i + b\right) \tag{2-49}$$

其中，n 是特徵值的數量，σ 在此表示為 Sigmoid 函式。邏輯回歸的原理很簡單，下面直接看程式。

2. 程式

程式的位址：recbyhand\chapter2\s72_LR.py。

本次採取 ml-100k 的資料集，該資料集提供了一些簡單的使用者及物品特徵，例如圖 2-15 所示是使用者特徵的範例。最左邊是使用者 id，

其次是年齡、性別、職業，以及可忽略的 zip code。

```
1|24|M|technician|85711
2|53|F|other|94043
3|23|M|writer|32067
4|24|M|technician|43537
5|33|F|other|15213
6|42|M|executive|98101
7|57|M|administrator|91344
8|36|M|administrator|05201
```

▲ 圖 2-15 ml-100k 的使用者特徵

首先對這些特徵進行 one-hot 編碼，也將物品的特徵進行 one-hot 編碼。將兩者拼接起來組合成一個組合編碼，並作為邏輯回歸公式中 x 的位置。

接下來利用使用者物品標註三元組的資料，對編碼後的使用者特徵及物品特徵兩兩組合起來，每個組合好的 x 對應一個真實的標註 y。這部分程式的位址為 recbyhand\chapter2\dataloader4ml100kOneHot.py，大家可詳細查看。

接下來開始重點講解，程式仍然採用 PyTorch，以下是一個邏輯回歸網路的範例，程式如下：

```python
#recbyhand\chapter2\s72_LR.py
import torch
from torch import nn
from torch.nn import Parameter, init

class LR(nn.Module):
    def __init__(self, n_features):
        '''
        :param n_features：特徵數量
        '''
        super(LR, self).__init__()
        self.b = init.xavier_uniform_(Parameter(torch.empty(1, 1)))
        self.w = init.xavier_uniform_(Parameter(torch.empty(n_features, 1)))
```

```
def forward(self, x):
    logits = torch.sigmoid(torch.matmul(x, self.w) + self.b)
    return logits
```

其中重點是這個部分，外部的訓練及驗證程式跟 ALS 的程式差不多，都是 PyTorch 的老模式，大家可自行查看附帶程式。

2.7.3 POLY2

有時單獨的特徵可能對 CTR 沒什麼影響，但是特徵與特徵組合起來後也許就有影響了，而邏輯回歸並沒有能力學到組合特徵的影響權重，所以這時出現了 POLY2 這種演算法。

1. 原理

POLY2 全名為 Degree-2 Polynomial Margin，其表現形式是在邏輯回歸的基礎上加上了二次項特徵，公式如下：

$$\hat{y} = \sigma \left(w0 + \sum_{i=1}^{n} w1_i x_i + \sum_{i=1}^{n} \sum_{j=i+1}^{n} w2_{ij} x_i x_j \right) \tag{2-50}$$

其中，σ 是 Sigmoid 函式，n 是特徵值的數量。加上兩兩特徵相乘的二次項之後，就可以學習到特徵組合的權重。二次項寫成虛擬程式碼的形式如下：

```
w_index=0
sum=0
n=len(x)
#w=隨機初始化，w 陣列長度是 n*(n+1)/2
for i in range(n):
    for j in range(j1+1,n):
        sum += w[w_index]*x[j1]*x[j2]
        w_index += 1
return sum
```

顧名思義，POLY3 是再加一個三次項，POLYn 是再加一個 n 次項，但是實際工作中 POLY3 對時間複雜度的增加比起它對預測效果的增加太不值了，所以 POLY3 及 POLY3 以上的演算法很少使用。

當然真正寫程式時不會去寫一個雙重 for 迴圈低效地進行計算。通常會進行向量全元素交叉相乘之後得到一個 $n \times n$ 的矩陣，再與 $n \times n$ 的 w 權重矩陣求阿達瑪乘積。

可將上面那句話分成以下 3 個步驟。

第一步：首先將向量全元素交叉相乘，寫成的公式如下。

$$\mathrm{cross}(\boldsymbol{x}) = \boldsymbol{x}^{\mathrm{T}}\boldsymbol{x} \tag{2-51}$$

設一個 n 維的 $\boldsymbol{x}$ 向量為 $\boldsymbol{x}=[x_1,x_2,\cdots,x_n]$，則它轉置後點乘其自身得到的 $\mathrm{cross}(x)$ 自然就等於：

$$\mathrm{cross}(\boldsymbol{x}) \begin{bmatrix} x_1 x_1 & \cdots & x_1 x_n \\ \vdots & & \vdots \\ x_n x_1 & \cdots & x_n x_n \end{bmatrix}$$

第二步：與 $n \times n$ 的權重矩陣 w 進行阿達瑪乘積運算。記作：

$$\mathrm{hadam}(\mathrm{cross}(\boldsymbol{x}),\boldsymbol{w}) = \mathrm{cross}(\boldsymbol{x}) \odot \boldsymbol{w} \tag{2-52}$$

阿達瑪乘積 (Hadamard Product)，即兩個矩陣的對應位置元素一個一個相乘，用符號 $\odot$ 表示這一運算，要求兩個矩陣維度一致。假設

$$\boldsymbol{x} = \begin{bmatrix} x_1 & x_2 & x_3 \\ x_4 & x_5 & x_6 \\ x_7 & x_8 & x_9 \end{bmatrix}, \quad \boldsymbol{w} = \begin{bmatrix} w_1 & w_2 & w_3 \\ w_4 & w_5 & w_6 \\ w_7 & w_8 & w_9 \end{bmatrix}$$

則

$$x \odot w = \begin{bmatrix} x_1 w_1 & x_2 w_2 & x_3 w_3 \\ x_4 w_4 & x_5 w_5 & x_6 w_6 \\ x_7 w_7 & x_8 w_8 & x_9 w_9 \end{bmatrix}$$

第三步：求所有元素的和，可記作 sum(hadam(cross(x),w))，所以如此一來，二次項的那兩個 for 迴圈部分就能表示為

$$\sum_{i=1}^{n} \sum_{j=1}^{n} w2_{ij} x_i x_j = \sum_{i \in (x^\top x \odot w)} t \qquad (2\text{-}53)$$

雖然這樣做空間複雜度會增加，由於 $x_i x_j = x_j x_i$，全部進行交叉相乘顯然會增加一倍的二次特徵，這些特徵是容錯的，並且要訓練的二次項權重也從最少 $n \times (n+1)/2$ 個變為現在的 $n \times n$ 個，但是比起時間複雜度的減少這不算什麼，並且如此一來寫程式時還能方便地進行批次平行計算來大大提高時間的使用率。

2. 程式

位址：recbyhand\chapter2\s73_POLY2.py。

POLY2 的核心是在邏輯回歸的基礎上增加了一個 CrossLayer，程式如下：

```
#recbyhand\chapter2\s73_POLY2.py
import torch
from torch import nn
from torch.nn import Parameter, init

class POLY2(nn.Module):
    def __init__(self, n_features):
        '''
        :param n_features：特徵數量
        '''
```

```
        super(POLY2, self).__init__()
        self.w0 = init.xavier_uniform_(Parameter(torch.empty(1, 1)))
        self.w1 = init.xavier_uniform_(Parameter(torch.empty(n_features, 1)))
        self.w2 = init.xavier_uniform_(Parameter(torch.empty(n_features, n_
features)))

    # 交叉相乘
    def crossLayer(self, x):
        #[ batch_size, n_feats, 1 ]
        x_left = torch.unsqueeze(x, 2)
        #[ batch_size, 1, n_feats ]
        x_right = torch.unsqueeze(x, 1)
        #[ batch_size, n_feats, n_feats ]
        x_cross = torch.matmul(x_left, x_right)
        #[ batch_size, 1 ]
        cross_out = torch.sum(torch.sum(x_cross * self.w2, dim=2), dim=1,
keepdim=True)
        return cross_out

    def forward(self, x):
        lr_out = self.w0 + torch.matmul(x, self.w1)
        cross_out = self.crossLayer(x)
        logits = torch.sigmoid(lr_out + cross_out)
        return logits
```

2.7.4 FM

1. 原理

因數分解機 (Factorization Machines, FM)[9] 是日本大阪大學於 2010 年在 POLY2 的基礎上提出的改進模型，FM 非常流行。

FM 公式 [9]：

$$\hat{y} = \sigma\left(w0 + \sum_{i=1}^{n} w1_i x_i + \sum_{i=1}^{n}\sum_{j=i+1}^{n} (\boldsymbol{v}_i \cdot \boldsymbol{v}_j) x_i x_j\right) \tag{2-54}$$

相較於 POLY2 的重要變化是二次項的權重 $w2$ 在 FM 中變成了兩個隱向量 v_i 和 v_j 的點積。v_i 可被認為對應的是特徵 i 的隱因數，同理 v_j 可被認為是特徵 j 的隱因數。假設隱因數的維度為 k，則 FM 的二次項部分是隨機初始化特徵數量 n 乘以隱向量維度 k 的權重矩陣。寫成虛擬程式碼的形式是：

```
sum=0
n =len(x)
w = 隨機初始化 w 矩陣，形狀是 (n , k)，k 是超參
for j1 in range(n):
    for j2 in range(j1+1,n):
        sum += w[j1].dot(w[j2]) * x[j1] * x[j2]
return sum
```

2. FM 相較 POLY2 的優勢

第一個巨大優勢，二次項的權重數量由 $n \times (n+1)/2$ 減少到 $n \times k$ 個。k 是隱向量的維度，是一個超參，可以根據資料情況設定 k 的值。只要滿足 $k < (n+1)/2$。FM 要訓練的模型參數比 POLY2 要少，在實際工作場景中，特徵的數量 n 往往很多，而 k 作為一個超參，可自由控制，很容易滿足 $k < (n+1)/2$。

第二個更大的優勢，通常特徵的編碼是 one-hot，即 $x_i x_j$ 這一項只有在雙方都為 1 的情況下，才可以得到不為 0 的乘積。根據 POLY2 的演算法，每個權重在一筆資料迭代計算時，能被迭代更新的機率是 1/（權重數量），表達為數學語言的公式如下：

$$p(\text{update} \mid \text{POLY2}) = \frac{1}{n \times \dfrac{n+1}{2}} \tag{2-55}$$

而在 FM 模型訓練時，每個權重參數得到訓練的機率並不是 1/（權重數量），因為對於作為隱向量的 v_i 迭代更新時，是同時更新了組成該隱向

量的所有 k 個參數。更新 $v_i \cdot v_j$ 是更新了 $2k$ 個參數，即每個參數被更新到的機率如下：

$$p(\text{update} \mid \text{FM}) = \frac{2k}{\text{FM 的權重數量}}$$

$$= \frac{2k}{n \times k} = \frac{2}{n} \tag{2-56}$$

所以 FM 二次項的部分不僅模型參數減少了，並且每個參數得到迭代更新的機率遠高於 POLY2，這表示 FM 相較於 POLY2 更容易訓練。

3. FM 在時間複雜度上的最佳化

POLY2 二次項的部分可以用特徵向量與自身做一個轉置內積的方式快速得到全元素交叉相乘的效果，進而可以免去雙重 for 迴圈這種操作。

FM 二次項的部分也可以最佳化，可參見以下計算過程 [9]：

$$\sum_{i=1}^{n}\sum_{j=i+1}^{n}(v_i \cdot v_j)x_i x_j = \frac{1}{2}\sum_{i=1}^{n}\sum_{j=1}^{n}(v_i \cdot v_j)x_i x_j - \frac{1}{2}\sum_{i=1}^{n}(v_i \cdot v_i)x_i x_i$$

$$= \frac{1}{2}\left(\sum_{i=1}^{n}\sum_{j=1}^{n}\sum_{f=1}^{k}v_{i,f}v_{j,f}x_i x_j - \sum_{i=1}^{n}\sum_{j=1}^{k}v_{i,f}v_{i,f}x_i x_i\right)$$

$$= \frac{1}{2}\sum_{f=1}^{k}\left(\left(\sum_{i=1}^{n}v_{i,f}x_i\right)\left(\sum_{j=1}^{n}v_{j,f}x_j\right) - \sum_{i=1}^{n}v_{i,f}x_i\right)$$

$$= \frac{1}{2}\sum_{f=1}^{k}\left(\left(\sum_{i=1}^{n}v_{i,f}x_i\right) - \sum_{i=1}^{n}v_{i,f}x_i\right)$$

$$\tag{2-57}$$

其中，x 是使用者與物品拼接特徵的 one-hot 表示，n 是特徵數量，v 是特徵對應的隱向量，k 是隱向量的維度，$v_{i,f}$ 是指特徵 i 的隱向量中的第 f 個元素。公式 (2-57) 的第二行是把向量間的點乘一個一個元素拆開來表示。上述過程其實不想看也沒關係，是純粹數學上的推導，只需記住最後那個結論即可。FM 的二次項的那兩個累加可以用最後那一步的表示方法表示。

如果覺得那個表示法仍然過於複雜，則可用矩陣相乘的方式進一步地簡化，公式如下：

$$\frac{1}{2}\sum_{f=1}^{k}\left(\left(\sum_{i=1}^{n}v_{i,f}x_i\right)^2-\sum_{i=1}^{n}v_{i,f}^2x_i^2\right)=\frac{1}{2}\sum_{f=1}^{k}(\boldsymbol{VX})^2-\boldsymbol{V}^2\boldsymbol{X}^2 \qquad (2\text{-}58)$$

大寫的 $\boldsymbol{V}$ 表示的是特徵隱向量矩陣，維度為 $n\times k$，在公式 (2-58) 中 $\boldsymbol{X}$ 表示所有樣本的 one-hot 編碼矩陣，實際程式中的 $\boldsymbol{X}$ 將是一個批次樣本的編碼矩陣，假設一批次樣本的數量為 batch，則 $\boldsymbol{X}$ 的形狀是 batch$\times\boldsymbol{n}$，所以當 $\boldsymbol{X}$ 與 $\boldsymbol{V}$ 點乘之後會得到形狀為 batch$\times k$ 的矩陣，$(\boldsymbol{VX})^2$ 表示將剛得到的矩陣取一個平方，$\boldsymbol{V}^2\boldsymbol{X}^2$ 是先將兩個矩陣取平方後再點乘。總之 $(\boldsymbol{VX})^2-\boldsymbol{V}^2\boldsymbol{X}^2$ 得到的是形狀為 batch$\times k$ 的矩陣，然後將那 k 個值累加乘以一個 1/2，即可得到 FM 二次項的輸出值。

如此一來 FM 不需要寫兩個 for 迴圈程式，而是使用批次的平行計算方式去最佳化時間複雜度。

4. 程式

程式的位址：recbyhand\chapter2\s74_FM.py。

FM 的核心程式如下：

```
#recbyhand\chapter2\s74_FM.py
class FM(nn.Module):
    def __init__(self, n_features, dim):
        '''
        :param n_features：特徵數量
        :param dim：隱向量維度
        '''
        super(FM, self).__init__()
        self.w0 = init.xavier_uniform_(Parameter(torch.empty(1, 1)))
        self.w1 = init.xavier_uniform_(Parameter(torch.empty(n_features, 1)))
        self.w2 = init.xavier_uniform_(Parameter(torch.empty(n_features, dim)))

        #FM交叉相乘
```

```
def FMcross(self, x):
    #[batch_size, dim]
    square_of_sum = torch.matmul(x, self.w2) ** 2
    #[batch_size, dim]
    sum_of_square = torch.matmul(x ** 2, self.w2 ** 2)

    output = square_of_sum - sum_of_square
    output = torch.sum(output, dim = 1, keepdim = True)
    output = 0.5 * output
    return output

def forward(self, x):
    lr_out = self.w0 + torch.matmul(x, self.w1)
    cross_out = self.FMcross(x)
    logits = torch.sigmoid(lr_out + cross_out)
    return logits
```

2.7.5 以深度學習點對點訓練思維理解 FM

既然 FM 也有給每個特徵伴隨隱向量的設定，那麼是否可以免去 one-hot 開發過程呢？當然可以，可以直接將隱向量當作特徵的 Embedding，透過點對點訓練方式來訓練 FM。先來回顧 FM 簡化後的二次項公式：

$$\sum_{i=1}^{n}\sum_{j=i+1}^{n}(\boldsymbol{v}_i \cdot \boldsymbol{v}_j)x_i x_j = \frac{1}{2}\sum_{f=1}^{k}\left(\left(\sum_{i=1}^{n}v_{i,f}x_i\right)^2 - \sum_{i=1}^{n}v_{i,f}^2 x_i^2\right) \qquad (2\text{-}59)$$

其中，x 是特徵的 one-hot 編碼表示，每個 x 有 n 個元素，n 為所有特徵的數量。$\boldsymbol{v}$ 是特徵對應的隱向量，維度為 k。因為 x 是 one-hot 編碼，所以只有在當前樣本有特徵 i 時，在 x 中 i 位置的元素才會有值且等於 1，否則等於 0。當計算 $\boldsymbol{v}x$ 時，其實只計算了 x 中元素值為 1 的位置。設單一樣本的特徵數量為 n_{single}，即只有 n_{single} 個隱向量 $\boldsymbol{v}$ 進行了計算。計算 $\boldsymbol{v}^2 x^2$ 時也是同樣的道理，當 x 是 one-hot 編碼時，$x^2 = x$，所以只有 n_{single} 個隱向量 $\boldsymbol{v}$ 進行了計算。綜上所述，可以去掉 x，進一步簡化公式，得

$$\frac{1}{2}\sum_{f=1}^{k}\left(\left(\sum_{i=1}^{n}v_{i,f}x_i\right)^2-\sum_{i=1}^{n}v_{i,f}^2x_i^2\right)=\frac{1}{2}\sum_{f=1}^{k}\left(\left(\sum_{i=1}^{n_{single}^{(j)}}v_{i,f}^{(j)}\right)^2-\sum_{i=1}^{n_{single}^{(j)}}v_{i,f}^{(j)\,2}\right) \qquad (2\text{-}60)$$

如此一來 v 就可當作所有特徵向量，其中的 j 指代單一樣本 j，$v_i^{(j)}$ 指的是樣本 j 中的特徵 i 對應的特徵向量，$v_{i,f}^{(j)}$ 指的是樣本 j 中的特徵 i 對應特徵向量中第 f 個元素。$n_{single}^{(j)}$ 指的是樣本 j 的特徵數量。

本節的程式位址：recbyhand\chapter2\s75_FM_embedding_style.py。用程式來表示式 (2-60) 可能會更清晰簡單一點，程式如下：

```python
#recbyhand\chapter2\s75_FM_embedding_style.py
def FMcross(self, feature_embs):
    #feature_embs:[batch_size, n_features, dim]
    #[batch_size, dim]
    square_of_sum = torch.sum(feature_embs, dim = 1)**2
    #[batch_size, dim]
    sum_of_square = torch.sum(feature_embs**2, dim = 1)
    #[batch_size, dim]
    output = square_of_sum - sum_of_square
    #[batch_size, 1]
    output = torch.sum(output, dim=1, keepdim=True)
    #[batch_size, 1]
    output = 0.5 * output
    #[batch_size]
    return torch.squeeze(output)
```

程式中的註釋是每一步輸出的張量形狀。這次的 FM 類別的所有程式如下：

```python
#recbyhand\chapter2\s74_FM_embedding_style.py
import torch
from torch import nn

class FM(nn.Module):
    def __init__(self, n_features, dim = 128):
```

```python
        super(FM, self).__init__()
        # 隨機初始化所有特徵的特徵向量
self.features = nn.Embedding(n_features, dim, max_norm = 1)

    def FMcross(self, feature_embs):
        #feature_embs:[batch_size, n_features, dim]
        #[batch_size, dim]
        square_of_sum = torch.sum(feature_embs, dim = 1)**2
        #[batch_size, dim]
        sum_of_square = torch.sum(feature_embs**2, dim = 1)
        #[batch_size, dim]
        output = square_of_sum - sum_of_square
        #[batch_size, 1]
        output = torch.sum(output, dim=1, keepdim=True)
        #[batch_size, 1]
        output = 0.5 * output
        #[batch_size]
        return torch.squeeze(output)


    # 把使用者和物品的特徵合併起來
    def __getAllFeatures(self,u, i, user_df, item_df):
        users = torch.LongTensor(user_df.loc[u].values)
        items = torch.LongTensor(item_df.loc[i].values)
        all = torch.cat([ users, items ], dim = 1)
        return all


    def forward(self, u, i, user_df, item_df):
        # 得到使用者與物品組合起來後的特徵索引
        all_feature_index = self.__getAllFeatures(u, i, user_df, item_df)
        # 取出特徵向量
        all_feature_embs = self.features(all_feature_index)
        # 經過 FM 層得到輸出
        out = self.FMcross(all_feature_embs)
        #Sigmoid 啟動後得到 0~1 的 CTR 預估
        logit = torch.sigmoid(out)
        return logit
```

可以發現這次還省略了 FM 的一次項和零次項，它們確實可以省略，因為二次交叉項自然包含了所有單一特徵的資訊。另外，由於這次不需要事先進行 one-Hot 編碼，取而代之的是透過記錄所有使用者及物品特徵索引的 DataFrame 取得對應使用者與物品的特徵索引組合，然後根據這些特徵索引獲取這一批次訓練時要計算的特徵向量。

根據原始資料得到並處理使用者物品特徵索引 DataFrame 的程式存放在 recbyhand\chapter2\dataloader4ml100kIndexs.py。

2.8 本章總結

2.8.1 三個重要演算法：近鄰協作過濾、ALS、FM

本章介紹的是基礎的推薦演算法，最基礎的往往也是最重要的。雖然本章內容較多，但重點只有 3 個，即近鄰協作過濾、ALS 及 FM。

(1) 近鄰協作過濾總結起來是用近鄰相似指標得到近鄰進而推薦，分為 UserCF 與 ItemCF。因為近鄰演算法簡單高效，所以常常會在召回層造成意想不到的作用。

(2) ALS，又稱作 LFM 隱因數模型，計算過程是使用者與物品向量的內積與作為標註的使用者物品互動記錄建立損失函式。簡單直接，有著不俗的召回率，但 ALS 更重要的意義是它可被認為是神經網路推薦演算法演化路線上的起點。這在本書之後的學習中會得到驗證。

(3) FM，即因數分解機，該演算法有著顯著的精確率。演算法研究員在研發新演算法時，總想把 FM 結合進網路中，並且它總能造成很關鍵的作用。

2.8.2 協作過濾演算法總結

本章一開始介紹了協作過濾的起源及演化，現在以基礎演算法對協作過濾做一個歸納總結。

正如開篇所説，協作過濾主要分為三類，而這三類的基礎演算法代表也是 2.8.1 節提到的三大重要基礎演算法。

(1) 近鄰協作過濾，例如 UserCF 和 ItemCF。

該類演算法的名字中明確帶有協作過濾，即 Collaborative Filtering 的簡稱為 CF，並且人以群分、物以類聚的概念在此類演算法中有很直觀的表現。

(2) 矩陣分解協作過濾，例如 SVD 和 LFM。

矩陣分解類演算法是對使用者物品的共現矩陣進行矩陣分解，而使用者物品共現矩陣自然具備所有使用者與物品直接的互動資訊，所以當然具備協作過濾的效果。

(3) 所有使用者物品互動資訊作標註的演算法。

目前網路上會把邏輯回歸演化出的演算法稱為 CTR 預估系列演算法，似乎與協作過濾無關，但其實 CTR 預估演算法也屬於協作過濾，因為 CTR 預估的標註與 LFM 一樣也是使用者與物品之間的互動，正如本章開篇所講，僅收集使用者個人與物品的互動資料，就能計算出所有使用者與物品之間的群類關係，因為使用者會透過物品連接起來，物品也會透過使用者連接起來，所以只要是透過使用者與物品互動標註資料得到的模型都具備著協作過濾效果。

如今協作過濾可以説是每個推薦演算法的核心，並且總會造成最核心的作用。區分一個推薦演算法或推薦邏輯是否具有協作過濾的效果，只需看該推薦演算法是否是以使用者物品互動資訊出發為基礎的。例如給使用者推薦與他當前瀏覽物品內容相似度很高的其他物品就並不具備協作過濾的效果，因為內容相似度並不包含使用者物品互動資訊。

進階推薦演算法

本章會介紹如今深度學習時代下熱門的幾個經典演算法，以及如何推導深度學習推薦演算法模型。筆者認為推薦演算法工程師切勿生搬硬套前端論文的模型。一定要有自己對於目前推薦場景的想法，學習他人的演算法模型是為了幫助自己更進一步地建立想法，而非單純地搬運他人演算法在自己的場景中使用。

因為對於推薦演算法而言，至少現在並不存在一個通用的模型可以覆蓋一切場景，而是需要推薦演算法工程師結合當前場景及當前的資料，結合前端及經典演算法的想法推導出最合適的推薦演算法。

身處當代的大家，是否覺得目前正是推薦演算法百家爭鳴的年代呢？網路上隨便一查就可以查到諸多推薦演算法，但其實如果縱觀歷史，每個年代當時的學問無不處於百家爭鳴的狀態，而之所以會對當代百家爭鳴的狀態更有印象，正是因為我們是局中人。

3.1 神經網路推薦演算法推導範式

　　1992 年，協作過濾問世之後，直到 2003 年才出現 ItemCF 演算法，這 11 年間沒有別的推薦演算法嗎？當然不是，只是經過多年的沉澱，成為經典的只有協作過濾而已，而今天眾多的推薦演算法也一樣，20 年後能流傳下去的也不會太多，所以對於學習演算法的大家，一定要在基礎鞏固的前提下，形成推導演算法的範式。

　　自深度學習問世以來，神經網路的概念也隨之而來。神經網路複雜嗎？當然複雜，因為神經網路直接將演算法的層次加深且加寬，動輒就會有好幾個層級，以及無數個神經元。神經網路簡單嗎？其實簡單無比，了解了基本網路層的組成後，就會發現深度學習神經網路就像堆積木一樣。

3.1.1 ALS+MLP

　　先從最基礎的推薦演算法 ALS 結合最基礎的深度學習網路 MLP 開始講解。首先，如果把 ALS 的模型結構畫成神經網路圖，則如圖 3-1 所示。

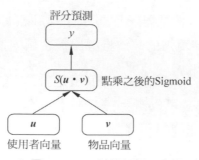

▲ 圖 3-1 ALS 神經網路示意圖

　　多層感知機 (MultiLayer Perceptron, MLP)[2] 是深度學習的開端，簡單理解是在最終計算前，使向量經過一次或多次的線性投影及非線性啟動進而增加模型的擬合度。ALS 結合 MLP 的神經網路如圖 3-2 所示。

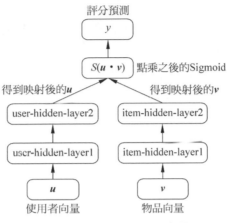

▲ 圖 3-2 ALS-MLP 示意圖

　　其中，每個隱藏層 (Hidden Layer) 都由一個線性層和非線性啟動層組成。

　　線性層是 $y = w \cdot x$ 的線性方程的形式，非線性啟動層類似於 Sigmoid、ReLU 和 Tanh 等啟動函式。線性層加非線性啟動層的組合又被稱為全連接層 (Dense Layer)。

基礎知識——非線性啟動層的意義

這裡順便提一下，如果沒有非線性啟動單元，則多層的線性層是沒有意義的。假設有 1 個隱藏線性層，則 x 經過多層投影得到第 l 層輸出的這一過程可被描述為式 (3-1)。

$$\begin{cases} h^1 = w^0 \cdot x \\ h^2 = w^1 \cdot h^1 \\ \cdots \\ h^l = w^{l-1} \cdot h^{l-1} \end{cases} \tag{3-1}$$

如果將此公式稍微改變一下形式，則可得

$$h^l = w^{l-1} \cdots w^1 w^0 x \tag{3-2}$$

所以可以發現，中間隱藏層的輸出全部都沒有意義，$w^{l-1} \cdots w^1 w^0$ 這些計算最終只是輸出一個第 l 層的權重 w^l，因為永遠進行的是線性變換，所以多次線性變換完全可由一次合適的線性變化代替，所以這個多層的神經網路與只初始化一個 $\boldsymbol{w}^l$ 的單層神經網路其實並無差別，而加入非線性啟動單元就不一樣了，通常由 $\sigma(\cdot)$ 表示一次非線性啟動計算，所以 l 個隱藏層的公式就必須寫成：

$$
\begin{cases}
h^1 = \sigma(\boldsymbol{w}^0 \cdot \boldsymbol{x}) \\
h^2 = \sigma(\boldsymbol{w}^1 \cdot \boldsymbol{h}^1) \\
\cdots \\
h^l = \sigma(\boldsymbol{w}^{l-1} \cdot \boldsymbol{h}^{l-1})
\end{cases}
\tag{3-3}
$$

如此一來，多層的神經網路就變得有意義了。

接下來是 ALS+MLP 的核心程式部分，程式如下：

```python
# 程式的位址：recbyhand\chapter3\s11a_ALS_MLP.py
class ALS_MLP (nn.Module):
    def __init__(self, n_users, n_items, dim):
        super(ALS_MLP, self).__init__()
        '''
        :param n_users：使用者數量
        :param n_items：物品數量
        :param dim：向量維度
        '''
        # 隨機初始化使用者的向量
        self.users = nn.Embedding(n_users, dim, max_norm=1)
        # 隨機初始化物品的向量
        self.items = nn.Embedding(n_items, dim, max_norm=1)

        # 初始化使用者向量的隱含層
        self.u_hidden_layer1 = self.dense_layer(dim, dim //2)
        self.u_hidden_layer2 = self.dense_layer(dim//2, dim //4)

        # 初始化物品向量的隱含層
```

```python
        self.i_hidden_layer1 = self.dense_layer(dim, dim //2)
        self.i_hidden_layer2 = self.dense_layer(dim//2, dim //4)

        self.sigmoid = nn.Sigmoid()

    def dense_layer(self,in_features,out_features):
        # 每個 MLP 單元包含一個線性層和非線性啟動層，當前程式中非線性啟動層採取 Tanh 雙曲
        # 正切函式
        return nn.Sequential(
            nn.Linear(in_features, out_features),
            nn.Tanh()
        )

    def forward(self, u, v, isTrain=True):
        '''
        :param u：使用者索引 id shape:[batch_size]
        :param i：使用者索引 id shape:[batch_size]
        :return：使用者向量與物品向量的內積 shape:[batch_size]
        '''
        u = self.users(u)
        v = self.items(v)
        u = self.u_hidden_layer1(u)
        u = self.u_hidden_layer2(u)
        v = self.i_hidden_layer1(v)
        v = self.i_hidden_layer2(v)
        # 訓練時採取 DropOut 來防止過擬合
        if isTrain:
            u = F.DropOut(u)
            v = F.DropOut(v)

        uv = torch.sum(u*v, axis = 1)
        logit = self.sigmoid(uv*3)
        return logit
```

　　深度學習擬合度高，所以更要注意過擬合的問題，最常用且有效的手段是在適當的位置放 DropOut 操作，例如上面程式倒數第 5 行和第 6 行。DropOut 是將向量隨機捨棄若干個值，預設的比例是 0.5，即 50% 的元素會被捨棄，所謂捨棄是將數值設為 0。在訓練時採取 DropOut 有增添

雜訊的效果，會讓預測不容易接近真實值，所以可以防止過擬合，而驗證時不需要這個操作。

上述的操作是將使用者與物品向量分別進行幾個隱藏層的映射之後最後進行點乘計算。也可以將使用者與物品向量拼接之後再進行 MLP 的傳播，如圖 3-3 所示。

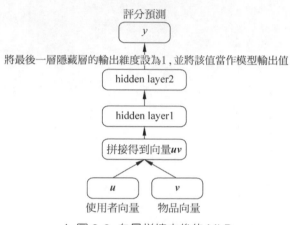

▲ 圖 3-3 向量拼接之後的 MLP

該結構的程式如下：

```
#recbyhand\chapter3\s11b_ALS_CONCAT.py
class ALS_MLP (nn.Module):
    def __init__(self, n_users, n_items, dim):
        super(ALS_MLP, self).__init__()
        '''
        :param n_users：使用者數量
        :param n_items：物品數量
        :param dim：向量維度
        '''
        # 隨機初始化使用者的向量
        self.users = nn.Embedding(n_users, dim, max_norm = 1)
        # 隨機初始化物品的向量
        self.items = nn.Embedding(n_items, dim, max_norm = 1)
        # 第一層的輸入的維度是向量維度乘以 2，因為使用者與物品拼接之後的向量維度自然是原
```

```
    # 來的 2 倍
    self.denseLayer1 = self.dense_layer(dim * 2, dim)
    self.denseLayer2 = self.dense_layer(dim , dim //2)
    # 最後一層的輸出維度是 1，該值經 Sigmoid 啟動後即為模型輸出
    self.denseLayer3 = self.dense_layer(dim //2, 1)
    self.sigmoid = nn.Sigmoid()

def dense_layer(self, in_features, out_features):
    # 每個 MLP 單元包含一個線性層和非線性啟動層，當前程式中非線性啟動層採取 Tanh 雙曲
    # 正切函式
    return nn.Sequential(
        nn.Linear(in_features, out_features),
        nn.Tanh()
    )

def forward(self, u, v, isTrain = True):
'''
    :param u：使用者索引 id shape:[batch_size]
    :param i：使用者索引 id shape:[batch_size]
    :return：使用者向量與物品向量的內積 shape:[batch_size]
    '''
    #[batch_size, dim]
    u = self.users(u)
    v = self.items(v)
    #[batch_size, dim*2]
    uv = torch.cat([ u, v ], dim = 1)
    #[batch_size, dim]
    uv = self.denseLayer1(uv)
    #[batch_size, dim//2]
    uv = self.denseLayer2(uv)
    #[batch_size,1]
    uv = self.denseLayer3(uv)
    # 訓練時採取 DropOut 來防止過擬合
    if isTrain:uv = F.DropOut(uv)
    #[batch_size]
    uv = torch.squeeze(uv)
    logit = self.sigmoid(uv)
    return logit
```

這種先拼接後傳播的方式其實在大多數情況下比先傳播後點乘的方式好，其原因也不難理解，因為向量拼接後一起做線性投影會更充分地將向量之間 (使用者和物品之間) 的互動關係學到，但是使用者物品各自先經過 MLP 的傳遞，之後點乘的這種做法也有它的好處，其實這種結構被稱為「雙塔模型」，涉及召回層和粗排序層等概念，這一概念會在第 6 章詳細說明。在本節想告訴大家的是，神經網路的構造可以結合數理及深度學習的基礎知識，在任意位置像堆積木一樣增加網路層和神經元等。

3.1.2 特徵向量 +MLP

以上的 ALS 演算法僅考慮了使用者與物品互動的情況，如果每個使用者都很活躍，並且每個物品都很熱門，則這樣的 ALS 自然就會學得很好，但是在實際工作中通常不會存在這麼理想的資料，另一個策略是透過活躍使用者的資料學到使用者特徵與物品特徵之間對應使用者物品互動情況的模型，進而可以透過特徵泛化到非活躍使用者。

總而言之，如果加入了特徵模型該怎麼做？其實也非常簡單，如圖 3-4 所示。

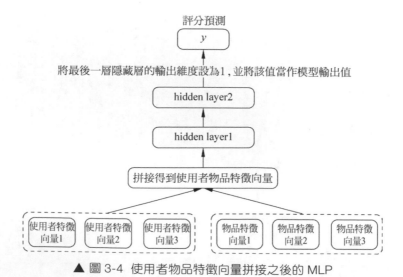

▲ 圖 3-4 使用者物品特徵向量拼接之後的 MLP

相比圖 3-3 的結構，圖 3-4 是在最底下一層出原來的使用者向量及物品向量變為使用者的特徵向量及物品的特徵向量。

在實際操作時，需先將使用者及物品的特徵編碼，此處僅需硬索引編碼，如圖 3-5 所示的使用者特徵索引。第一欄的數字是使用者 id，其餘每個數字都代表某個值所在模型中 Embedding 層的索引。

	C1	C2	C3	C4
1	<null>	age	gender	occupation
2	1	2	8	29
3	2	5	9	23
4	3	2	8	30
5	4	2	8	29
6	5	3	9	23
7	6	4	8	16
8	7	5	8	10
9	8	3	8	10
10	9	2	8	28
11	10	5	8	19

▲ 圖 3-5 使用者特徵索引

本節的程式位址為 recbyhand\chapter3\s12_Embedding_mlp.py，其中的核心部分程式如下：

```
#recbyhand\chapter3\s12_Embedding_mlp.py,
class embedding_mlp(nn.Module):

    def __init__(self, n_user_features, n_item_features, user_df, item_df,
dim = 128):
        super(embedding_mlp, self).__init__()
        # 隨機初始化所有特徵的特徵向量
        self.user_features = nn.Embedding(n_user_features, dim, max_norm = 1)
        self.item_features = nn.Embedding(n_item_features, dim, max_norm = 1)
        # 記錄好使用者和物品的特徵索引
        self.user_df = user_df
        self.item_df = item_df

        # 得到使用者和物品特徵的數量的和
        total_neighbours = user_df.shape[1] + item_df.shape[1]
```

```python
        # 定義 MLP 傳播的全連接層
        self.dense1 = self.dense_layer(dim * total_neighbours, dim * total_
neighbours//2)
        self.dense2 = self.dense_layer(dim * total_neighbours//2 , dim)
        self.dense3 = self.dense_layer(dim, 1)
        self.sigmoid = nn.Sigmoid()

    def dense_layer(self,in_features,out_features):
        return nn.Sequential(
            nn.Linear(in_features, out_features),
            nn.Tanh()
        )

    def forward(self, u, i, isTrain = True):
        user_ids = torch.LongTensor(self.user_df.loc[u].values)
        item_ids = torch.LongTensor(self.item_df.loc[i].values)
        #[batch_size, user_neighbours, dim]
        user_features = self.user_features(user_ids)
        #[batch_size, item_neighbours, dim]
        item_features = self.item_features(item_ids)

# 將使用者和物品特徵向量拼接起來
        #[batch_size, total_neighbours, dim]
        uv = torch.cat([user_features, item_features] ,dim=1)

        # 將向量延展以方便後續計算
        #[batch_size, total_neighbours*dim]
        uv = uv.reshape((len(u), -1))

# 開始 MLP 的傳播
        #[batch_size, total_neighbours*dim//2]
        uv = self.dense1(uv)
        #[batch_size, dim]
        uv = self.dense2(uv)
        #[batch_size, 1]
        uv = self.dense3(uv)
        # 訓練時採取 DropOut 來防止過擬合
        if isTrain : uv = F.DropOut(uv)
```

```
#[batch_size]
uv = torch.squeeze(uv)
logit = self.sigmoid(uv)
return logit
```

完整程式中會有訓練及測試過程。大家也可嘗試著去改變一下模型結構或調整一些超參來觀察評估指標的變化。

3.1.3 結合 CNN 的推薦

3.1.2 節中有一步向量拼接的操作，假設某使用者特徵向量與某物品特徵向量的總數量為 n，每個特徵的維度為 k，拼接之後可以得到一個維度為 $n \times k$ 的一維向量。該向量似乎顯得有點長，是否有更美觀的特徵向量聚合方式呢？當然有且有很多。其中最簡單的自然是卷積神經網路。

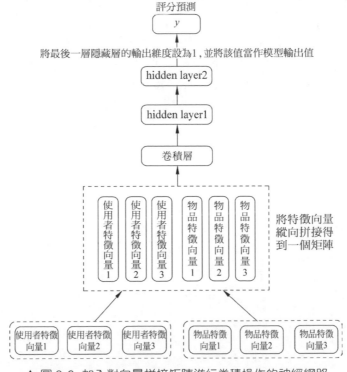

▲ 圖 3-6 加入對向量拼接矩陣進行卷積操作的神經網路

　　此次將特徵向量拼接成一個形狀為 $n \times k$ 的二維矩陣取代之前的一維長向量，這樣就可對該矩陣進行卷積操作，進而達到特徵向量聚合的效果，然後繼續經過幾層全連接層最後得到模型輸出，該過程如圖 3-6 所示。

　　本節程式的位址為 recbyhand\chapter3\s13 _CNN_rec.py，核心部分程式如下：

```
#recbyhand\chapter3\s13 _CNN_rec.py
class embedding_CNN(nn.Module):

    def __init__(self, n_user_features, n_item_features, user_df, item_df,
dim = 128):
        super(embedding_CNN, self).__init__()
        # 隨機初始化所有特徵的特徵向量
        self.user_features = nn.Embedding(n_user_features, dim, max_norm = 1)
        self.item_features = nn.Embedding(n_item_features, dim, max_norm = 1)
        # 記錄好使用者和物品的特徵
        self.user_df = user_df
        self.item_df = item_df
        # 得到使用者和物品特徵的數量的和
        total_neighbours = user_df.shape[1] + item_df.shape[1]

        self.Conv = nn.Conv1d(in_channels = total_neighbours, out_channels =
1, Kernel_size = 3)

        # 定義 MLP 傳播的全連接層
        self.dense1 = self.dense_layer(dim-2, dim//2)
        self.dense2 = self.dense_layer(dim//2 , 1)

self.sigmoid = nn.Sigmoid()

    def dense_layer(self, in_features, out_features):
        return nn.Sequential(
            nn.Linear(in_features, out_features),
            nn.Tanh()
        )
```

```python
def forward(self, u, i, isTrain = True):
    user_ids = torch.LongTensor(self.user_df.loc[u].values)
    item_ids = torch.LongTensor(self.item_df.loc[i].values)
    #[batch_size, user_neighbours, dim]
    user_features = self.user_features(user_ids)
    #[batch_size, item_neighbours, dim]
    item_features = self.item_features(item_ids)

    # 將使用者和物品特徵向量拼接起來
    #[batch_size, total_neighbours, dim]
    uv = torch.cat([user_features, item_features] ,dim=1)

    #[batch_size, 1, dim+1-Kernel_size]
    uv = self.Conv(uv)
    #[batch_size, dim+1-Kernel_size]
    uv = torch.squeeze(uv)

    # 開始 MLP 的傳播
    #[batch_size, dim//2]
    uv = self.dense1(uv)
    #[batch_size, 1]
    uv = self.dense2(uv)

    # 訓練時採取 DropOut 來防止過擬合
    if isTrain : uv = F.DropOut(uv)
    #[batch_size]
    uv = torch.squeeze(uv)
    logit = self.sigmoid(uv)
    return logit
```

其實以上程式是在 3.1.3 節程式的基礎上，改動了特徵向量拼接的部分及加入了一個卷積層。

相對於提取延展拼接後的特徵向量，對特徵進行 CNN 卷積提取的優勢在於能保留更多方向的資訊。

3.1.4 結合 RNN 的推薦

有了 CNN，自然就會想到 RNN。RNN 的優勢在於它是一個序列模型，最直觀的感受是能夠極佳地利用時間上的資訊。圖 3-7 是一個 RNN 的基本示意圖。

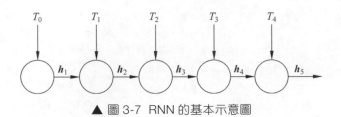

▲ 圖 3-7 RNN 的基本示意圖

每個 RNN 節點的公式以下 [3]：

$$\boldsymbol{h}_t = \tanh(\boldsymbol{w}_{ih}\boldsymbol{x}_t + \boldsymbol{b}_{ih} + \boldsymbol{w}_{hh}\boldsymbol{h}_{t\text{-}1} + \boldsymbol{b}_{hh}) \tag{3-4}$$

其中，$\boldsymbol{w}_{ih}\boldsymbol{x}_t + \boldsymbol{b}_{ih}$ 是一個基本的線性回歸方程式，x_t 是 t 時刻的輸入，假設訓練序列資料是使用者對於物品的歷史觀看記錄，則輸入是 t 時刻的物品。RNN 節點比全連接層多出的內容是 $\boldsymbol{w}_{hh}\boldsymbol{h}_{t\text{-}1} + \boldsymbol{b}_{hh}$，其中 $\boldsymbol{h}_{t\text{-}1}$ 是上一個 RNN 節點的輸出。如此一來直到輸入最後一個物品，都不會遺失前面所有物品的資訊，並且先後順序的資訊也保留了。PyTorch 中 RNN 的程式如下：

```
import torch
from torch import nn

rnn = nn.RNN(input_size = 12, hidden_size = 6, batch_first = True)
input = torch.randn(24, 5, 12)
outputs, hn = rnn(input)
```

其中幾個重要的參數如下。

input_size：輸入特徵維度，也是公式中 x 的向量維度。

hidden_size：隱含層特徵維度，也是公式中 h 的維度。有了這兩個維度後，公式中 w_{ih} 和 w_{hh} 等的形狀都能自動計算得到。

batch_first：是否第一維度資料表示 batch_size。這個要結合下面的 input 細説，input 在這裡隨機初始化了一個形狀為 (24,5,12) 的張量，batch_first=True 表示第 1 個數字代表 batch_size，此時 input 的意義是一批資料中有 24 個序列樣本，每個序列樣本有 5 個物品，每個物品的特徵向量維度為 12。在 nn.RNN 這種方法中 batch_first 的預設值為 False，它預設會把輸入張量的第 2 個數字當作 batch_size，而將第 1 個數字當作序列長度，這是要注意的參數。

可以看到程式中 rnn() 有兩個輸出，一個是 outputs，另一個是 hn，hn 其實是第 n 層的輸出也是最後一層的輸出，形狀是 (1,batch_size, hidden_size)，當前資料環境中是 (1,24,6)，而 outputs 其實是每個 RNN 節點的輸出，形狀是 (batch_size, 序列長度, hidden_size)，當前的資料環境下是 (24,5,6)。

如果把 batch_first 設為 False，則 outputs 的形狀是 (序列長度, batch_size, hidden_size) 這麼做的好處是和 hn 有更統一的形狀，因為 hn 其實是 outputs 中的最後一個序列向量，如果 batch_first=False，則 hn=outputs[-1]。否則 hn 要和 outputs[-1] 對等就要調整形狀。當然這得看個人習慣，本書的範例程式會將 batch_first 設為 True，因為畢竟將張量理解為 batch_size 更符合大多數情況的習慣認知。

MovieLens 的資料集有時間戳記的資訊，所以可以將資料整理成序列的形式，以便下游的任務使用此資料，範例資料如下：

```
[1973,5995,560,5550,6517,4620,1],
[5995,560,5550,6517,4620,4563,1],
[560,5550,6517,4620,4563,1314,1],
[2439,1600,7999,1743,8282,8204,0]
```

　　每一行的序列由 6 個物品 id 及一個 0 或 1 的標註組成。其中前 5 個物品 id 代表使用者最近歷史點擊的物品 id，第 6 個物品 id 代表使用者當前觀看的物品，第 7 位的標註代表使用者對第 6 個物品 id 真實喜歡的情況，1 為喜歡，0 為不喜歡。根據 MovieLens 原始資料得到序列的腳本位址為 recbyhand\chapter3\s14_RNN_data_prepare.py。

　　利用 RNN 做推薦演算法的想法如圖 3-8 所示。

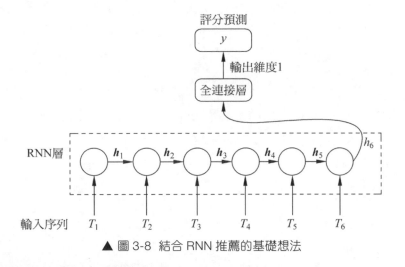

▲ 圖 3-8　結合 RNN 推薦的基礎想法

　　取 RNN 最後一個節點的輸出向量 (如前文實例程式中的 hn)，作為下一個全連接層的輸入，之後就是 MLP 的模式了。圖 3-8 中雖然只有一個全連接層，但是在實際工作中大家可以多加幾層嘗試一下。

　　以 RNN 為基礎的推薦模型的核心程式如下：

```
#recbyhand\chapter3\s14_RNN_rec.py
class RNN_rec(nn.Module):

    def __init__(self, n_items, hidden_size=64, dim = 128):
        super(RNN_rec, self).__init__()
        # 隨機初始化所有物品向量
```

```
        self.items = nn.Embedding(n_itcms, dim, max_norm = 1)
        self.rnn = nn.RNN(dim, hidden_size, batch_first = True)
        self.dense = self.dense_layer(hidden_size, 1)
        self.sigmoid = nn.Sigmoid()

    # 全連接層
    def dense_layer(self,in_features,out_features):
    return nn.Sequential(
        nn.Linear(in_features, out_features),
        nn.Tanh())

    def forward(self, x, isTrain = True):
        #[batch_size, len_seqs, dim]
        item_embs = self.items(x)
        #[1, batch_size, hidden_size]
        _,h = self.rnn(item_embs)
        #[batch_size, hidden_size]
        h = torch.squeeze(h)
        #[batch_size, 1]
        out = self.dense(h)
        # 訓練時採取 DropOut 來防止過擬合
        if isTrain：out = F.DropOut(out)
        #[batch_size]
        out = torch.squeeze(out)
        logit = self.sigmoid(out)
        return logit
```

　　大家也許會有一個疑問，這裡僅將使用者的歷史物品序列透過 RNN 網路訓練了一遍，對推薦能有效果嗎？當然有，RNN 的優勢就在於在訊息傳遞的過程中能保留順序資訊，所以把 RNN 層當作聚合使用者的歷史物品序列資訊的函式會更好理解，也就是説 RNN 最後一層的輸出向量可以認為是使用者向量與物品向量的拼接。如果還是不太理解，則 3.1.5 節有助於更進一步地理解 RNN 對推薦作用的原理。

3.1.5 ALS 結合 RNN

大家對 ALS 已經再熟悉不過了，中心概念是求使用者向量與物品向量的點積。求點積不是重點，重點是使用者向量與物品向量這個概念。別忘了 ALS 還有另一個名字叫作 LFM，即隱因數模型，用向量表示使用者或物品才是這個想法的核心概念。

在 RNN 的計算環境中，可以將使用者歷史互動的物品序列當作使用者本身。以此聚合那些物品序列的向量，然後與目標物品的向量表示進行點積運算，進而建立損失函式，該過程如圖 3-9 所示。

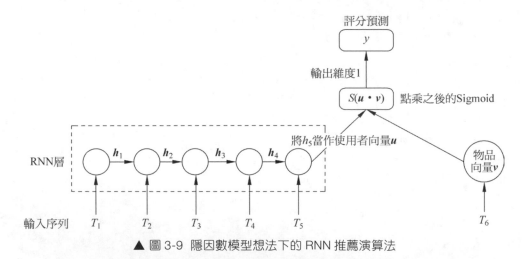

▲ 圖 3-9 隱因數模型想法下的 RNN 推薦演算法

與 3.1.4 節不同的是，這次的結構是將目標物品單提出後作為 ALS 想法上所謂的物品向量，而前 5 個物品組成的序列經 RNN 層訊息傳遞後，得到的最後一層輸出當作使用者向量。之後將得到的使用者向量與物品進行點積等操作即可，程式如下：

```
#recbyhand\chapter3\s15_RNN_rec_ALS.py
class RNN_ALS_rec(nn.Module):

    def __init__(self, n_items, dim = 128):
```

```
        super(RNN_ALS_rec, self).__init__()
        # 隨機初始化所有物品的特徵向量
        self.items = nn.Embedding(n_items, dim, max_norm = 1)
        # 因為要進行向量點積運算，所以 RNN 層的輸出向量維度也需與物品向量一致
        self.rnn = nn.RNN(dim, dim, batch_first = True)
        self.sigmoid = nn.Sigmoid()

    def forward(self, x, item):
        #[batch_size, len_scqs, dim]
        item_embs = self.items(x)
        #[1, batch_size, dim]
        _,h = self.rnn(item_embs)
        #[batch_size, dim]
        h = torch.squeeze(h)
        #[batch_size, dim]
        one_item = self.items(item)
        #[batch_size]
        out = torch.sum(h * one_item, dim=1)
        logit = self.sigmoid(out)
        return logit
```

該做法雖然從結果上比 3.1.4 節的演算法更容易理解，但其實效果是差不多的。因為 3.1.4 節的 RNN 層也是訊息聚合的作用而已，但就算僅這「而已」的作用在大部分的情況下推薦的幫助也會大於 CNN。

CNN 在處理電腦視覺領域很優秀，因為圖像資料本身是一張張二維的矩陣，而 CNN 對二維矩陣的特徵提取能力相當優秀，所以在推薦領域如果有本身是二維矩陣資訊的資料，則 CNN 自然也會有很優秀的作用，但現在展示的僅是把特徵拼接成二維矩陣再由 CNN 進行特徵提取。

而在推薦領域中能表現 RNN 優勢的資料就多了，因為使用者與物品發生互動時總有先後順序，自然總能形成序列。RNN 的潛力還不僅如此，經 nn.rnn() 函式傳播後還會有一個 outputs 輸出，對於這個 outputs 該怎麼使用，可參見 3.1.6 節。

3.1.6　聯合訓練的 RNN

好多讀者是透過語言模型 (Language Model) 了解的 RNN。透過輸入很多語料，讓 RNN 模型學習預測輸入單字的下一個單字的能力。例如輸入「今天下雨了」這句話，則透過「今」可預測「天」，透過「天」可預測「下」，透過「下」可預測「雨」，依此類推，經 RNN 的傳播如圖 3-10 所示。

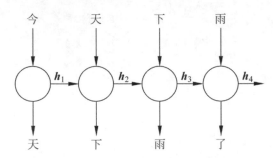

▲ 圖 3-10　RNN 語言模型示意圖

單純的 RNN 節點輸出的只是一個隱藏向量 h，如要完成一個字的預測還需要接一個全連接層，這個全連接層的輸出維度是類別數，在語言模型中類別數是所有詞或所有字的個數。在推薦場景中類別數是所有候選物品的數量。

將輸入的向量再進行 Softmax 啟動一下，然後與真實的類別建立交叉熵損失函式，以便進行多分類預測，公式如下：

$$\begin{cases} \hat{y}_t = \text{Softmax}(w_{hn} h_t + b_{hn}) \\ \text{loss} = \sum_0^t \text{crossEntropyLoss}(\hat{y}_t, y_t) \end{cases} \tag{3-5}$$

在當前場景中，用「今天下雨」這一筆序列，預測了「天下雨了」這一序列，其中一共有 4 個時刻的預測值，損失值是 4 個損失函式的疊加。

在推薦場景中該怎麼用呢？假設使用者歷史物品互動序列是：[物品 1, 物品 2, 物品 3, 物品 4, 物品 5]，則完全可以建立一個 RNN 網路並輸入 [物品 1, 物品 2, 物品 3, 物品 4]，以便預測 [物品 2, 物品 3, 物品 4, 物品 5]。這麼做的意義在於可以產生一個序列預測序列的損失函式，進而輔助推薦演算法，其實利用這一過程輔助推薦演算法的方式有很多，但是為了保持本章簡單的宗旨，不介紹太多容易混淆且不好理解的內容，在此介紹一個最基礎的概念，即聯合訓練的 RNN。

輸入物品序列，預測錯開一位的物品序列這一過程本身是一個模型，而妙就妙在該 RNN 網路最後一個節點的輸出可以當作聚合後的使用者 Embedding 與候選物品 Embedding 去進行 CTR 預估。因為反向傳播序列預測序列的模型與反向傳播 CTR 預估的模型迭代的是同一個 RNN 網路，於是自然會有相輔相成的效果，該過程如圖 3-11 所示。

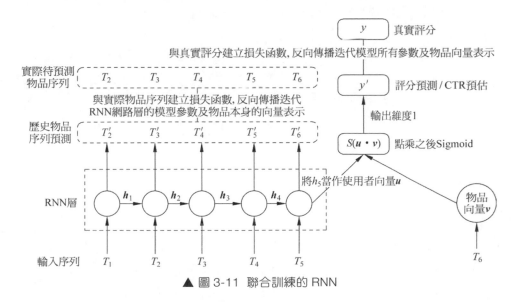

▲ 圖 3-11 聯合訓練的 RNN

核心程式如下：

```
#recbyhand\chapter3\s16_RNN_rec_withPredictHistorySeq.py
class RNN_rec(nn.Module):

    def __init__(self, n_items, dim = 128):
        super(RNN_rec, self).__init__()
        self.n_items = n_items
        # 隨機初始化所有特徵的特徵向量
        self.items = nn.Embedding(n_items, dim, max_norm = 1)
        self.rnn = nn.RNN(dim, dim, batch_first = True)

        # 初始化歷史序列預測的全連接層及損失函式等
        self.ph_dense = self.dense_layer(dim, n_items)
        self.Softmax = nn.Softmax()
        self.crossEntropyLoss = nn.CrossEntropyLoss()

        # 初始化推薦預測損失函式等
        self.sigmoid = nn.Sigmoid()
        self.BCELoss = nn.BCELoss()

    # 全連接層
    def dense_layer(self,in_features,out_features):
        return nn.Sequential(
            nn.Linear(in_features, out_features),
            nn.Tanh())

    # 歷史物品序列預測的前向傳播
    def forwardPredHistory(self, outs, history_seqs):
        outs = self.ph_dense(outs)
        outs = self.Softmax(outs)
        outs = outs.reshape(-1, self.n_items)
        history_seqs = history_seqs.reshape(-1)
        return self.crossEntropyLoss(outs, history_seqs)

    # 推薦 CTR 預測的前向傳播
    def forwardRec(self, h, item, y):
        h = torch.squeeze(h)
```

```
    one_item = self.items(item)
    out = torch.sum(h * one_item, dim = 1)
    logit = self.sigmoid(out)
    return self.BCELoss(logit, y)


# 整體前向傳播
def forward(self, x, history_seqs, item, y):
    '''
    :param x：輸入序列
    :param history_seqs：要預測的序列，其實是與 x 錯開一位的歷史記錄
    :param item：候選物品序列
    :param y：0 或 1 的標註
    :return：聯合訓練的總損失函式值
    '''
    item_embs = self.items(x)
    outs, h = self.rnn(item_embs)
    hp_loss = self.forwardPredHistory(outs, history_seqs)
    rec_loss = self.forwardRec(h, item, y)
    return hp_loss + rec_loss

# 因為模型中 forward 函式輸出的是損失函式值，所以另定義一個預測函式以方便預測及評估
def predict(self, x, item):
    item_embs = self.items(x)
    _, h = self.rnn(item_embs)
    h = torch.squeeze(h)
    one_item = self.items(item)
    out = torch.sum(h * one_item, dim = 1)
    logit = self.sigmoid(out)
    return logit
```

　　這次程式有點長，在書中去掉了一些過程中張量形狀的註釋，當然本書附帶程式中的註釋是完整的。另外值得注意的是，這次程式模型的整體前向傳播方式輸出的是聯合訓練的整體損失函式，所以另定義了一個預測函式輸出預測值以方便評估模型。

3.1.7 小節總結

　　大家應該會發現每個模型結構是在前面模型的基礎上改動或增加了某些元素。本書希望透過這個過程使大家可以了解到深度學習神經網路推薦演算法推導的範式概念，其實演算法推導很簡單，使用一些基礎的計算形式在不同的場景下發揮出不同的運用。相信大家都能舉一反三，例如最後在聯合訓練 RNN 的基礎上，再加上運用使用者特徵或物品特徵向量進一步泛化演算法。大家也可以嘗試一下 LSTM 或 GRU 等在 RNN 基礎上衍生出來的神經網路結構。

　　有了這些演算法的推導能力後，再學習前端的演算法可以説是輕鬆愉悦，並且大家也應該很容易推導出自己的推薦演算法。

3.2　FM 在深度學習中的應用

　　正如在前文所説，推薦系統有兩大基石，一個是 ALS，而另一個是 FM。本章就來介紹一下由 FM 衍生出的深度學習模型。

3.2.1 FNN

　　FNN 全名為 Factorisation-machine supported Neural Networks[4]，於 2016 年被提出。名字直譯為用 FM 支援神經網路。通常認為 FNN 是學術界發表的第一個將 FM 運用在深度學習的模型，所以將 FNN 作為學習 FM 在深度學習中應用的入門模型很適合。原始的 FNN 想法很簡單，即用 FM 得到的隱向量去初始化深度學習神經網路的 Embedding 輸入。模型結構如圖 3-12 所示。

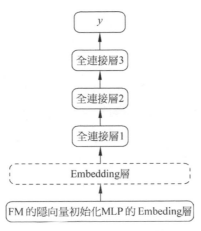

▲ 圖 3-12 原始的 FNN 模型

以下是 FM 的公式：

$$\hat{y} = \sigma\left(w0 + \sum_{i=1}^{n} w1_i x_i + \sum_{i=1}^{n}\sum_{j=i+1}^{n}(\boldsymbol{v}_i \cdot \boldsymbol{v}_j)x_i x_j\right) \tag{3-6}$$

經過 FM 訓練後可以得到 $w0$, $w1$ 和 $\boldsymbol{v}$ 等模型參數，將這些模型參數初始化一個 MLP 神經網路的 Embedding 輸入，是 FNN 的做法。MLP 的 Embedding 層不去迭代更新，而是利用 FM 的先驗知識去訓練 MLP 中那些全連接層的模型參數。反過來也可以說是利用 MLP 多層的網路結構進一步提高 FM 對資料的擬合度。

所以原始的 FNN 並不是點對點的訓練，但是可以在 FNN 的基礎上改進一下，使其變為點對點的訓練。

3.2.2 改進後的 FNN

本節的目的是要開發一個能夠同時用到 FM 及 MLP 的點對點模型。首先來回顧一下 2.7.5 節中點對點訓練下的 FM 二次項簡化公式。

$$\sum_{i=}^{n}\sum_{j=i+}^{n}(\boldsymbol{v}_i\cdot\boldsymbol{v}_j)x_ix_j=\frac{1}{2}\sum_{f=}^{k}\left(\left(\sum_{i=}^{n_{\text{single}}^{(j)}}v_{i,f}^{(j)}\right)^2-\sum_{i=}^{n_{\text{single}}^{(j)}}v_{i,f}^{(j)\,2}\right) \tag{3-7}$$

該公式等號右邊的 $\displaystyle\sum_{f=1}^{k}(\cdot)$ 是指將 k 個括號內的值累加,而如果不進行累加這一步,則括號內得到的值是一個維度為 k 的向量。括號內的計算具備了特徵交叉的資訊,外層的累加可以當作是給該向量做了一次求和池化,所以其實完全可以跳過累加這一步,直接將這個 k 維向量輸入 MLP 網路中進行傳播,最終得到預測值。

該操作被稱為 FM 聚合層,記作:

$$\text{agg}_{\text{FM}}(x)=\left(\sum_{i=1}^{n_{\text{single}}}\boldsymbol{v}_i\right)^2-\sum_{i=1}^{n_{\text{single}}}\boldsymbol{v}_i^2 \tag{3-8}$$

其中,n_{single} 是一次資料的特徵數量,$\boldsymbol{v}_i$ 是 i 的特徵向量,假設傳遞的資料是一個形狀為 [batch size, 特徵數量 n, 特徵維度 dim] 的張量,則經過 FM 聚合層的傳遞之後就獲得了 [batch size, 特徵維度 dim] 的張量,該過程的程式如下:

```python
#recbyhand\chapter3\s22_FNN_plus.py
def FMaggregator(self, feature_embs):

    #feature_embs:[batch_size, n_features, dim]
    #[batch_size, dim]
    square_of_sum = torch.sum(feature_embs, dim = 1)**2
    #[batch_size, dim]
    sum_of_square = torch.sum(feature_embs**2, dim = 1)
    #[batch_size, dim]
    output = square_of_sum - sum_of_square
    return output
```

整個改進後的 FNN 模型結構如圖 3-13 所示。

▲ 圖 3-13 改進後的 FNN 模型結構

這樣就完全是一個點對點的深度學習模型了。

本節程式的位址為 recbyhand\chapter3\s22_FNN_plus.py。書中展示一下完整的 FNN_plus 模型類別的程式：

```
#recbyhand\chapter3\s22_FNN_plus.py
class FNN_plus(nn.Module):

    def __init__(self, n_features, dim = 128):
        super(FNN_plus, self).__init__()
        # 隨機初始化所有特徵的特徵向量
        self.features = nn.Embedding(n_features, dim, max_norm = 1)
        self.mlp_layer = self.__mlp(dim)

    def __mlp(self, dim):
        return nn.Sequential(
            nn.Linear(dim, dim //2),
            nn.Tanh(),
            nn.Linear(dim //2, dim //4),
            nn.Tanh(),
            nn.Linear(dim //4, 1),
            nn.Sigmoid()
        )
```

```
def FMaggregator(self, feature_embs):
    #feature_embs:[batch_size, n_features, dim]
    #[batch_size, dim]
    square_of_sum = torch.sum(feature_embs, dim = 1)**2
    #[batch_size, dim]
    sum_of_square = torch.sum(feature_embs**2, dim = 1)
    #[batch_size, dim]
    output = square_of_sum - sum_of_square
    return output


# 把使用者和物品的特徵合併起來
def __getAllFeatures(self,u, i, user_df, item_df):
    users = torch.LongTensor(user_df.loc[u].values)
    items = torch.LongTensor(item_df.loc[i].values)
    all = torch.cat([ users, items ], dim = 1)
    return all


def forward(self, u, i, user_df, item_df):
    # 得到使用者與物品組合起來後的特徵索引
    all_feature_index = self.__getAllFeatures(u, i, user_df, item_df)
    # 取出特徵向量
    all_feature_embs = self.features(all_feature_index)
    #[batch_size, dim]
    out = self.FMaggregator(all_feature_embs)
    #[batch_size, 1]
    out = self.mlp_layer(out)
    #[batch_size]
    out = torch.squeeze(out)
    return out
```

3.2.3　Wide & Deep

　　接下來是 Wide & Deep 模型，論文名叫作 Wide & Deep Learning for Recommender Systems[5]，於 2016 年由 Google 公司提出，又稱作 WAD。從事推薦工作的人員多多少少聽說過 FM，而聽過 FM 的人員多多少少聽說過 DeepFM，而 DeepFM 是由 Wide & Deep 演化而來，並且 Wide

& Deep 在領域內的地位並不亞於 DeepFM，究其原因主要是 Google 在 TensorFlow 中有現成的 Wide & Deep API，所以在講解 Deep FM 之前，Wide & Deep 還是很有必要講解一下的。

圖 3-14 展示了最原始的 Wide & Deep 模型結構圖。

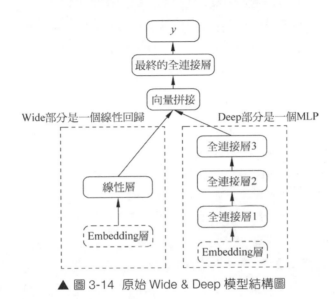

▲ 圖 3-14 原始 Wide & Deep 模型結構圖

Wide & Deep 是一個將基礎的線性回歸模型與 MLP 深度學習網路橫向拼接的網路模型。這麼做的好處是兼具「記憶能力」與「泛化能力」。

「記憶能力」是 Wide 部分的任務，所謂「記憶能力」是希望透過簡單的操作來學到特徵的表示，以此使該特徵對結果的影響可以盡可能的直接。

「泛化能力」是 Deep 部分的任務，這部分功能是利用深度學習優秀的泛化能力來充分學習每個特徵對結構的影響。有人會説網路越深不是越容易過擬合嗎？的確如此，但一個合適的深度學習網路的泛化能力完全會高過簡單的機器學習模型，更不用説有很多深度學習常用的手段（如 DropOut) 去防止過擬合。

　　什麼特徵應該更注重「記憶」，什麼特徵更應該注重「泛化」呢？按照最初的想法，互動性質的資料需要重點突出記憶能力，而使用者物品的屬性應該更需要突出泛化能力。因為互動資料往往是會動態變化的資料，需要捕捉到短期形成的記憶。例如在一個電影推薦場景中，統計使用者觀看最多的電影類型作為「使用者觀影類型偏好」特徵，再例如將使用者最近看過的五部電影作為「使用者歷史觀影特徵」，這些特徵本身就強力代表了使用者的興趣取向，所以「記憶」這些特徵自然對推薦更有幫助。

　　而使用者物品本身的那些靜態屬性，如年齡、性別、職業等，乍看之下與推薦並不具備強相關的關係，但多多少少又感覺會有影響，所以將這些特徵經神經網路泛化開來是再好不過的操作。

　　但是對以上那些特徵例子，人為能夠區分，如果碰到一些模稜兩可的特徵，人為很難區分應輸入 Wide 部分還是 Deep 部分時該怎麼辦呢？其實目前業內更多的做法是直接將所有的特徵同時輸入 Wide 部分和 Deep 部分，讓模型同時去學每個特徵的「記憶」與「泛化」權重。模型當然具備這個能力，那些「記憶」要求不高的特徵，它們的「記憶」權重自然不會高。

　　目前改進並更主流的 Wide & Deep 模型的 Wide 部分是一個特徵間兩兩交叉相乘的計算，是 2.7.3 節中提到的 POLY2 演算法，並且僅用到 POLY2 的二次項。模型結構如圖 3-15 所示。

　　相比最初的 Wide & Deep，不同之處是把線性回歸層換成了交叉相乘層。

　　既然可以用 POLY2 演算法，那是不是可以把 Wide 部分直接用 FM 替換呢？當然可以，所以就形成了 DeepFM。

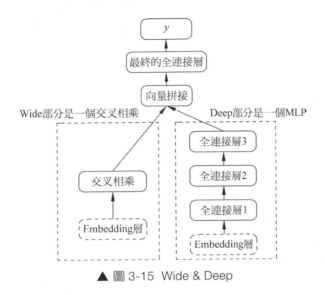

▲ 圖 3-15 Wide & Deep

3.2.4 DeepFM

DeepFM[6] 是由華為公司在 2017 年提出的深度學習推薦演算法模型，是將 FM 替換掉 Wide & Deep 的 Wide 部分。由於 FM 一貫的優越性使 DeepFM 瞬間流行起來。其實 DeepFM 的模型結構又可以視為一個橫向的 FNN。模型結構如圖 3-16 所示。

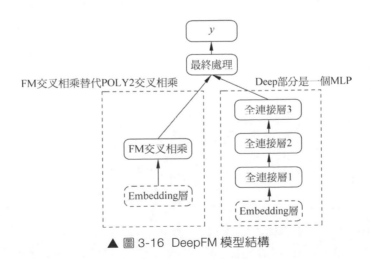

▲ 圖 3-16 DeepFM 模型結構

　　圖 3-16 中用了一個「最終處理」的方塊代替原來畫在 Wide & Deep 模型結構圖中的向量拼接 + 最終全連接層的兩個方塊。因為這裡的做法其實不止一個,當然向量拼接 + 全連接層是做法之一,但最流行的做法其實還是將 FM 層的輸出與 MLP 的輸出直接相加,然後求 Sigmoid 函式。

　　因為 FM 二次項的公式預設輸出的是一個一維純量,所以將 MLP 層中最後一個全連接層的輸出維度設為 1,則兩個一維純量相加求 Sigmoid 就可以作為 CTR 的預測值去與真實值建立損失函式了。

　　如果還是採用向量拼接的方式,FM 層則可以用前文在 FNN 章節中提到的公式 (3-8) 計算 FM 的輸出,此時 FM 的輸出是一個有維度的向量,然後 MLP 最後一個全連接層的輸出維度也可以設為不為 1 的值,此時將這兩個輸出向量拼接再進行全連接層的傳遞就會變得有意義了。

　　程式實現了前一種方法,程式的位址為 recbyhand\chapter3\s24_DeepFM.py。核心的程式如下:

```
#recbyhand\chapter3\s24_DeepFM.py
class DeepFM(nn.Module):

    def __init__(self, n_features, user_df, item_df, dim = 128):
        super(DeepFM, self).__init__()
        #隨機初始化所有特徵的特徵向量
        self.features = nn.Embedding(n_features, dim, max_norm = 1)
        #記錄好使用者和物品的特徵索引
        self.user_df = user_df
        self.item_df = item_df
        #得到使用者和物品特徵的數量的和
total_neigbours = user_df.shape[1] + item_df.shape[1]
        #初始化MLP層
self.mlp_layer = self.__mlp(dim * total_neigbours)

        def __mlp(self, dim):
            return nn.Sequential(
nn.Linear(dim, dim //2),
```

```
nn.ReLU(),
nn.Linear(dim //2, dim //4),
nn.ReLU(),
nn.Linear(dim //4, 1),
nn.Sigmoid())

    #FM 部分
def FMcross(self, feature_embs):
        #feature embs:[ batch_size, n_features, dim ]
        #[ batch_size, dim ]
square_of_sum = torch.sum(feature_embs, dim = 1)**2
        #[ batch_size, dim ]
sum_of_square = torch.sum(feature_embs**2, dim = 1)
        #[ batch_size, dim ]
        output = square_of_sum - sum_of_square
        #[ batch_size, 1 ]
        output = torch.sum(output, dim = 1, keepdim = True)
        #[ batch_size, 1 ]
        output = 0.5 * output
        #[ batch_size ]
        return torch.squeeze(output)

    #DNN 部分
def Deep(self, feature_embs):
        #feature_embs:[ batch_size, n_features, dim ]
        #[ batch_size, total_neigbours * dim ]
feature_embs = feature_embs.reshape((feature_embs.shape[0], -1))
        #[ batch_size, 1 ]
        output = self.mlp_layer(feature_embs)
        #[ batch_size ]
        return torch.squeeze(output)

    # 把使用者和物品的特徵合併起來
def __getAllFeatures(self,u, i):
        users = torch.LongTensor(self.user_df.loc[u].values)
        items = torch.LongTensor(self.item_df.loc[i].values)
        all = torch.cat([ users, items ], dim = 1)
        return all
```

```
# 前向傳播方法
def forward(self, u, i):
        # 得到使用者與物品組合起來後的特徵索引
        all_feature_index = self.__getAllFeatures(u, i)
        # 取出特徵向量
        all_feature_embs = self.features(all_feature_index)
        #[batch_size]
        fm_out = self.FMcross(all_feature_embs)
        #[batch_size]
        deep_out = self.Deep(all_feature_embs)
        #[batch_size]
        out = torch.sigmoid(fm_out + deep_out)
        return out
```

這次 DeepFM 的程式是將所有特徵同時傳遞給了 FM 部分和 Deep 部分，正如前文中所講，這樣不僅邏輯清晰，程式寫起來也很省力。當然缺點是對模型的學習要求更高了，即對資料的品質要求更高。

3.2.5 AFM

AFM 是中國浙江大學與新加坡國立大學於 2017 年發佈的模型，全名為 Attentional Factorization Machines[7]，是在 FM 的基礎上加入注意力機制。圖 3-17 是論文中的模型結構圖。

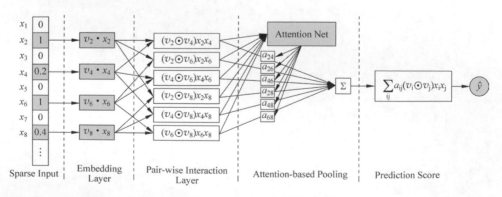

▲ 圖 3-17 AFM 模型結構圖 [7]

先來回顧一下 FM 的標準公式：

$$\hat{y} = \sigma \left(w0 + \sum_{i=1}^{n} w1_i x_i + \sum_{i=1}^{n} \sum_{j=i+1}^{n} (\boldsymbol{v}_i \cdot \boldsymbol{v}_j) x_i x_j \right) \tag{3-9}$$

而 AFM 的完整公式以下 [7]：

$$\hat{y} = \sigma \left(w0 + \sum_{i=1}^{n} w1_i x_i + p^{\mathrm{T}} \sum_{i=1}^{n} \sum_{j=i+1}^{n} a_{ij} (\boldsymbol{v}_i \odot \boldsymbol{v}_j) x_i x_j \right) \tag{3-10}$$

可以發現從 FM 到 AFM 零次項和一次項沒有變，而二次項多了幾個參數。首先從向量求內積變為 $\odot$（哈達瑪乘法），即全元素對應位元相乘，對於一個向量而言，阿達瑪乘積與內積的區別是少了一步累加，所以 $\sum_{i=1}^{n} \sum_{j=i+1}^{n} a_{ij} (\boldsymbol{v}_i \odot \boldsymbol{v}_j) x_i x_j$ 這一部分的輸出會是一個維度為 k 的向量而非一個純量，所以 p 也需要是一個維度為 k 的向量來使 p 與二次項輸出求內積可以得到一個純量。

a_{ij} 是特徵 i 與特徵 j 之間的注意力，計算過程以下 [7]：

$$\begin{cases} a'_{ij} = \boldsymbol{h}^{\mathrm{T}} \mathrm{ReLU}(\boldsymbol{W}(\boldsymbol{v}_i \odot \boldsymbol{v}_j) x_i x_j + \boldsymbol{b}) \\ a_{ij} = \mathrm{Softmax}(a'_{ij}) = \dfrac{\exp(a'_{ij})}{\displaystyle\sum_{(i,j) \in R_x} \exp(a'_{ij})} \end{cases} \tag{3-11}$$

$\boldsymbol{W}$ 和 $\boldsymbol{b}$ 可視為一個線性層的權重及偏置項，而這個線性層的輸入是隱向量長度 k，輸出是一個超參，假設是 t，所以 $\boldsymbol{W} \in \boldsymbol{R}^{t \times k}$, $\boldsymbol{b} \in \boldsymbol{R}^{t}$, $\boldsymbol{h} \in \boldsymbol{R}^{t}$。

AFM 的計算過程很簡單，加入了注意力機制後，模型的表達能力會更優秀，並且一定程度也增加了模型的可解釋性，因為可以直接提取出注意力作為每兩個特徵之間的權重，以便解釋出推薦理由。

專案實現 AFM 的訓練模型首先自然先省去 one-hot 表示,與之前一樣直接將隱向量作為特徵 Embedding。模型初始化參數的程式如下:

```
#recbyhand\chapter3\s25_AFM.py
class AFM(nn.Module):

    def __init__(self, n_features, k, t):
        super(AFM, self).__init__()
        # 隨機初始化所有特徵的特徵向量
        self.features = nn.Embedding(n_features, k, max_norm = 1)
        # 注意力計算中的線性層
        self.attention_liner = nn.Linear(k, t)
        #AFM 公式中的 h
        self.h = init.xavier_uniform_(Parameter(torch.empty(t, 1)))
        #AFM 公式中的 p
        self.p = init.xavier_uniform_(Parameter(torch.empty(k, 1)))
```

另外在計算二次項的時候自然要避免雙重 for 迴圈,仍然要用到 FM 的二次項簡化公式。正如前文中提過,向量間的阿達瑪乘積與內積之間的區別是少了一步累加,所以其實 $\sum_{i=1}^{n}\sum_{j=i+1}^{n}(v_i \odot v_j)x_i x_j$ 是公式 (3-8) 的另一種表述形式。如此一來仍可用與 FNN 同樣的方式去批次計算該二次項的輸出,程式如下:

```
#recbyhand\chapter3\s25_AFM.py
def FMaggregator(self, feature_embs):
    #feature_embs:[ batch_size, n_features, k ]
    #[ batch_size, k ]
    square_of_sum = torch.sum(feature_embs, dim = 1)**2
    #[ batch_size, k ]
    sum_of_square = torch.sum(feature_embs**2, dim = 1)
    #[ batch_size, k ]
    output = square_of_sum - sum_of_square
    return output
```

在計算注意力時，其中輸入的 embs 是上面 FM 聚合層的輸出，程式
如下：

```
#recbyhand\chapter3\s25_AFM.py
# 注意力計算
def attention(self, embs):
    #embs：[ batch_size, k ]
    #[ batch size, t ]
    embs = self.attention_liner(embs)
    #[ batch_size, t ]
    embs = torch.ReLU(embs)
    #[ batch_size, 1 ]
    embs = torch.matmul(embs, self.h)
    #[ batch_size, 1 ]
    atts = torch.Softmax(embs, dim=1)
    return atts
```

得到批次的注意力後，再與批次的 FM 聚合層輸出進行最後的計算，
程式如下：

```
#recbyhand\chapter3\s25_AFM.py
# 經過 FM 層得到輸出
embs = self.FMaggregator(all_feature_embs)
# 得到注意力
atts = self.attention(embs)
outs = torch.matmul(atts * embs, self.p)
```

當然之後還有調整形狀及求 Sigmoid 等操作，完整程式可到附帶程
式中查看。另外本節的範例程式省略了零次項和一次項的計算，因為那
些其實不重要，而且也很簡單，大家有興趣可以自己實現。

3.2.6　小節總結

FM 衍生出的推薦演算法模型還有很多，例如 FFM、PNN、NFM、ONN、xDeepFM 及與圖神經網路結合的 Graph FM。本書還是那個主張，大家學習演算法的時候學的是一種推導的過程，而不要執著於演算法的形式上。

例如 FNN 是 FM+MLP，DeepFM 是 FM 和 MLP 橫向的結合，AFM 在計算 FM 二次項時加入了注意力機制。那些沒在本書中詳細介紹的演算法其實無非是添磚加瓦的操作，例如 FFM 加入了一個特徵域的概念，ONN 是 FFM 與 MLP 的結合，xDeepFM 看名字就知道是在 DeepFM 的基礎上增加了一些新花樣。

3.3　序列推薦演算法

序列模型本身一直在發展，從最早的馬可夫鏈到深度學習時代的 RNN，以及現在流行的 BERT。

在推薦系統裡序列模型一直有著重要的地位，它的核心概念是透過使用者的行為序列建立模型推薦，例如歷史觀看的電影序列，以及歷史購買的商品序列等。因為透過統計歷史序列資料可以學習到使用者興趣的變化，進而為序列中的下一個進行推薦預測。

3.3.1　基本序列推薦模型

在 3.1.4 節 ~3.1.6 節，從 RNN 的角度已經介紹過一些以 RNN 為基礎的序列推薦模型，但如果將 RNN 作為最基本的序列推薦模型仍然略顯複雜。當然從馬可夫鏈講起就太古老了，但是可以從序列推薦演算法的核心概念出發，如圖 3-18 所示。

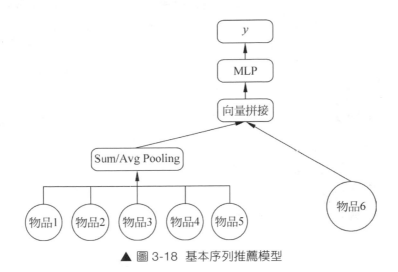

▲ 圖 3-18 基本序列推薦模型

圖 3-18 中的物品 1、物品 2 和物品 3 等可以認為是使用者歷史互動的物品序列，其實與之前 RNN 章節中的資料是一個意思。這張圖顯示的是將歷史互動的物品序列直接進行求和或求平均的池化操作，進而使得到的向量再與要預測的物品向量做拼接，然後經過 MLP 網路最終輸出預測值。核心的程式如下：

```python
#rccbyhand\chapter3\s31_base_Sequential.py
class Base_Sequential(nn.Module):

    def __init__(self, n_items, dim = 128):
        super(Base_Sequential, self).__init__()
        # 隨機初始化所有物品向量
        self.items = nn.Embedding(n_items, dim, max_norm = 1)
        self.dense = self.dense_layer(dim * 2, 1)

    # 全連接層
    def dense_layer(self, in_features, out_features):
        return nn.Sequential(
            nn.Linear(in_features, out_features),
            nn.Tanh())
```

```
def forward(self, x, item, isTrain = True):
    #[ batch_size, len_seqs, dim ]
    item_embs = self.items(x)
    #[ batch_size, dim ]
    sumPool = torch.sum(item_embs, dim = 1)
    #[ batch_size, dim ]
    one_item = self.items(item)
    #[ batch_size, dim*2 ]
    out = torch.cat([ sumPool, one_item ], dim = 1)
    #[ batch_size, 1 ]
    out = self.dense(out)
    # 訓練時採取 DropOut 來防止過擬合
    if isTrain : out = F.DropOut(out)
    #[ batch_size ]
    out = torch.squeeze(out)
    logit = torch.sigmoid(out)
    return logit
```

當然僅這樣做並沒有把序列的資訊充分利用起來，至少應該給每個物品設定不同的權重進行加權求和。這個權重該怎麼設定呢？自然就應該利用注意力機制。

3.3.2 DIN 與注意力計算方式

深度興趣網路 (Deep Interest Network,DIN[8]) 是阿里巴巴團隊在 2018 年發佈的模型。DIN 的中心概念是在 3.3.1 節的基本模型上增加了注意力機制。

先從一個簡單的結構出發來了解 DIN，它的基本網路結構如圖 3-19 所示。

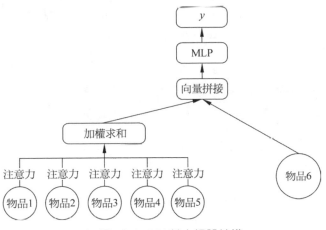

▲ 圖 3-19　DIN 基本網路結構

其實是在基本序列模型的基礎上增加了注意力機制。先用一個最簡單的注意力計算過程來說明，注意力計算公式如下：

$$\begin{cases} a'_i = \boldsymbol{h}^{\mathrm{T}} \sigma(\boldsymbol{W}\boldsymbol{x}_i + \boldsymbol{b}) \\ a_i = \mathrm{Softmax}(a'_i) = \dfrac{\exp(a'_i)}{\displaystyle\sum_{i \in \mathbf{R}_x} \exp(a'_i)} \end{cases} \tag{3-12}$$

其中，$\sigma(\,\cdot\,)$ 指任意啟動函式，x_i 為物品 i 的 Embedding，假設維度為 k。$\boldsymbol{W}\boldsymbol{x}_i + \boldsymbol{b}$ 是一個輸入維度為 k、輸出維度假設為 t 的線性層。$\boldsymbol{h}$ 是一個維度為 t 的向量。在程式中 h 這個部分其實可用一個輸入維度為 t、輸出維度為 1 的線性層代替，效果是一樣的。對每個物品向量進行計算後再進行 Softmax 啟動來獲得歸一化的注意力權重。之後就用這些注意力權重進行加權求和，公式如下：

$$f(x) = \sum_{i \in R_x} a_i x_i \tag{3-13}$$

$i \in R_x$ 指遍歷該使用者的歷史互動物品，得到 $f(x)$ 後再與要預測的目標物品的向量進行拼接，然後經 MLP 傳播，最終輸出預測值。

注意力的計算方式並不止一種，例如可以加入使用者的 Embedding 更進一步地學習到使用者對每個歷史互動物品的注意力，如圖 3-20 所示。

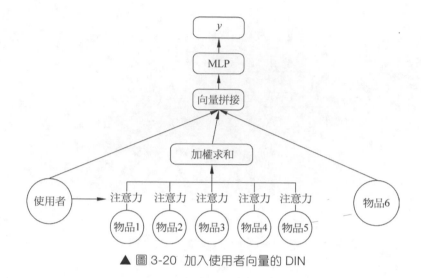

▲ 圖 3-20 加入使用者向量的 DIN

假設使用者向量為 u，第 i 個物品向量為 x_i。通常最簡單的注意力還是一個點乘，即 $a_i = u \cdot x_i$。或 $a_i = uWx_i$，其中 W 是 u 向量長度 $\times x_i$ 向量長度的矩陣，但是更好的辦法是用向量對應位置全元素運算的方式來計算。例如全元素相乘、全元素相加或全元素相減。全元素運算後的那個向量再經一次或幾次線性變化得到的向量也可得到注意力權重。

基礎知識——注意力機制基礎計算方式

是時候總結一下注意力機制的計算方式了，注意力的計算其實能被看作一個小型的神經網路，任何的拼接可產生無窮多種神經網路。當然用注意力計算神經網路往往不會非常複雜，在這裡就來介紹一下最基本的計算方式。

首先定義以下一個公式：

$$l(x) = wx + b \tag{3-14}$$

將 $l(\boldsymbol{x})$ 指代對向量 $\boldsymbol{x}$ 做一次附帶偏置項的線性變化。

(1) 最基本的對於單一樣本 i 的注意力計算公式：

$$a = \text{Softmax}(l(\boldsymbol{x})) \tag{3-15}$$

可以看到此處將線性變化後得到的值進行 Softmax 歸一化，注意力權重是一個一維的純量，所以 $l(\boldsymbol{x})$ 在這裡的輸出維度是 1，輸入維度當然是 $\boldsymbol{x}$ 向量的維度。

(2) 單一樣本 i 的注意力計算範式：

$$\begin{cases} d(\boldsymbol{x}) = \sigma(l(\boldsymbol{x})) \\ a = \text{Softmax}(l(d(\cdots d(x)))) = \text{Softmax}(\text{MLP}(\boldsymbol{x})) \end{cases} \tag{3-16}$$

$\sigma(\cdot)$ 代表任意啟動函式，$d(\boldsymbol{x})$ 代表一個全連接層，式子的後半部分可看作一個以 Softmax 作為最後一層全連接層啟動函式的 MLP 網路，中間包含若干全連接層，輸入和輸出的維度都可任意指定，只要保證第一層的輸入維度是 $\boldsymbol{x}$ 向量的長度，最後一層輸出的維度是 1 即可。

對於單一樣本，其注意力權重是針對結果而言的，即這個樣本對最終模型結果的影響越大，它的注意力權重就會越大，所以 MLP 的計算意義是透過增加模型參數來放大原本對結果有較大影響的樣本影響力，以及縮小原本對結果影響較小的樣本影響力。

(3) 兩個樣本 i 和 j 的點乘注意力的計算方式：

$$a = \text{Softmax}(\boldsymbol{x}_i \cdot \boldsymbol{x}_j)$$

或

$$a = \text{Softmax}(\boldsymbol{x}_i \boldsymbol{W} \boldsymbol{x}_j), \ \boldsymbol{W} \in \boldsymbol{R}^{|x_i| \times |x_j|} \tag{3-17}$$

兩個樣本間注意力的意義不僅針對最終結構,也針對彼此。例如點積代表兩個向量間的相似度,即僅點積計算可以使原本相似的兩個樣本產生更大的注意力權重。加入一個線性變換矩陣則能增加模型的擬合度。

(4) 兩個樣本 i 和 j 的全元素運算注意力的計算方式:

$$a = \text{Softmax}(\text{MLP}(\boldsymbol{x}_i \circledcirc \boldsymbol{x}_j)) \tag{3-18}$$

此處用一個 ◎ 符號代表任意全元素運算,可以是加法、乘法或減法。通常不會用除法。全元素運算相比點乘的好處在於損失的資訊可以更少,並且運算後維度不變,可視為一個單獨的向量再進行 MLP 的傳播。所以這麼一來,多個樣本的注意力計算方式應該也推導出來了。

(5) 多個樣本的注意力計算方式:

$$a = \text{Softmax}(\text{MLP}(\boldsymbol{x}^0 \circledcirc \boldsymbol{x}^1 \cdots \circledcirc \boldsymbol{x}^l)) \tag{3-19}$$

將所有樣本全部進行全元素計算得到的向量進行 MLP 的傳遞,但對於推薦系統而言,不太會出現需要計算兩個以上樣本注意力權重的場景,且在處理兩個以上樣本時,用 CNN 或 RNN 等計算方式聚合資訊會比全元素相乘更好,但是在注意力層就把網路變得如此複雜是很容易過擬合的,所以並不建議去設計兩個以上樣本的注意力權重計算場景。

弄明白注意力的計算方式後,對於 DIN 演算法基本就學會了 70%。當然商業級的 DIN 網路還會更複雜,業界通常會用物品的特徵組合代替物品,所以需要學那些物品特徵的向量表示,而非每個物品的原子化向量表示。商業級的 DIN 網路結構如圖 3-21 所示。

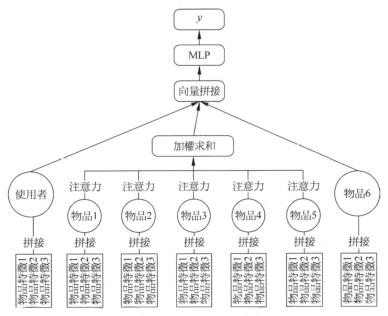

▲ 圖 3-21 商業級 DIN 示意圖

可以看到使用者也可由使用者的特徵組合來指代。

範例程式實現了最基本的 DIN 模型，核心部分的程式如下：

```
#recbyhand\chapter3\s32_DIN.py
class DIN(nn.Module):

    def __init__(self, n_items, dim = 128, t = 64):
        super(DIN, self).__init__()
        #隨機初始化所有物品向量
        self.items = nn.Embedding(n_items, dim, max_norm = 1)
        self.flincr = nn.Linear(dim * 2, 1)
        #注意力計算中的線性層
        self.attention_liner = nn.Linear(dim, t)
        self.h = init.xavier_uniform_(Parameter(torch.empty(t, 1)))

        # 初始化一個 BN 層，在 Dice 計算時會用到
        self.BN = nn.BatchNorm1d(1)
```

```python
#Dice 啟動函式
def Dice(self, embs, a = 0.1):
    prob = torch.sigmoid(self.BN(embs))
    return prob * embs + (1 - prob) * a * embs


# 注意力計算
def attention(self, embs):
    #embs：[ batch_size, k ]
    #[ batch_size, t ]
    embs = self.attention_liner(embs)
    #[ batch_size, t ]
    embs = torch.ReLU(embs)
    #[ batch_size, 1 ]
    embs = torch.matmul(embs, self.h)
    #[ batch_size, 1 ]
    atts = torch.Softmax(embs, dim=1)
    return atts


def forward(self, x, item, isTrain = True):
    #[ batch_size, len_seqs, dim ]
    item_embs = self.items(x)
    #[ batch_size, len_seqs, 1 ]
    atts = self.attention(item_embs)
    #[ batch_size, dim]
    sumWeighted = torch.sum(item_embs * atts, dim = 1)
    #[ batch_size, dim]
    one_item = self.items(item)
    #[ batch_size, dim*2 ]
    out = torch.cat([ sumWeighted, one_item ], dim = 1)
    #[ batch_size, 1 ]
    out = self.fliner(out)
    out = self.Dice(out)
    # 訓練時採取 DropOut 來防止過擬合
    if isTrain：out = F.DropOut(out)
    #[ batch_size ]
    out = torch.squeeze(out)
    logit = torch.sigmoid(out)
    return logit
```

大家發現了沒有，在線性層之後緊接著一個 Dice 啟動函式。Dice 是阿里巴巴團隊創新的啟動函式。從程式上看很簡單，下面就用一個小節來了解一下 Dice 啟動函式。

3.3.3 從 PReLU 到 Dice 啟動函式

資料相關啟動函式 (Data Dependent Activation Function, Dice)[8] 是阿里巴巴團隊伴隨 DIN 演算法一起發表的創新啟動函式。阿里巴巴團隊發表的推薦演算法通常很具備專案性，並且它們自己有一套推薦演算法系統，Dice 啟動函式從原理上看就很顯然是一個在實戰中誕生的演算法，但在介紹 Dice 計算原理前，得先從 ReLU 講起。

線性修正單元 (Rectified Linear Unit, ReLU) 大家一定不陌生，公式如下：

$$\mathrm{ReLU}(x) = \begin{cases} x, & x \geqslant 0 \\ 0, & x < 0 \end{cases} \tag{3-20}$$

ReLU 函式屬於「非飽和啟動函式」，由公式 (3-20) 可見 ReLU 是將所有負值都設為 0。相較於 Sigmoid 與 Tanh 等「飽和啟動函式」的優勢在於能解決梯度消失問題且可加快收斂速度。

ReLU 的優點也是它的缺點，如果大多數的參數為負值，則顯然 ReLU 的啟動能力會大打折扣，所以參數化線性修正單元 (Parametric Rectified Linear Unit, PReLU) 應運而生，PReLU 公式如下：

$$\mathrm{PReLU}(x) = \begin{cases} x, & x \geqslant 0 \\ \alpha x, & x < 0 \end{cases} \tag{3-21}$$

PReLU 與 ReLU 不同的地方就在於在負值部分指定了一個負值斜率 α。如此一來就不是所有負值都歸為 0，而是會根據 α 的值發生變化。

當 α 很小時又可稱為小線性修正單元 (Leaky Rectified Linear Unit, LeakyReLU)。如果將 α 的值設定在一個範圍內隨機獲取，則是隨機線性修正單元 (Randomized Rectified Linear Unit, RReLU)。

圖 3-22 展示了 ReLU、LeakyReLU、PReLU 和 RReLU 的函式影像。

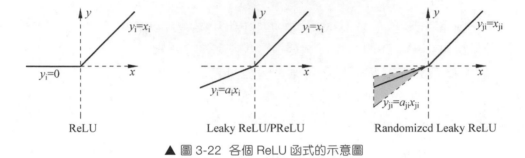

▲ 圖 3-22 各個 ReLU 函式的示意圖

介紹完這麼多的 ReLU 系列函式，終於要輪到 Dice 出場了。首先注意 PReLU 公式的含義是當輸入大於 0 時，輸出等於輸入的值，而當輸入小於或等於 0 時，輸出是 αx。設 $p(x)$ 為輸入值 x 大於 0 的機率，則輸出 $f(x)$ 的期望值可表示為 [8]

$$f(x) = p(x) \cdot x + (1-p(x)) \cdot ax \tag{3-22}$$

在 Dice 中，又將 $p(x)$ 定義如下：

$$p(x) = \text{Sigmoid}\left(\frac{x-E(x)}{\text{Var}(x)+\varepsilon}\right) \tag{3-23}$$

$E(x)$ 表示樣本的平均值，$\text{Var}(x)$ 表示方差，ε 是雜訊因數。Sigmoid 已經再熟悉不過了，是輸出 0~1 的啟動函式，而 Sigmoid 內部的計算過程其實是批次歸一化演算法。

批次歸一化 (Batch Normalization, BN) 的計算公式為

$$\text{BN}(x) = \frac{x-E(x)}{\text{Var}(x)+\varepsilon} \tag{3-24}$$

所以 Dice 啟動函式寫成：

$$Dice(x) = Sigmoid(BN(x)) \cdot x + 1 - Sigmoid(BN(x)) \cdot ax \qquad (3-25)$$

這樣一來是不是就顯得很簡單了。Batch Normalization 屬於基礎操作，這個大家應該不陌生，其意義主要有以下 3 個：

(1) 減緩過擬合。
(2) 在訓練過程中使資料平滑進而加快訓練的速度。
(3) 減緩因資料不平滑而造成的梯度消失。

所以 Dice 啟動函式的意義也在於此。BN 演算法在 PyTorch 中有現成的 API，所以 Dice 啟動函式實現起來非常簡單，程式如下：

```
#recbyhand\chapter3\s32_DIN.py
def Dice(self, x, a = 0.1):
    BN = torch.nn.BatchNorm1d(1)
    prob = torch.sigmoid(BN(x))
    return prob * x + (1 - prob) * a * x
```

3.3.4 DIEN 模擬興趣演化的序列網路

深度興趣演化網路 (Deep Interest Evolution Network, DIEN)[9] 是阿里巴巴團隊在 2018 年推出的另一力作，比 DIN 多了一個 Evolution，即演化的概念。

在 DIEN 模型結構上比 DIN 複雜許多，但大家絲毫不用擔心，本書會將 DIEN 拆解開來詳細地說明。首先來看從 DIEN 論文中截取的模型結構圖，如圖 3-23 所示。

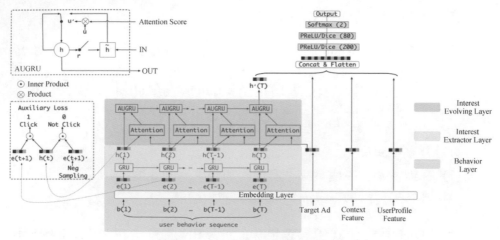

▲ 圖 3-23　DIEN 模型結構全圖 [9]

　　這張圖初看之下很複雜，但可從簡單到難一點點來説明。首先最後
輸出往前一段的截圖如圖 3-24 所示。

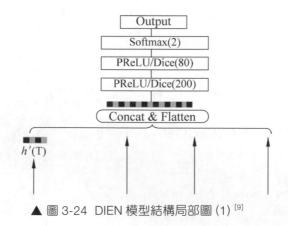

▲ 圖 3-24　DIEN 模型結構局部圖 (1) [9]

　　這部分很簡單，是一個 MLP，下面一些箭頭表示經過處理的向量。
這些向量會經一個拼接層拼接，然後經幾個全連接層，全連接層的啟動
函式可選擇 PReLU 或 Dice。最後用了一個 Softmax(2) 表示二分類，當然
也可用 Sigmoid 進行二分類任務。

對輸出端了解過後，再來看輸入端，將輸入端的部分放大後截圖如圖 3-25 所示。

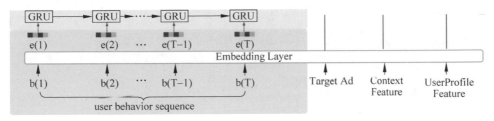

▲ 圖 3-25 DIEN 模型結構局部圖 (2)[9]

從右往左看，UserProfile Feature 指使用者特徵，Context Feature 指內容特徵，Target Ad 指目標物品，其實這 3 個特徵表示的無非是隨機初始化一些向量，或透過特徵聚合的方式量化表達各種資訊。

DIEN 模型的重點就在圖 3-25 的 user behavior sequence 區域。user behavior sequence 代表使用者行為序列，通常利用使用者歷史互動的物品代替。圖 3-26 展示了這塊區域的全貌。

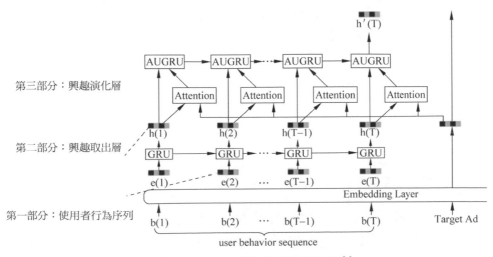

▲ 圖 3-26 DIEN 模型結構局部圖 (3)[9]

這部分是 DIEN 演算法的核心，這裡直接配合公式和程式來講解。本節程式的位址為 recbyhand\chapter3\s34_DIEN.py。

第一部分：使用者行為序列，是將使用者歷史互動的物品序列經 Embedding 層初始化物品序列向量準備輸入下一層，程式如下：

```
#recbyhand\chapter3\s34_DIEN.py
# 初始化 embedding
items = nn.Embedding(n_items, dim, max_norm = 1)
#[batch_size, len_seqs, dim]
item_embs = items(history_seqs)#history_seqs 指使用者歷史物品序列 id
```

所以輸出的是一個 [批次樣本數量 , 序列長度 , 向量維度] 的張量。

第二部分：興趣取出層，是一個 GRU 網路，將上一層的輸出在這一層輸入。GRU 是 RNN 的變種，在 PyTorch 裡有現成模型，所以只有以下兩行程式。

```
#recbyhand\chapter3\s34_DIEN.py
# 初始化 GRU 網路，注意正式寫程式時，初始化動作通常寫在 __init__() 方法裡
GRU = nn.GRU(dim, dim, batch_first=True)
outs, h = GRU(item_embs)
```

和 RNN 網路一樣，會有兩個輸出，一個是 outs，是每個 GRU 單元輸出向量組成的序列，維度是 [批次樣本數量 , 序列長度 , 向量維度]，另一個 h 指的是最後一個 GRU 單元的輸出向量。在 DIEN 模型中，目前位置處的 h 並沒有作用，而 outs 卻有兩個作用。一個作用是作為下一層的輸入，另一個作用是獲取輔助 loss。

什麼是輔助 loss，其實 DIEN 網路是一個聯合訓練任務，最終對目標物品的推薦預測可以產生一個損失函式，暫且稱為 L_{target}，而這裡可以利用歷史物品的標註得到一個輔助損失函式，此處稱為 L_{aux}。總的損失函式的計算公式為

$$L = L_{\text{target}} + \alpha \cdot L_{\text{aux}} \qquad (3\text{-}26)$$

其中，α 是輔助損失函式的權重係數，是個超參。這裡輔助損失函式的計算與 3.1.6 節中所介紹的聯合訓練 RNN 不同，3.1.6 節說的是多分類預測產生的損失函式，而 DIEN 舉出的方法是一個二分類預測，如圖 3-27 所示。

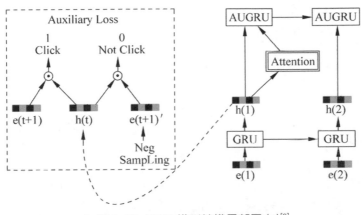

▲ 圖 3-27　DIEN 模型結構局部圖 (4)[9]

歷史物品標註指的是使用者對對應位置的歷史物品互動的情況，通常由 1 和 0 組成，1 表示「感興趣」，0 則表示「不感興趣」，如圖 3-27 所示，將 GRU 網路輸出的 outs 與歷史物品序列的 Embedding 輸入一個二分類的預測模型中即可得到輔助損失函式，程式如下：

```
#recbyhand\chapter3\s34_DIEN.py
# 輔助損失函式的計算過程
def forwardAuxiliary(self, outs, item_embs, history_labels):
    '''
    :param item_embs：歷史序列物品的向量 [ batch_size, len_seqs, dim ]
    :param outs：興趣取出層 GRU 網路輸出的 outs [ batch_size, len_seqs, dim ]
    :param history_labels：歷史序列物品標註 [ batch_size, len_seqs, 1 ]
    :return：輔助損失函式
    '''
```

```
#[ batch_size * len_seqs, dim ]
item_embs = item_embs.reshape(-1, self.dim)
#[ batch_size * len_seqs, dim ]
outs = outs.reshape(-1, self.dim)
#[ batch_size * len_seqs ]
out = torch.sum(outs * item_embs, dim = 1)
#[ batch_size * len_seqs, 1 ]
out = torch.unsqueeze(torch.sigmoid(out), 1)
#[ batch_size * len_seqs,1 ]
history_labels = history_labels.reshape(-1, 1).float()
return self.BCELoss(out, history_labels)
```

調整張量形狀後做點乘，Sigmoid 啟動後與歷史序列物品標註做二分類交叉熵損失函式 (BCEloss)。

以上是第二部分興趣取出層所做的事情，最後來看最關鍵的第三部分。

第三部分：興趣演化層，主要由一個叫作 AUGRU 的網路組成，AUGRU 是在 GRU 的基礎上增加了注意力機制。全名叫作 GRU With Attentional Update Gate。AUGRU 的細節結構如圖 3-28 所示。

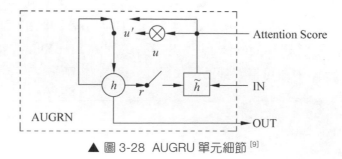

▲ 圖 3-28　AUGRU 單元細節 [9]

GRU 是在 RNN 的基礎上增加了所謂的更新門 (Update Gate) 和重置門 (Reset Gate)。每個 GRU 單元的計算公式如下：

$$\begin{cases} \boldsymbol{u}_t = \sigma(\boldsymbol{W}_u\boldsymbol{i}_t + \boldsymbol{U}_u\boldsymbol{h}_{t-1} + \boldsymbol{b}_u) \\ \boldsymbol{r}_t = \sigma(\boldsymbol{W}_r\boldsymbol{i}_t + \boldsymbol{U}_r\boldsymbol{h}_{t-1} + \boldsymbol{b}_r) \\ \tilde{\boldsymbol{h}}_t = \tanh(\boldsymbol{W}_h\boldsymbol{i}_t + \boldsymbol{r}_t \odot \boldsymbol{U}_h\boldsymbol{h}_{t-1} + \boldsymbol{b}_h) \\ \boldsymbol{h}_t = (1 - \boldsymbol{u}_t) \odot \boldsymbol{h}_{t-1} + \boldsymbol{u}_t \odot \tilde{\boldsymbol{h}}_t \end{cases} \tag{3-27}$$

其中，$\boldsymbol{u}_t$ 代表第 t 層更新門的輸出向量，$\boldsymbol{r}_t$ 代表第 t 層重置門的輸出向量。$\boldsymbol{i}_t$ 是序列中第 t 個物品向量，$\boldsymbol{h}_{t-1}$ 是第 t-1 個 GRU 單元的輸出向量。其餘 $\boldsymbol{W}$、$\boldsymbol{U}$、$\boldsymbol{b}$ 等都是模型要學習的參數。$\boldsymbol{W}$ 和 $\boldsymbol{U}$ 是參數矩陣，輸入維度分別對物品向量 $\boldsymbol{i}$ 和循環神經網路單元輸出向量 $\boldsymbol{h}$ 的向量維度。輸出則自己定義即可，參數的詳細維度情況可參考本書附帶的程式。

AUGRU 給更新門增添了一個注意力操作，此處用 a_t 代表每個歷史序列中物品的注意力權重，所以 AUGRU 的整體計算方式以下 [9]：

$$\begin{cases} \boldsymbol{u}_t = \sigma(\boldsymbol{W}_u\boldsymbol{i}_t + \boldsymbol{U}_u\boldsymbol{h}_{t-1} + \boldsymbol{b}_u) \\ \boldsymbol{r}_t = \sigma(\boldsymbol{W}_r\boldsymbol{i}_t + \boldsymbol{U}_r\boldsymbol{h}_{t-1} + \boldsymbol{b}_r) \\ \tilde{\boldsymbol{h}}_t = \tanh(\boldsymbol{W}_h\boldsymbol{i}_t + \boldsymbol{r}_t \odot \boldsymbol{U}_h\boldsymbol{h}_{t-1} + \boldsymbol{b}_h) \\ \tilde{\boldsymbol{u}}_t = a_t \times \boldsymbol{u}_t \\ \boldsymbol{h}_t = (1 - \tilde{\boldsymbol{u}}_t) \odot \boldsymbol{h}_{t-1} + \tilde{\boldsymbol{u}}_t \odot \tilde{\boldsymbol{h}}_t \end{cases} \tag{3-28}$$

AUGRU 只是在 GRU 的基礎上多了第 4 行，即用注意力權重去更新 Update Gate 輸出的操作。在 DIN 模型章節中的基礎知識專欄裡介紹了很多注意力權重的計算方式。DIEN 論文裡舉出的是最基礎的計算方式，公式如下：

$$a_t = \text{Softmax}(\boldsymbol{i}_t \cdot \boldsymbol{W}_a \cdot \boldsymbol{e}_{tar}) \tag{3-29}$$

其中，$\boldsymbol{e}_{tar}$ 指的是目標物品的向量，$\boldsymbol{W}_a$ 是一個線性變換矩陣，維度是 $|i| \times |e|$。

一個完整的 AUGRU 單元的程式如下：

```
#recbyhand\chapter3\s34_DIEN.py
#AUGRU 單元
class AUGRU_Cell(nn.Module):

    def __init__(self, in_dim, hidden_dim):
        '''
        :param in_dim：輸入向量的維度
        :param hidden_dim：輸出的隱藏層維度
        '''
        super(AUGRU_Cell, self).__init__()

        # 初始化更新門的模型參數
        self.Wu = init.xavier_uniform_(Parameter(torch.empty(in_dim, hidden_
dim)))
        self.Uu = init.xavier_uniform_(Parameter(torch.empty(in_dim, hidden_
dim)))
        self.bu = init.xavier_uniform_(Parameter(torch.empty(1, hidden_dim)))

        # 初始化重置門的模型參數
        self.Wr = init.xavier_uniform_(Parameter(torch.empty(in_dim, hidden_
dim)))
        self.Ur = init.xavier_uniform_(Parameter(torch.empty(in_dim, hidden_
dim)))
        self.br = init.xavier_uniform_(Parameter(torch.empty(1, hidden_dim)))

        # 初始化計算 h~ 的模型參數
        self.Wh = init.xavier_uniform_(Parameter(torch.empty(hidden_dim,
hidden_dim)))
        self.Uh = init.xavier_uniform_(Parameter(torch.empty(hidden_dim,
hidden_dim)))
        self.bh = init.xavier_uniform_(Parameter(torch.empty(1, hidden_dim)))

        # 初始化注意力計算中的模型參數
        self.Wa = init.xavier_uniform_(Parameter(torch.empty(hidden_dim, in_
dim)))
```

```python
# 注意力的計算
def attention(self, x, item):
    '''
    :param x：輸入的序列中第 t 個向量 [ batch_size, dim ]
    :param item：目標物品的向量 [ batch_size, dim ]
    :return：注意力權重 [ batch_size, 1 ]
    '''
    hW = torch.matmul(x,self.Wa)
    hWi = torch.sum(hW*item,dim=1)
    hWi = torch.unsqueeze(hWi,1)
    return torch.Softmax(hWi,dim=1)


def forward(self,x,h_1,item):
    '''
    :param x： 輸入的序列中第 t 個物品向量 [ batch_size, in_dim ]
    :param h_1：上一個 AUGRU 單元輸出的隱藏向量 [ batch_size, hidden_dim ]
    :param item：目標物品的向量 [ batch_size, in_dim ]
    :return：h 為當前層輸出的隱藏向量 [ batch_size, hidden_dim ]
    '''
    #[ batch_size, hidden_dim ]
    u = torch.sigmoid(torch.matmul(x, self.Wu)+torch.matmul(h_1, self.
Uu)+self.bu)
    #[ batch_size, hidden_dim ]
    r = torch.sigmoid(torch.matmul(x, self.Wr)+torch.matmul(h_1, self.
Ur)+self.br)
    #[ batch_size, hidden_dim ]
    h_hat = torch.tanh(torch.matmul(x, self.Wh)+r*torch.matmul(h_1, self.
Uh)+self.bh)
    #[ batch_size, 1 ]
    a = self.attention(x, item)
    #[ batch_size, hidden_dim ]
    u_hat = a * u
    #[ batch_size, hidden_dim ]
    h = (1 - u_hat) * h_1 + u_hat * h_hat
    #[ batch_size, hidden_dim ]
    return h
```

完整的 AUGRU 循環神經網路的程式如下：

```python
#recbyhand\chapter3\s34_DIEN.py
class AUGRU(nn.Module):

    def __init__(self, in_dim, hidden_dim):
        super(AUGRU, self).__init__()
        self.in_dim = in_dim
        self.hidden_dim = hidden_dim
        # 初始化 AUGRU 單元
        self.augru_cell = AUGRU_Cell(in_dim, hidden_dim)

    def forward(self, x, item):
        '''
        :param x：輸入的序列向量，維度為 [ batch_size, seq_lens, dim ]
        :param item：目標物品的向量
        :return：outs：所有 AUGRU 單元輸出的隱藏向量 [ batch_size, seq_lens, dim ]
            h：最後一個 AUGRU 單元輸出的隱藏向量 [ batch_size, dim ]
        '''
        outs = []
        h = None
        # 開始迴圈，x.shape[1] 是序列的長度
        for i in range(x.shape[1]):
            if h==None:
                # 初始化第一層的輸入 h
                h = init.xavier_uniform_(Parameter(torch.empty(x.shape[0],
self.hidden_dim)))
            h = self.augru_cell(x[:,i], h, item)
            outs.append(torch.unsqueeze(h, dim=1))
        outs = torch.cat(outs, dim=1)
        return outs, h
```

至此，第三部分的興趣演化層講解完畢，物理上它的意義在於透過一個序列神經網路來模擬使用者興趣演化的過程。最後將 AUGRU 輸出的 h 作為興趣演化層的輸出向量進行後面的運算，如圖 3-29 所示。

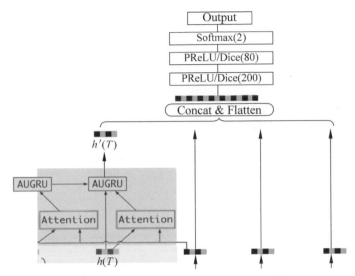

▲ 圖 3-29 DIEN 模型結構局部圖 (5)[9]

　　如此一來就回到了第一張 DIEN 模型結構局部圖，即將這個 **h** 向量經
過 MLP 的傳遞最終輸出預測值，以此完成整個 DIEN 模型的傳播過程。
整個 DIEN 模型的核心程式如下：

```
#recbyhand\chapter3\s34_DIEN.py
class DIEN(nn.Module):

    def __init__(self, n_items, dim = 128, alpha=0.2):
        super(DIEN, self).__init__()
        self.dim = dim
        self.alpha = alpha# 計算輔助損失函式時的權重
        self.n_items = n_items
        self.BCELoss = nn.BCELoss()

        # 隨機初始化所有特徵的特徵向量
        self.items = nn.Embedding(n_items, dim, max_norm = 1)

        # 初始化興趣取出層的 GRU 網路，直接用 PyTorch 中現成的實現即可
        self.GRU = nn.GRU(dim, dim, batch_first = True)
        # 初始化興趣演化層的 AUGRU 網路，因無現成模型，所以需使用自己撰寫的 AUGRU
```

```
        self.AUGRU = AUGRU(dim, dim)

        # 初始化最終 CTR 預測的 MLP 網路，啟動函式採用 Dice
        self.dense1 = self.dense_layer(dim*2, dim, Dice)
        self.dense2 = self.dense_layer(dim, dim//2, Dice)
        self.f_dense = self.dense_layer(dim//2, 1, nn.Sigmoid)

    # 全連接層
    def dense_layer(self, in_features, out_features, act):
        return nn.Sequential(
            nn.Linear(in_features, out_features),
            act())

    # 輔助損失函式的計算過程
    def forwardAuxiliary(self, outs, item_embs, history_labels):
        '''
        :param item_embs：歷史序列物品的向量 [ batch_size, len_seqs, dim ]
        :param outs：興趣取出層 GRU 網路輸出的 outs [ batch_size, len_seqs, dim ]
        :param history_labels：歷史序列物品標註 [ batch_size, len_seqs, 1 ]
        :return：輔助損失函式
        '''
        #[ batch_size * len_seqs, dim ]
        item_embs = item_embs.reshape(-1, self.dim)
        #[ batch_size * len_seqs, dim ]
        outs = outs.reshape(-1, self.dim)
        #[ batch_size * len_seqs ]
        out = torch.sum(outs * item_embs, dim = 1)
        #[ batch_size * len_seqs, 1 ]
        out = torch.unsqueeze(torch.sigmoid(out), 1)
        #[ batch_size * len_seqs,1 ]
        history_labels = history_labels.reshape(-1, 1).float()
        return self.BCELoss(out, history_labels)

    def __getRecLogit(self, h, item):
        # 將 AUGRU 輸出的 h 向量與目標物品相拼接，之後經 MLP 傳播
        concatEmbs = torch.cat([ h, item ], dim=1)
        logit = self.dense1(concatEmbs)
        logit = self.dense2(logit)
        logit = self.f_dense(logit)
```

```
        logit = torch.squeeze(logit)
        return logit

    # 推薦 CTR 預測的前向傳播
    def forwardRec(self, h, item, y):
        logit = self.__getRecLogit(h, item)
        y = y.float()
        return self.BCELoss(logit, y)

    # 整體前向傳播
    def forward(self, history_seqs, history_labels, target_item, target_
label):
        #[ batch_size, len_seqs, dim ]
        item_embs = self.items(history_seqs)

        outs, _ = self.GRU(item_embs)
        # 利用 GRU 輸出的 outs 得到輔助損失函式
        auxi_loss = self.forwardAuxiliary(outs,item_embs, history_labels)
        #[ batch_size, dim]
        target_item_embs = self.items(target_item)

        # 利用 GRU 輸出的 outs 與目標的向量輸入興趣演化層的 AUGRU 網路，得到最後一層的
        # 輸出 h
        _, h = self.AUGRU(outs, target_item_embs)

        # 得到 CTR 預估的損失函式
        rec_loss = self.forwardRec(h, target_item_embs, target_label)

        # 將輔助損失函式與 CTR 預估損失函式加權求和輸出
        return self.alpha * auxi_loss + rec_loss

    # 因為模型的 forward 函式輸出的是損失函式值，所以另用一個預測函式以方便預測及評估
    def predict(self, x, item):
        item_embs = self.items(x)
        outs, _ = self.GRU(item_embs)
        one_item = self.items(item)
        _, h = self.AUGRU (outs, one_item)
        logit = self.__getRecLogit(h, one_item)
        return logit
```

其餘程式可去本書附帶的程式中詳細觀察。DIEN 模型到此介紹完畢，雖然複雜，但拆解開來其實也很好理解。本書希望大家不僅把 DIEN 模型學會，還要學會它產生的過程，學會它是如何利用聯合訓練，如何利用注意力機制，以及如何利用序列循環神經網路等。

3.4 Transformer 在推薦演算法中的應用

Transformer 是 2017 年 Google 大腦團隊在一篇名為 *Attention Is All You Need*[10] 的論文中提出的序列模型。以 Transformer 為基礎做推薦自然也屬於序列推薦模型，但之所以將它單起一節來介紹的原因是 Transformer 近幾年名氣實在是太大，本書認為有必要盡可能詳細地介紹它在推薦系統中的應用。

Transformer 模型原本是解決自然語言處理中機器翻譯任務而提出的。本質上是對 Seq2Seq 演算法的最佳化。Seq2Seq 是序列 to 序列，即輸入一個序列，去預測另一個序列。例如輸入一段英文「What a good day!」，模型的任務是要輸出「多好的一天！」以完成機器翻譯。Seq2Seq 也會用作聊天對話模型，即輸入「問題」，輸出「答案」，而 Transformer 也可以視為一個序列到序列的模型。由編碼器 Encoder 和解碼器 Decoder 組成。

另外再順便提一下 BERT，BERT 這個名號甚至比 Transformer 還要響亮。業內更有「萬能的 BERT」這種稱號，BERT 原名為 Pre-training of Deep Bidirectional Transformers for Language Understanding[11]，是 Google 團隊在 2019 年提出的，其實 BERT 才是 Transformer 真正紅起來的原因。BERT 演算法的結構其實採用的是 12 層的 Transformer「編碼器」，所以演算法本身還是 Transformer，但 BERT 更多的重點是對預訓練模型的運用，以及在預訓練模型的基礎上進行遷移學習或微調。

所以伴隨 BERT 的問世，Google 還開放原始碼了若干個 BERT 預訓練模型。Google 擁有的自然語言語料的量級可想而知非常龐大。

如此一個舉動對於那些原本苦惱於收集語料的中小型公司而言，如久旱逢甘霖，所以這才是 BERT 能夠走遍大江南北的本質原因。當然 Transformer 的演算法結構本身的確也很優秀，尤其是對於自然語言處理而言。

3.4.1 從推薦角度初步了解 Transformer

在介紹 Transformer 這種結構模型在推薦演算法中該怎麼去用之前，要告訴大家的是推薦演算法理論上可以融合任何演算法及數學技巧，因為推薦任務可以說完全等效於所有機器學習預測任務。

例如可以把一個機器翻譯模型埋解成給一個「句子」推薦與其更匹配「句子」的模型，甚至可以把一個人臉辨識模型理解成給一張「圖片」推薦與其更匹配的「人名」的模型，所以既然如此，自然語言處理的演算法模型當然可以用作推薦。

話說回來，也正因為推薦演算法具備這樣的性質，所以每當一個新的數學技巧或某個演算法在別的領域紅起來之後，一定會有推薦演算法的學者爭先恐後地將其應用於自己的研究。Transformer 自然也不例外，所以大家不要去期待 Transformer 這種在自然語言處理領域中的王道演算法會在推薦領域中也是王道。

但是 Transformer 畢竟是 Transformer，如果想成為一個成熟的推薦演算法工程師，Transformer 仍然是一門必修課。

在以後的工作中一定會遇到某些特別適合 Transformer 的任務場景，並且 Transformer 中的一些結構尤其是對於注意力機制的應用很值得大家學習。

言歸正傳，接下來介紹 Transformer 模型結構，如圖 3-30 所示。

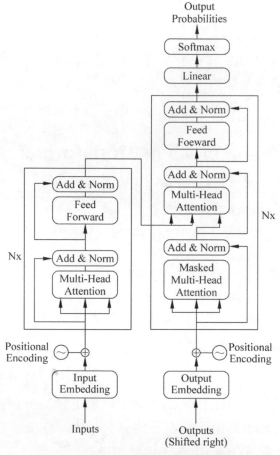

▲ 圖 3-30 Transformer 模型整體結構 [10]

左半邊是編碼器，右半邊是解碼器。首先把編碼器或解碼器理解為處理序列的神經網路，即它的作用就像是 RNN，所以輸入也跟 RNN 一樣，是一個包含序列長度的張量。通常該張量的維度是 [批次樣本數量，序列長度 , 向量維度]，而輸出也是相同維度的張量。

雖然編碼器與 RNN 的作用類似，但 Transformer 中的編碼器或解碼器並不是由 RNN 演化而來，這個需要特別注意。

圖 3-30 中的 N× 字樣表示編碼器或解碼器是由 N 個編碼層或解碼層組成。論文中預設為 6。現在把注意力集中在單一編碼層的結構，如圖 3-31 所示。

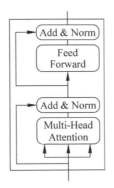

▲ 圖 3-31　Transformer 編碼層詳細結構圖 [10]

圖 3-31 中有 3 種模模組，分別如下：

(1)　Multi-Head Attention，多頭注意力。

(2)　Add & Norm，殘差與 Layer Normalization。

(3)　Feed Forward，前饋神經網路。

接下來介紹這些部分分別做了什麼。

3.4.2　多頭注意力與縮放點乘注意力演算法

Transformer 最核心也是最起作用的部分是注意力層。理解了注意力層也就相當於理解了 80% 的 Transformer。

多頭注意力 (Multi-Head Attention)，看名字就知道是由多個注意力組合成的大注意力，這裡先介紹「一個頭」的注意力如何計算。

在 3.3.2 節中介紹過很多基礎的注意力權重演算法，Transformer 中的注意力演算法叫作縮放點乘注意力 (Scaled Dot-Product Attention)，公式如下：

$$\text{Attention}(\boldsymbol{Q}, \boldsymbol{K}, \boldsymbol{V}) = \text{Softmax}\left(\frac{\boldsymbol{Q}\boldsymbol{K}^{\text{T}}}{\sqrt{d_k}}\right)\boldsymbol{V} \tag{3-30}$$

其中，$\boldsymbol{Q}$ 代表 Query 向量，$\boldsymbol{K}$ 代表 Key 向量，$\boldsymbol{V}$ 代表 Value 向量。在「編碼器」中，$\boldsymbol{Q}$、$\boldsymbol{K}$、$\boldsymbol{V}$ 都由輸入的序列向量得到。設 $\boldsymbol{X}$ 為輸入的序列向量，則

$$\begin{cases} \boldsymbol{Q} = \boldsymbol{W}_q \boldsymbol{X} + \boldsymbol{b}_q \\ \boldsymbol{K} = \boldsymbol{W}_k \boldsymbol{X} + \boldsymbol{b}_k \\ \boldsymbol{V} = \boldsymbol{W}_v \boldsymbol{X} + \boldsymbol{b}_v \end{cases} \tag{3-31}$$

此處用三套不同的線性變化參數給輸入的序列向量做線性變化，而在解碼器中的某個注意力層的 $\boldsymbol{Q}$ 由來自編碼器的輸出向量計算而來。

前一個公式計算中的 $\boldsymbol{Q}\boldsymbol{K}^{\text{T}}$ 是一個點乘，點乘可以表示兩個向量之間的相似度，等效於餘弦相似度，所以這一步計算的意義也是如果一個 Query 與一個 Key 更相似，則該 Query 對該 Key 的影響就會越大。之後除以 $\sqrt{d_k}$ 是名字中縮放的意思，d_k 指 $\boldsymbol{K}$ 向量的維度。

$\boldsymbol{Q}$、$\boldsymbol{K}$、$\boldsymbol{V}$ 向量維度是一樣的，所以如果它們的維度越大，則 $\boldsymbol{Q}\boldsymbol{K}$ 點乘的值就會越大，雖然後面會做 Softmax 歸一化，但在此之前縮放一下也是為了使資料平滑一點以防止梯度消失。

經過 $\text{Softmax}\left(\dfrac{\boldsymbol{Q}\boldsymbol{K}^{\text{T}}}{\sqrt{d_k}}\right)$ 這樣計算後便可得到注意力權重，再由這個注意力權重乘以 $\boldsymbol{V}$ 向量就可作為該注意力層的輸出。

以上是所謂「一個頭」的注意力層所得到的輸出，範例程式如下：

```
#recbyhand\chapter3\s47_transfermorOnlyEncoder.py
# 單頭注意力層
class OneHeadAttention(nn.Module):
```

```
def __init__(self, e_dim, h_dim):
    '''
    :param e_dim：輸入向量維度
    :param h_dim：輸出向量維度
    '''
    super().__init__()
    self.h_dim = h_dim
    # 初始化 Q、K、V 的映射線性層
    self.lQ = nn.Linear(e_dim, h_dim)
    self.lK = nn.Linear(e_dim, h_dim)
    self.lV = nn.Linear(e_dim, h_dim)

def forward(self, seq_inputs):
    #:seq_inputs [ batch, seq_lens, e_dim ]
    Q = self.lQ(seq_inputs) #[ batch, seq_lens, h_dim ]
    K = self.lK(seq_inputs) #[ batch, seq_lens, h_dim ]
    V = self.lV(seq_inputs) #[ batch, seq_lens, h_dim ]
    #[ batch, seq_lens, seq_lens ]
    QK = torch.matmul(Q,K.permute(0, 2, 1))
    #[ batch, seq_lens, seq_lens ]
    QK /= (self.h_dim**0.5)
    #[ batch, seq_lens, seq_lens ]
    a = torch.Softmax(QK, dim = -1)
    #[ batch, seq_lens, h_dim ]
    outs = torch.matmul(a, V)
    return outs
```

多頭注意力其實是將這些輸出的向量拼接起來。

$$\text{MultiHead}(\textbf{\textit{Q}}, \textbf{\textit{K}}, \textbf{\textit{V}}) = \text{Concat}(\text{head}1,...,\text{head}h) \cdot \textbf{\textit{W}}_O$$
$$\text{where head}i = \text{Attention}(\textbf{\textit{Q}}_i, \textbf{\textit{K}}_i, \textbf{\textit{V}}_i) \tag{3-32}$$

其中，$\textbf{\textit{W}}_O$ 是一個線性變化矩陣，維度為 [單頭注意力層輸出向量的長度 ×head 數量 , 多頭注意力層輸入向量的長度]。它的作用是將經過多頭注意力操作的向量維度再調整至輸入時的維度。

完整的多頭注意力層的程式如下：

```
#recbyhand\chapter3\s47_transfermorOnlyEncoder.py
# 多頭注意力層
class MultiHeadAttentionLayer(nn.Module):

    def __init__(self, e_dim, h_dim, n_heads):
        '''
        :param e_dim：輸入的向量維度
        :param h_dim：每個單頭注意力層輸出的向量維度
        :param n_heads：頭數
        '''
        super().__init__()
        self.atte_layers = nn.ModuleList([OneHeadAttention(e_dim, h_dim)
for _ in range(n_heads) ])
        self.l = nn.Linear(h_dim * n_heads, e_dim)

    def forward(self, seq_inputs):
        outs = []
        for one in self.atte_layers:
            out = one(seq_inputs)
            outs.append(out)
        #[ batch, seq_lens, h_dim * n_heads ]
        outs = torch.cat(outs, dim=-1)
        #[ batch, seq_lens, e_dim ]
        outs = self.l(outs)
        return outs
```

3.4.3 殘差

所謂殘差是在經神經網路多層傳遞後加上最初的向量，該過程如圖 3-32 所示。

▲ 圖 3-32 殘差連接圖

A、B、C、D 是 4 個不同的網路層，A 層的輸出經過 B 層和 C 層的傳遞後再加上 A 層原本的輸出即完成殘差連接，在程式中是一個加法。

殘差的作用是當網路層級深時可以有效防止梯度消失。因為根據後向傳播鏈式法則

$$\frac{\partial Y}{\partial X} = \frac{\partial Y}{\partial Z} \frac{\partial Z}{\partial X} \tag{3-33}$$

圖 3-32 的傳播方式用數學描述則如下：

$$D_{in} = A_{out} + C(B(A_{out})) \tag{3-34}$$

反向傳播時則

$$\frac{\partial D_{in}}{\partial A_{out}} = 1 + \frac{\partial C}{\partial B} \frac{\partial B}{\partial A_{out}} \tag{3-35}$$

所以這樣一來不管網路多深，梯度上都會有個 1 打底，不會為 0 而造成梯度消失。

3.4.4 Layer Normalization

Layer Normalization (LN)[12] 和 Batch Normalization(BN) 類似，都是標準化資料的操作。公式看起來也和 BN 一樣，LN 完整的公式如下：

$$\hat{u}^l = \frac{a^l - \mu^l}{\sqrt{(\sigma^l)^2 + \varepsilon}} \tag{3-36}$$

其中，u^l 代表第 l 個的平均值，計算公式如下：

$$\mu^l = \frac{1}{H} \sum_{i=1}^{H} a_i^l \tag{3-37}$$

σ^l 代表第 l 個標準差,計算公式如下:

$$\sigma^l = \sqrt{\frac{1}{H}\sum_{i=1}^{H}(a_i^l - \mu^l)^2} \qquad (3\text{-}38)$$

標準差和平均值的計算公式和普通的沒什麼區別,其實重點是什麼叫作第 l 個。只要把 BN 和 LN 的區別理解了就能理解 l 的含義,如圖 3-33 所示。

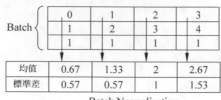

▲ 圖 3-33 Batch Normalization 與 Layer Normalization 的區別

圖 3-33 中三行四列的表格就代表一個張量,行數是批次數量,根據這個圖 BN 與 LN 的差別就顯而易見了。BN 是計算一批次向量在同一維下的平均值與標準差,而 LN 計算中的平均值、標準差其實與批次無關,它是計算每個向量自身的平均值與標準差,所以 LN 公式中的 l 代表的是第 l 個向量。公式中的 H 代表向量維度。

LN 在 PyTorch 中也有現成的 API:

```
# 傳入向量維度,以便初始化 LN
ln = torch.nn.LayerNorm(e_dim)
# 前向傳播時直接將張量輸入即可
out = ln(x)
```

3.4.5 前饋神經網路層

Transformer 中所謂的前饋神經網路是 MLP 結構，非常簡單，程式如下：

```
#recbyhand\chapter3\s47_transformerOnlyEncoder.py
# 前饋神經網路
class FeedForward(nn.Module):

    def __init__(self, e_dim, ff_dim, drop_rate = 0.1):
        super().__init__()
        self.l1 = nn.Linear(e_dim, ff_dim)
        self.l2 = nn.Linear(ff_dim, e_dim)
        self.drop_out = nn.DropOut(drop_rate)

    def forward(self, x):
        outs = self.l1(x)
        outs = self.l2(self.drop_out(torch.ReLU(outs)))
        return outs
```

唯一值得一提的是在這個 MLP 中，輸入向量和輸出向量是一樣的，中間隱藏層的維度可隨意調整。

至此，單一的「編碼器」，即如圖 3-31 所示的傳播方式大家應已理解，而在講解完整的「編碼器」前，還有一個重要的內容也需要講解，即位置編碼。

3.4.6 位置編碼

注意在圖 3-30 中，不管是左邊的編碼器還是右邊的解碼器，在輸入的 Embedding 與後面的網路區塊之間有一步 Positional Encoding 操作，即位置編碼。

為什麼要進行位置編碼？因為在之後的「多頭注意力層」與「前饋神經網路層」中的網路並不像 RNN 一樣天生具備前後位置資訊。雖

然 Transformer 的作者認為 Attention Is All You Need (你僅需注意力)，但是畢竟序列向量本身具備的位置資訊還是很有利用價值的，所以在 Transformer 中還是引入了位置編碼的操作。

位置編碼究竟如何做的呢？參見下面的 3 個公式：

$$\mathrm{emb_{out}} = \mathrm{emb_{in}} + \mathrm{PE_{in}} \tag{3-39}$$

$$\mathrm{PE}(\mathrm{pos}, 2i) = \sin\left(\frac{\mathrm{pos}}{10000^{\frac{2i}{d_{\mathrm{model}}}}}\right) \tag{3-40}$$

$$\mathrm{PE}(\mathrm{pos}, 2i+1) = \cos\left(\frac{\mathrm{pos}}{10000^{\frac{2i}{d_{\mathrm{model}}}}}\right) \tag{3-41}$$

PE 代表該樣本的位置編碼向量，公式 (3-39) 的意思是經過位置編碼層的傳遞後輸出自身加上位置編碼向量的和。

在公式 (3-40) 與公式 (3-41) 這兩個公式中 d_{model} 代表這個模型中此時輸入向量的維度。pos 代表該輸入的樣本在序列中的位置，從 0 開始。$2i$ 和 $2i+1$ 得看作兩個整體，$2i$ 代表該向量中第 $2i$ 偶數位，$2i+1$ 是第 $2i+1$ 奇數位，如圖 3-34 所示。

	$2i=0$	$2i+1=1$	$2i=2$	$2i+1=3$	$2i=4$	$2i+1=5$
pos＝0	x_0	x_1	x_2	x_3	x_4	x_5
pos＝1	x_0	x_1	x_2	x_3	x_4	x_5
pos＝2	x_0	x_1	x_2	x_3	x_4	x_5

▲ 圖 3-34 位置編碼中 pos 與 i 意義的示意圖

假設圖 3-34 中表格的序列長度為 3，每個向量長度為 6。pos 相當於它的行數，$2i$ 或 $2i+1$ 是向量中第幾位的值。這 3 個序列在推薦場景就代表 3 個使用者歷史互動的物品，透過 pos 自然就知道了位置的資訊。

至於偶數字計算一個 sin 函式的值，奇數字計算一個 cos 函式的值的這種計算方式，是為了利用三角函式的性質，使 PE(M+N) 可由 PE(M) 與 PE(N) 計算得到。

以下是三角函式性質的公式：

$$\sin(\alpha+\beta) = \sin\alpha\cos\beta + \cos\alpha\sin\beta$$
$$\cos(\alpha+\beta) = \cos\alpha\cos\beta - \sin\alpha\sin\beta \qquad (3\text{-}42)$$

所以將 sin(*) = PE(*,2i) 和 cos(*)=PE(*, 2i+1) 代入公式 (3-42) 可有

$$PE(M+N,2i) = PE(M,2i) \times PE(N,2i+1)+PE(M,2i+1) \times PE(N,2i)$$
$$PE(M+N,2i+1) = PE(M,2i+1) \times PE(N,2i+1)+PE(M,2i) \times PE(N,2i) \qquad (3\text{-}43)$$

如此編碼後，各個位置可以相互計算得到，所以每個向量都包含了相對位置的資訊。

位置編碼層的程式如下：

```python
#recbyhand\chapter3\s47_transformerOnlyEncoder.py
# 位置編碼
class PositionalEncoding(nn.Module):

    def __init__(self, e_dim, DropOut = 0.1, max_len = 512):
        super().__init__()
        self.DropOut = nn.DropOut(p = DropOut)
        pe = torch.zeros(max_len, e_dim)
        position = torch.arange(0, max_len).unsqueeze(1)
        div_term = 10000.0 ** (torch.arange(0, e_dim, 2) / e_dim)
        # 偶數位計算 sin, 奇數位計算 cos
        pe[ :, 0::2 ] = torch.sin(position / div_term)
        pe[ :, 1::2 ] = torch.cos(position / div_term)
        pe = pe.unsqueeze(0)
        self.pe = pe

    def forward(self, x):
```

```
        x = x + Variable(self.pe[:, :x.size(1) ], requires_grad = False)
        return self.DropOut(x)
```

目前業內對位置編碼存在爭議，基本認為透過位置處理的資訊會在
之後的注意力層消失。究竟在實際應用中情況如何本書就不討論了，有
興趣的同學可以在網路上搜尋相關話題。

3.4.7 Transformer Encoder

Transformer Encoder(Transformer 編碼器) 中的所有網路區塊細節已
經介紹完畢。完整的 Encoder 網路如圖 3-35 所示。

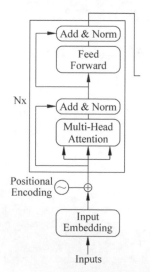

▲ 圖 3-35 Transformer 編碼器 [10]

首先輸入 [批次數量 , 序列個數] 的張量，經 Embedding 後得到 [批次
數量 , 序列個數 , 向量維度] 的張量；加與位置編碼，進入多頭注意力層，
並與多頭注意力層的輸出進行殘差連接，之後進行 Layer Normalization 操
作，然後進入前饋神經網路中傳遞，最後仍然是殘差與 LN 操作。重複從
注意力層開始的操作 *N* 次。最後輸出的還是 [批次數量 , 序列個數 , 向量
維度] 的張量。這是一個 Transformer 編碼器的傳播過程。

接上文的一些程式，舉出一個編碼層的程式如下：

```python
#recbyhand\chapter3\s47_transformerOnlyEncoder.py
# 編碼層
class EncoderLayer(nn.Module):

    def __init__(self, e_dim, h_dim, n_heads, drop_rate = 0.1):
        '''
        :param e_dim：輸入向量的維度
        :param h_dim：注意力層中間隱含層的維度
        :param n_heads：多頭注意力的頭數量
        :param drop_rate：drop out 的比例
        '''
        super().__init__()
        # 初始化多頭注意力層
        self.attention = MultiHeadAttentionLayer(e_dim, h_dim, n_heads)
        # 初始化注意力層之後的 LN
        self.a_LN = nn.LayerNorm(e_dim)
        # 初始化前饋神經網路層
        self.ff_layer = FeedForward(e_dim, e_dim//2)
        # 初始化前饋網路之後的 LN
        self.ff_LN = nn.LayerNorm(e_dim)

        self.drop_out = nn.DropOut(drop_rate)

    def forward(self, seq_inputs):
        #seq_inputs = [batch, seqs_len, e_dim]
        # 多頭注意力，輸出維度 [ batch, seq_lens, e_dim ]
        outs_ = self.attention(seq_inputs)
        # 殘差連接與 LN，輸出維度 [ batch, seq_lens, e_dim ]
        outs = self.a_LN(seq_inputs + self.drop_out(outs_))
        # 前饋神經網路，輸出維度 [ batch, seq_lens, e_dim ]
        outs_ = self.ff_layer(outs)
        # 殘差與 LN，輸出維度 [ batch, seq_lens, e_dim ]
        outs = self.ff_LN(outs + self.drop_out(outs_))
        return outs
```

完整「編碼器」的程式如下：

```
#recbyhand\chapter3\s47_transformerOnlyEncoder.py
class TransformerEncoder(nn.Module):

    def __init__(self, e_dim, h_dim, n_heads, n_layers, drop_rate = 0.1):
        '''
        :param e_dim：輸入向量的維度
        :param h_dim：注意力層中間隱含層的維度
        :param n_heads：多頭注意力的頭數量
        :param n_layers：編碼層的數量
        :param drop_rate：drop out 的比例
        '''
        super().__init__()
        # 初始化位置編碼層
        self.position_encoding = PositionalEncoding(e_dim)
        # 初始化 N 個編碼層
        self.encoder_layers = nn.ModuleList([EncoderLayer(e_dim, h_dim, n_
heads, drop_rate)
                                             for _ in range(n_layers)])

    def forward(self, seq_inputs):
        '''
        :param seq_inputs：經過 Embedding 層的張量，維度是 [ batch, seq_lens, dim ]
        :return：與輸入張量維度一樣的張量，維度是 [ batch, seq_lens, dim ]
        '''
        # 先進行位置編碼
        seq_inputs = self.position_encoding(seq_inputs)
        # 輸入 N 個編碼層中開始傳播
        for layer in self.encoder_layers:
        seq_inputs = layer(seq_inputs)

        return seq_inputs
```

在講解解碼器前，可以先介紹利用 Transformer 編碼器的推薦演算法。本身 Transformer 編碼器、解碼器的結構是為了用序列預測序列任務的有效結構。對於推薦來講，Transformer 編碼器起資訊聚合的作用。

3.4.8 利用 Transformer 編碼器的推薦演算法 BST

　　處 於 序 列 推 薦 演 算 法 前 端 地 位 的 阿 里 巴 巴 自 然 不 會 錯 過 Transformer。2019 年 阿 里 巴 巴 團 隊 提 出 了 演 算 法 BST，論 文 名 叫 作 Behavior Sequence Transformer for E-commerce Recommendation in Alibaba。其中 Behavior Sequence 是行為序列的意思。

　　圖 3-36 截取自該論文，展示了 BST 模型完整的結構。

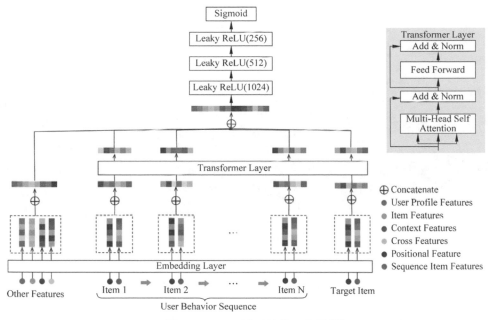

▲ 圖 3-36　BST 模型結構示意圖 [13]

　　其 中 的 Transformer Layer 是 Transformer 的「 編 碼 器 」， 了 解 過 Transformer 編碼器之後基本上應該能夠比較容易地理解 BST 模型。

　　圖 3-36 中 User Behavior Sequence 是使用者歷史互動物品序列，包括目標物品在內經 Transformer 傳遞後拼接在一起進行 MLP 的傳播。最左邊的 Other Features 表示拼一些其他的特徵向量，這不重要，在範例程式中已將其省略。

BST 的核心程式如下：

```python
#recbyhand\chapter3\s48_BST.py
from chapter3 import s47_transformerOnlyEncoder as TE

class BST(nn.Module):

    def __init__(self, n_items, all_seq_lens, e_dim = 128, n_heads = 3, n_
layers = 2):
        '''
        :param n_items：總物品數量
        :param all_seq_lens：序列總長度，包含歷史物品序列及目標物品
        :param e_dim：向量維度
        :param n_heads：Transformer 中多頭注意力層的頭數
        :param n_layers：Transformer 中的 encoder_layer 層數
        '''
        super(BST, self).__init__()
        self.items = nn.Embedding(n_items, e_dim, max_norm = 1)
        self.transformer_encoder = TE.TransformerEncoder(e_dim, e_dim//2, n_
heads,n_layers)
        self.mlp = self.__MLP(e_dim * all_seq_lens)

    def __MLP(self, dim):
        return nn.Sequential(
            nn.Linear(dim, dim//2),
            nn.LeakyReLU(0.1),
            nn.Linear(dim//2, dim//4),
            nn.LeakyReLU(0.1),
            nn.Linear(dim//4, 1),
            nn.Sigmoid())

    def forward(self, x, target_item):
        #[ batch_size, seqs_len, dim ]
        item_embs = self.items(x)
        #[ batch_size, 1, dim ]
        one_item = torch.unsqueeze(self.items(target_item), dim = 1)
        #[ batch_size, all_seqs_len, dim ]
        all_item_embs = torch.cat([ item_embs, one_item ], dim = 1)
```

```
#[ batch_size, all_seqs_len, dim ]
all_item_embs = self.transformer_encoder(all_item_embs)
#[ batch_size, all_seqs_len * dim ]
all_item_embs = torch.flatten(all_item_embs, start_dim = 1)
#[ batch_size, 1 ]
logit = self.mlp(all_item_embs)
#[ batch_size ]
logit = torch.squeeze(logit)
return logit
```

因為事先已經實現了 Transformer Encoder，此處直接呼叫即可，所以程式寫起來很簡單。更多細節可參閱完整程式。

值得一提的是像這種深度序列模型，其中要學習的模型參數很多，沒有足夠量級的資料實際上是學不出來的，範例程式中用的 MovieLens 資料其實並不夠，所以大家不要盲目地覺得只要把模型搞深搞得更複雜最終效果一定會更好，實際絕非如此。如果資料量少，那就老老實實地用最基礎的 FM，效果一定遠勝這些序列模型。模型的選型及改造一定要結合實際場景，不要紙上談兵憑空建構模型。

3.4.9　Transformer Decoder

接下來介紹 Transformer 的 Decoder，即解碼器。解碼器的完整結構如圖 3-37 所示。

因為是序列預測序列的任務，所以解碼器的輸入部分在圖 3-37 中稱為 Outputs，在訓練 Transformer 模型時，輸入解碼器的是標註樣本。

從解碼器的輸入開始，進行 Embedding 之後加上位置編碼，然後開始進入 N 個解碼層傳播。每個解碼層與編碼層差不多，但是有略微差異。

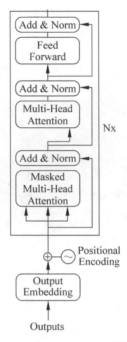

▲ 圖 3-37　Transformer 解碼器 [10]

　　首先是 Masked Multi-Head Attention，直譯叫作遮蓋的多頭注意力層。遮蓋的意義是為了將未來資訊掩蓋住，使訓練出來的模型更準確。從自然語言處理的角度來舉個例子，例如輸入「我愛吃冰棒」，假設是 RNN 模型，當輪到要預測「冰」這個字時，模型獲得的資訊自然是「我愛吃」這 3 個字，但是 Transformer 的 Attention 層在做計算時將一整個序列張量輸入後進行計算，所以如果不加處理，當預測「冰」這個字時，模型獲得的資訊將是「我愛吃棒」這 4 個字。「棒」這個字對於「冰」來講顯然屬於未來資訊，因為它在實際預測生成序列時是不可能出現的，所以在訓練時需要將未來資訊都遮蓋住。使模型在預測「冰」時，獲得的資訊是「我愛吃 **」。在預測「吃」時，獲得的資訊是「我愛 ***」。

　　如果是商品序列也是一樣的道理，例如模型的任務是利用使用者 t-1 時刻的商品序列，預測使用者 t 時刻的商品序列。在訓練模型時，作為 t

時刻的商品序列假設是 [商品 1, 商品 2, 商品 3, 商品 4, 商品 5]，則在預測序列中第 3 個商品也是商品 3 時，作為 t 給模型的資訊應該是 [商品 1, 商品 2, *, *, *]。具體的程式如下：

```
#recbyhand\chapter3\s49_transformer.py
# 生成 mask 序列
def subsequent_mask(size):
    subsequent_mask = torch.triu(torch.ones((1, size, size))) == 0
    return subsequent_mask
```

其中，size 指的是序列長度。這個函式的輸出資料的形式如下：

$$\begin{bmatrix} 0 & 0 & 0 & 0 \\ 1 & 0 & 0 & 0 \\ 1 & 1 & 0 & 0 \\ 1 & 1 & 1 & 0 \end{bmatrix}$$

然後在 One Head Attention 的前向傳播方法中加入以下程式：

```
QK = QK.masked_fill(mask == 0, -1e9)
```

這麼做的效果是將 *QK* 張量中與 mask 張量中值為 0 的對應位置的值給消除了，進而達到遮蓋未來資訊的效果。

在圖 3-37 中，在 Masked Multi-Head Attention 上還有個多頭注意力層，並且第 2 個注意力層有根線是從左邊的編碼器層連過來的。這個注意力層稱為互動注意力層，編碼器中的注意力層及解碼器第 1 個注意力層其實叫作自注意力層，區別就在於互動注意力層負責編碼器與解碼器資訊的傳遞。還記得在 3.4.2 節講過解碼器中注意力層的 Query 向量是由編碼器的輸出向量計算而來的嗎？指的就是這個互動注意力層。

注意力層加入兩個新邏輯後，程式也要對應地變化一下。變化後的注意力程式如下：

```
#recbyhand\chapter3\s49_transformer.py
# 多頭注意力層
class MultiHeadAttentionLayer(nn.Module):

    def __init__(self, e_dim, h_dim, n_heads):
        super().__init__()
        self.atte_layers = nn.ModuleList([ OneHeadAttention(e_dim, h_dim) for
_ in range(n_heads) ])
        self.l = nn.Linear(h_dim * n_heads, e_dim)

    def forward(self, seq_inputs, querys = None, mask = None):
        outs = []
        for one in self.atte_layers:
            out = one(seq_inputs, querys, mask)
        outs.append(out)
        outs = torch.cat(outs, dim=-1)
        outs = self.l(outs)
        return outs

# 單頭注意力層
class OneHeadAttention(nn.Module):

    def __init__(self, e_dim, h_dim):
        super().__init__()
        self.h_dim = h_dim

        # 初始化 Q、K、V 的映射線性層
        self.lQ = nn.Linear(e_dim, h_dim)
        self.lK = nn.Linear(e_dim, h_dim)
        self.lV = nn.Linear(e_dim, h_dim)

    def forward(self, seq_inputs , querys = None, mask = None):
        '''
        # 如果有 Encoder 的輸出，則映射該張量，否則還是自注意力的邏輯
        if querys is not None:
            Q = self.lQ(querys) #[ batch, seq_lens, h_dim ]
        else:
            Q =  self.lQ(seq_inputs) #[ batch, seq_lens, h_dim ]
```

```
        K = self.lK(seq_inputs) #[ batch, seq_lens, h_dim ]
        V = self.lV(seq_inputs) #[ batch, seq_lens, h_dim ]
        QK = torch.matmul(Q,K.permute(0, 2, 1))
        QK /= (self.h_dim ** 0.5)

        # 將對應 Mask 序列中 0 的位置變為 -1e9，意為遮蓋掉此處的值
        if mask is not None:
            QK = QK.masked_fill(mask == 0, -1e9)

        a = torch.Softmax(QK, dim = -1)
        outs = torch.matmul(a, V)
        return outs
```

主要的變化是加入了 mask 機制及用 querys 容器作為來自編碼器輸出的向量。一個完整的 Transformer 解碼器的程式如下：

```
#recbyhand\chapter3\s49_transformer.py
# 解碼層
class DecoderLayer(nn.Module):

    def __init__(self, e_dim, h_dim, n_heads, drop_rate = 0.1):
        '''
        :param e_dim：輸入向量的維度
        :param h_dim：注意力層中間隱含層的維度
        :param n_heads：多頭注意力的頭數量
        :param querys：Encoder 的輸出
        :param drop_rate：drop out 的比例
        '''
        super().__init__()

        self.self_attention = MultiHeadAttentionLayer(e_dim, h_dim, n_heads)
        self.sa_LN = nn.LayerNorm(e_dim)
        self.interactive_attention = MultiHeadAttentionLayer(e_dim, h_dim,
n_heads)
        self.ia_LN = nn.LayerNorm (e_dim)
        self.ff_layer = FeedForward(e_dim, e_dim//2)
        self.ff_LN = nn.LayerNorm(e_dim)
```

```
self.drop_out = nn.DropOut(drop_rate)

    def forward(self, seq_inputs , querys, mask):
        '''
        :param seq_inputs : [ batch, seqs_len, e_dim ]
        :param mask : 遮蓋位置的標註序列 [ 1, seqs_len, seqs_len ]
        '''
        outs_ = self.self_attention(seq_inputs , mask=mask)
        outs = self.sa_LN(seq_inputs + self.drop_out(outs_))
        outs_ = self.interactive_attention(outs, querys)
        outs = self.ia_LN(outs + self.drop_out(outs_))
        outs_ = self.ff_layer(outs)
        outs = self.ff_LN(outs + self.drop_out(outs_))
        return outs

class TransformerDecoder(nn.Module):

    def __init__(self, e_dim, h_dim, n_heads, n_layers, drop_rate = 0.1):
        '''
        :param e_dim : 輸入向量的維度
        :param h_dim : 注意力層中間隱含層的維度
        :param n_heads : 多頭注意力的頭數量
        :param n_layers : 編碼層的數量
        :param drop_rate : drop out 的比例
        '''
        super().__init__()
        self.position_encoding = PositionalEncoding(e_dim)
        self.decoder_layers = nn.ModuleList([DecoderLayer(e_dim, h_dim,
n_heads, drop_rate)for _ in range(n_layers)])
    def forward(self, seq_inputs, querys):
        '''
        :param seq_inputs : 經過 Embedding 層的張量，維度是 [ batch, seq_lens, dim ]
        :return : 與輸入張量維度一樣的張量，維度是 [ batch, seq_lens, dim ]
        '''
        seq_inputs = self.position_encoding(seq_inputs)
        mask = subsequent_mask(seq_inputs.shape[1])
        for layer in self.decoder_layers:
            seq_inputs = layer(seq_inputs, querys, mask)
        return seq_inputs
```

在附帶程式中有更多的註釋及程式內容，大家可參閱。

3.4.10 結合 Transformer 解碼器的推薦演算法推導

了解了 Transformer 解碼器後，大家想到如何將其應用在推薦演算法上了嗎？是的，可以設計一個聯合訓練的機制。既然編碼器、解碼器的構造本身利用序列預測序列的任務，則可以用使用者的歷史互動物品序列去預測錯一位的歷史互動物品序列，例如用 [物品 1, 物品 2, 物品 3, 物品 4, 物品 5] 去預測 [物品 2, 物品 3, 物品 4, 物品 5, 物品 6]。就像 3.1.6 節中講過的一樣。

完整的過程如圖 3-38 所示。

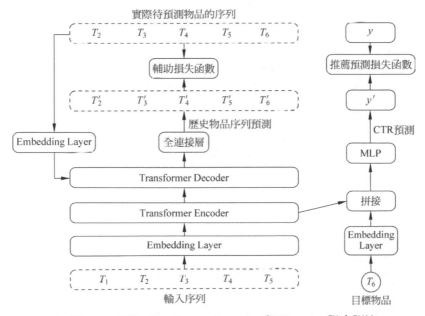

▲ 圖 3-38 利用 Transformer Encoder 和 Decoder 聯合訓練

這次編碼器的輸出張量不僅與目標物品向量拼接，進而預測最終的 CTR，也會同時傳遞給解碼器。訓練時，被預測的序列也經 Embedding 之後傳入解碼器，與編碼器的輸出進行 Transformer 解碼器內部的傳遞，

將輸出的張量經全連接層傳遞後再與要被預測的序列建立交叉熵損失函式作為輔助損失函式。

　　將推薦預測的損失函式與輔助損失函式相加得到最終損失函式，中間可給輔助損失函式增加一個權重來調整序列預測所佔整體損失函式的比重。

　　本節程式的位址為 recbyhand\chapter3\s410_transformer_rec.py。

　　核心程式如下：

```
#recbyhand\chapter3\s410_transformer_rec.py
class Transformer4Rec(nn.Module):

    def __init__(self, n_items, all_seq_lens, e_dim = 128, n_heads = 3, n_
layers = 2 ,alpha = 0.2):
        '''
        :param n_items：總物品數量
        :param all_seq_lens：序列總長度，包含歷史物品序列及目標物品
        :param e_dim：向量維度
        :param n_heads：Transformer 中多頭注意力層的頭數
        :param n_layers：Transformer 中的 encoder_layer 層數
        :param alpha：輔助損失函式的計算權重
        '''
        super(Transformer4Rec, self).__init__()
        self.items = nn.Embedding(n_items, e_dim, max_norm = 1)
        self.encoder = TE.TransformerEncoder(e_dim, e_dim//2, n_heads, n_layers)
        self.mlp = self.__MLP(e_dim * all_seq_lens)
        self.BCEloss = nn.BCELoss()

        self.decoder = TE.TransformerDecoder(e_dim, e_dim//2, n_heads, n_layers)
        self.auxDense = self.__Dense4Aux(e_dim, n_items)
        self.crossEntropyLoss = nn.CrossEntropyLoss()
        self.alpha = alpha
        self.n_items = n_items

    def __MLP(self, dim):
```

```python
        return nn.Sequential(
            nn.Linear(dim, dim//2),
            nn.LeakyReLU(0.1),
            nn.Linear(dim//2, dim//4),
            nn.LeakyReLU(0.1),
            nn.Linear(dim//4, 1),
            nn.Sigmoid())

    def __Dense4Aux(self, dim, n_items):
        return nn.Sequential(
            nn.Linear(dim, n_items),
            nn.Softmax())

    # 歷史物品序列預測的前向傳播
    def forwardPredHistory(self, outs, history_seqs):
        history_seqs_embds = self.items(history_seqs)
        outs = self.decoder(history_seqs_embds, outs)
        outs = self.auxDense(outs)
        outs = outs.reshape(-1, self.n_items)
        history_seqs = history_seqs.reshape(-1)
        return self.alpha * self.crossEntropyLoss(outs, history_seqs)

    # 推薦預測的前向傳播
    def forwardRec(self,item_embs,target_item,target_label):
        logit = self.__getReclogit(item_embs,target_item)
        return self.BCEloss(logit,target_label)

    def __getReclogit(self,item_embs,target_item):
        one_item = torch.unsqueeze(self.items(target_item), dim=1)
        all_item_embs = torch.cat([item_embs, one_item], dim=1)
        all_item_embs = torch.flatten(all_item_embs, start_dim=1)
        logit = self.mlp(all_item_embs)
        logit = torch.squeeze(logit)
        return logit

    def forward(self, x, history_seqs, target_item , target_label):
        item_embs = self.items(x)
        item_embs = self.encoder(item_embs)
        recLoss = self.forwardRec(item_embs,target_item,target_label)
```

```
    auxLoss = self.forwardPredHistory(item_embs, history_seqs)
    return recLoss + auxLoss
```

　　附帶程式裡有更詳細的註釋，大家結合本節配圖及程式的註釋一定能看懂程式。

　　該演算法的確將 Transformer 的 Decoder 也利用了起來，但是也正因如此要學習的模型參數量會變得更多，所以在資料量不大時還應慎用此演算法。另外也可將序列預測序列的輔助任務改進成透過序列去預測該物品序列對應的歷史互動標註序列，等於完成了二分類的預測，這樣可以大大減少模型學習的難度。

3.5　本章總結

　　經過本章的學習，大家應該已經具備了用深度學習的方式架設出自己的推薦演算法。CNN、RNN、聯合訓練、注意力機制等的用法應該已經掌握，而 FM 可以演化出很多演算法，也可在某些大型的神經網路中插入 FM 結構。

　　模型參數越多擬合能力越強，但也越容易過擬合，所以像序列推薦這個系列的模型盡可能在資料量大的場景使用才會有效。尤其在用到注意力機制甚至是多頭注意力時，需要更多的資料才能學出效果。

　　正如本章開頭所講，除了書中的這些演算法外，實際上還有很多推薦演算法，包括後兩個章節要介紹的圖神經網路推薦演算法與知識圖譜推薦演算法。FM 演化出的演算法至今仍然在更新，當然序列推薦演算法系列也沒有停止更新的跡象，大家有興趣可以自行查閱最前端的推薦演算法參考學習，而 3.1.1 節的內容可能反而更為關鍵，因為當你有推導演算法的想法時，閱讀前端的論文學習他人的演算法也會變得非常簡單。

圖神經網路與推薦演算法

以圖為基礎做推薦在推薦學術界已經研究了多年，而自從 2018 年圖神經網路正式問世之後，以圖為基礎做推薦變得熱門起來，而事實也證明以圖結構為基礎的資料可以給推薦模型的訓練增加巨大的效果，所以圖推薦在工業界的實踐專案漸漸增多。

本章所講的圖，並不是一張圖片的圖，而是一種資料的描述形式。相比一般的資料表現形式，圖可以很方便地描述不規則資料，而實際生活中的資料往往都是不規則的。

例如一個社群網站，如果要用一個 Excel 表格很難表示清楚所有人之間的關係，而用圖則可以很輕鬆且直觀地表示，如圖 4-1 所示。

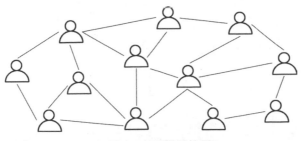

▲ 圖 4-1 社群網站圖

在一張圖網路中，任何節點都存在直接或間接關係，就像一個果凍一般。當碰到果凍的一端，它周圍會有明顯波瀾，與觸碰點較遠的地方雖然看似並無波瀾，但實際也被影響到了，所以以圖網路為基礎的推薦，對於物品的隱藏連結可以達到充分深度的挖掘。

綜上所述，以圖為基礎做推薦在效果上有著巨大的優勢，而且因為圖可以很輕鬆地描述不規則的資料，用圖做推薦反而會更簡單。甚至傳統的推薦其實也可以被包含在圖推薦中。唯一美中不足的是，以圖為基礎的推薦有著更多的前置知識需要學習。

本書以一個做推薦演算法為目的方向，剔除那些與推薦不太相關的圖論基礎知識，僅學習後面做推薦時能用得上或特別重要且基礎的圖論及圖神經網路基礎知識。

4.1　圖論基礎

本節內容主要介紹一些圖論的基礎概念與名詞用語。

4.1.1　什麼是圖

圖是描述複雜事務的資料表示形式，由節點和邊組成，數學上一般表述為圖 $G=(V, E)$。其中的 V(Vertical) 代表節點，可被理解為事物，而 E(Edge) 代表邊，描述的是兩個事物之間的關係。例如圖 4-1 所示的社群網站圖，每個人都可被視為節點，而人與人之間的關係可被視為邊，而圖 4-2 展示了一個抽象的節點與邊的基本圖結構。

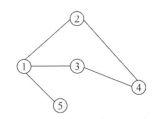

▲ 圖 4-2　圖的基本示意圖

在推薦系統當中，使用者與物品之間的互動關係，使用者與使用者自身的關係，以及物品與物品之間的關係，完全可由一張圖完整地進行描述，如圖 4-3 所示。

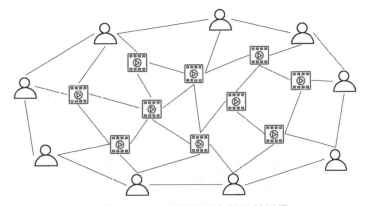

▲ 圖 4-3　使用者與物品之間的關係圖

這麼一來是不是覺得協作過濾其實也可以用圖來表示，沒錯。如果真正學會圖型演算法，則會發現推薦會比以往更簡單，究其原因還是因為圖可以很輕易地描述不規則資料。在工作中只需用一張圖把業務資料描述清楚，後面的事情便迎刃而解。

4.1.2　無向圖與有向圖

無向圖是由沒有向的無向邊組成的圖，而有向圖則是由具有向的有向邊組成的圖，有向邊的出發節點稱為頭節點，結束節點則稱為尾節點，如圖 4-4 所示。

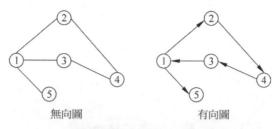

▲ 圖 4-4　無向圖與有向圖

無向圖可被視作雙向的有向圖，如圖 4-5 所示。

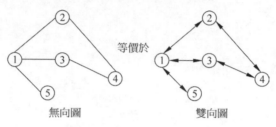

▲ 圖 4-5　無向圖與雙向圖等價

　　圖 4-6 展示了有向有環圖與有向無環圖的區別，環是一種特殊的有向圖，例如圖 4-5 中左邊圖的 1、2、3、4 節點，即形成一個環。在環中的任意節點經過邊遊走都能回到自身的位置。如果在一個有向圖中沒有任何一個節點經過邊遊走後能回到自身的位置，則是有向無環圖。

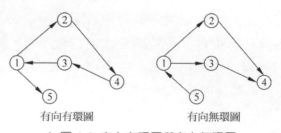

▲ 圖 4-6　有向有環圖與有向無環圖

4.1.3 無權圖與有權圖

無權圖指邊沒有權重，有權圖指邊帶有權重，如圖 4-7 所示。

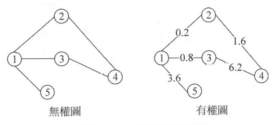

無權圖　　　　　　　　有權圖

▲ 圖 4-7　無權圖與有權圖

當然，一個有權圖也可以和時有向，圖 4-8 展示了無向有權圖和有向有權圖的差別。

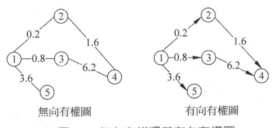

無向有權圖　　　　　　有向有權圖

▲ 圖 4-8　無向有權圖與有向有權圖

4.1.4 同構圖與異質圖

同構圖指節點類型和邊的類型只有一種的圖。異質圖指節點類型 +
邊類型 >2 的圖，如圖 4-9 所示。

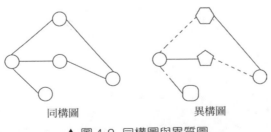

同構圖　　　　　　　　異構圖

▲ 圖 4-9　同構圖與異質圖

4.1.5 圖的表示：鄰接矩陣

雖然圖在人類眼中可以很直觀地展示出資訊，但是對於電腦來講，就不是很容易理解了，所以需要研究圖如何在電腦中表示。

鄰接矩陣 (Adjacency Matrix) 是一種最基礎的圖表示法。假設一張圖的節點數量為 N，則可生成一個 $N \times N$ 的矩陣。矩陣中的值為對應位置節點與節點之間的關係，該矩陣一般用 A 表示。

場景 1：無向圖。

在一個基礎的無向圖中，若節點 i 與節點 j 有邊連接，則在鄰接矩陣的對應位置賦值 1 即可，記作 $A_{ij} = A_{ji} = 1$。否則為 0，如圖 4-10 所示，例如節點 1 與節點 2 有邊相連，所以 A_{12} 和 A_{21} 的位置為 1。無向圖的鄰接矩陣是一個以對角線鏡像對稱的矩陣。

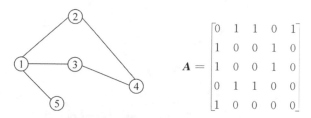

▲ 圖 4-10 鄰接矩陣場景之無向圖

場景 2：有向圖。

對於一個有向圖，鄰接矩陣不是對稱矩陣。鄰接矩陣的行索引代表有向圖中有向邊的頭節點，列索引代表尾節點。如果有邊 $i \rightarrow j$，則 $A_{ij} = 1$，A_{ji} 不再為 1，除非連接 i 與 j 的是一條雙向邊，如圖 4-11 所示。

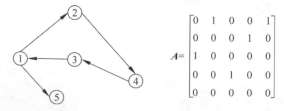

▲ 圖 4-11 鄰接矩陣場景之有向圖

場景 3：有權圖。

有權圖的鄰接矩陣與無權圖的唯一區別是將邊的權重代替了原來 1 的位置，如圖 4-12 所示。

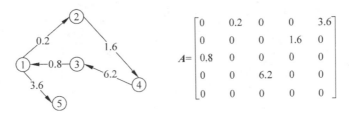

▲ 圖 4-12 鄰接矩陣場景之有權圖

值得一提的是，所有鄰接矩陣的對角線均為 0，因為對角線其實代表了節點與自身的關係，而節點與自身並無邊相連，所以為 0。

4.1.6 圖的表示：鄰接串列

將一張圖以矩陣的形式表示固然非常便於計算，但是對於稀疏的大圖則非常不友善，而鄰接串列的表示法對於稀疏大圖就非常友善了。

場景 1：無權圖。

圖 4-13 展示的是有向無權圖的鄰接串列表示方法，可以看到當每一行都代表的是目標節點作為有向邊的頭節點時，與它相連的尾節點的集合。

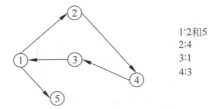

▲ 圖 4-13 鄰接串列場景之無權圖

場景 2：有權圖。

對於多了權重的有權圖而言，僅需將原來的節點集合變為節點與權重的二元組集合即可，如圖 4-14 所示。

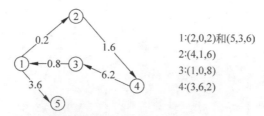

1:(2,0,2)和(5,3,6)
2:(4,1,6)
3:(1,0,8)
4:(3,6,2)

▲ 圖 4-14 鄰接串列場景之有權圖

4.1.7 圖的表示：邊集

邊集就更加簡單了，通常用兩個頭尾節點的索引元組表示一條邊。例如頭節點是 h，尾節點是 t，則這一條有向邊是 (h, t)。如果是一條無向邊，則可用一對對稱元組表示，即 $(h, t),(t, h)$。

場景 1：有向無權圖，如圖 4-15 所示。

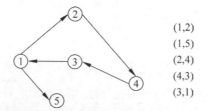

(1,2)
(1,5)
(2,4)
(4,3)
(3,1)

▲ 圖 4-15 邊集場景之有向無權圖

場景 2：無向無權圖，如圖 4-16 所示。

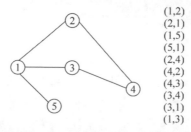

(1,2)
(2,1)
(1,5)
(5,1)
(2,4)
(4,2)
(4,3)
(3,4)
(3,1)
(1,3)

▲ 圖 4-16 邊集場景之無向無權圖

場景 3：有權圖。對於有權圖的邊集，則需要用一個三元組的邊集來表示，每個元組中間的數字代表邊的權重，如圖 4-17 所示。

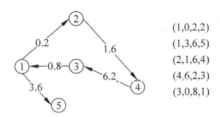

(1,0,2,2)
(1,3,6,5)
(2,1,6,4)
(4,6,2,3)
(3,0,8,1)

▲ 圖 4-17 邊集場景之有權圖

4.1.8 鄰居與度

節點的鄰居 (Neighbor) 指的是與該節點在同一邊的另一端的節點。

節點的度 (Degree) 指的是該節點擁有鄰居的數量。

場景 1：無向圖，如圖 4-18 所示。

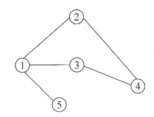

▲ 圖 4-18 鄰居與度場景之無向圖

節點 1：
鄰居 (Neighbor)−2,3,5
度 (Degree)=3

節點 2：
鄰居 (Neighbor)=1,4
度 (Degree)=2

場景 2：有向圖，如圖 4-19 所示。

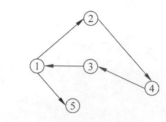

▲ 圖 4-19 鄰居與度場景之有向圖

節點 1：

前繼鄰居 (Predecessor)=3

後繼鄰居 (Successor)=2,5

內分支度 (Indegree)=1

外分支度 (Outdegree)=2

有向圖的鄰居可分為前繼鄰居和後繼鄰居，度又可分為內分支度和外分支度。

前繼鄰居 (Predecessor)：目標節點作為尾節點時與它相連的頭節點。

後繼鄰居 (Successor)：目標節點作為頭節點時，與它相連的尾節點。

內分支度 (Indegree)：前繼鄰居的數量。

外分支度 (Outdegree)：後繼鄰居的數量。

4.1.9 結構特徵、節點特徵、邊特徵

如圖 4-20 所示，該圖表示的是推薦場景中常用的使用者與物品互動關係圖。整個圖代表結構特徵，本章目前討論到現在也僅在討論圖的結構特徵。

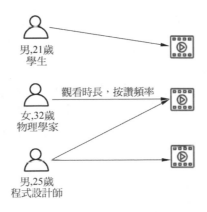

▲ 圖 4-20 使用者物品特徵圖

　　圖由節點與邊組成，對於節點來講，本身也可以帶有一些特徵或屬性，例如圖中的人物誌特徵。當然對於邊同理，如圖 4-20 的觀看時長或按讚頻率，邊特徵有時也叫關係特徵。邊的權重也可視為特徵。

　　在機器學習與深度學習時，經常會對內容進行嵌入 (Embedding) 操作，由嵌入操作得到的節點向量與邊向量也可視為它們的特徵。

4.1.10　處理圖的 Python 函式庫推薦

(1) Networkx。最老牌的圖型處理函式庫，早在 2002 年就發佈了第一版，對於專門學習圖型演算法的讀者一定不陌生。簡單好用，實現了一些基礎的圖型演算法。例如最小路徑演算法、最小權重生成樹演算法等。下面一段程式展示的是用 Networkx 透過邊集生成的有向圖。具體的程式如下：

```
#recbyhand/chapter4/s11_graphBasic.py
import networkx as nx
import matplotlib.pyplot as plt
edges = [ (1, 2), (1, 5), (2, 4), (4, 3), (3, 1) ]
G = nx.DiGraph()            # 初始化有向圖
G.add_edges_from(edges)     # 透過邊集載入資料
```

```
print(G.nodes)              # 列印所有節點
print(G.edges)              # 列印所有邊
nx.draw(G)                  # 畫圖
plt.show()                  # 顯示
[ 1, 2, 5, 4, 3 ]
[ (1, 2), (1, 5), (2, 4), (4, 3), (3, 1) ]
```

該段程式生成的圖如圖 4-21 所示。

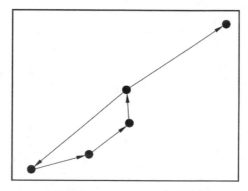

▲ 圖 4-21　Networkx 生成的圖

　　雖然初看這個生成的圖並不美觀，但是其實可以透過調整一些參數使圖變得漂亮起來。如果有興趣，則可以去 Networkx 官網專門學習。

(2) DGL(Deep Graph Library)。第一版發佈於 2018 年，亞馬遜繼 MxNet 後的又一力作。以深度學習框架為基礎的圖神經網路函式庫，實現了主流的圖神經網路演算法。相容 MxNet、PyTorch 和 TensorFlow，有中文的官方教學，是目前最主流的處理圖的 Python API 之一。

(3) PyG(PyTorch Geometric)[11]。第一版發佈於 2019 年，Facebook 以 PyTorch 為基礎的圖神經網路函式庫，號稱速度是 DGL 的 14 倍。習慣 PyTorch 的演算法工程師一定更喜歡 PyG 函式庫，目前也的確正在慢慢超越 DGL 而達到主流地位。

(4) PGL(Paddle Graph Learning)。第一版發佈於 2020 年，百度發佈的框架，號稱速度是 DGL 的 13 倍，使用與上手更容易。且整合了百度自研的高效演算法，但只相容百度自家的飛槳 (PaddlePaddle) 深度學習框架。

4.2 以圖為基礎的基礎推薦方式

大家現在已經對圖論有了初步的認識，接下來學習利用圖做的一些基礎推薦任務。

4.2.1 鏈路預測 (Link Prediction)

鏈路預測是一個利用圖網路做預測的經典任務。所謂鏈路 (Link) 指節點與節點之間的連接，即圖論中的邊。

所謂鏈路預測是預測原本不相連的兩個節點之間是否有邊存在，如圖 4-22 所示。若是在有權圖中預測，那就順便預測一下相鄰邊的權重。

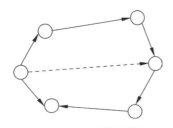

▲ 圖 4-22 鏈路預測

如果是一個社群網站圖，則鏈路預測的任務就好比是在預測某個使用者是否對另一個使用者感興趣，即好友推薦任務。如果是一個使用者物品圖，則鏈路預測是物品推薦任務。

鏈路預測本身是一門學科,已經有幾十年歷史,推薦是它最主要的應用方向。如今鏈路預測總是不溫不火。究其原因還是因為跳開它一樣能做推薦,例如在有的文獻中會提到以近鄰為基礎的鏈路預測,其實等於以近鄰為基礎的協作過濾,而學習協作過濾不需要懂圖論。且如今圖神經網路的興起又直接導致鏈路預測中一些複雜的演算法過時,因為圖神經網路可以更有效地解決 90% 以上的鏈路預測任務。

但是如果能摸清演算法發展的來龍去脈,則對理解演算法會有很大的幫助,所以本書中會簡單講解一下比較基礎的鏈路預測。

4.2.2 什麼是路徑

路徑是從某一個節點到另一個節點之間經過的邊與節點組成的子圖,包含頭尾節點,圖 4-23 展示了路徑的示意圖。

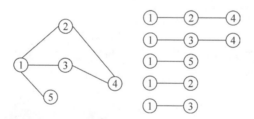

▲ 圖 4-23 路徑示意圖

如圖 4-23 所示,由節點 1 開始遊走,到達節點 4 可以經過節點 2 或節點 3,所以節點 1 與節點 4 之間存在 1 → 2 → 4 和 1 → 3 → 4 這兩條路徑,而節點 1 到節點 5 只有一條路徑,所以該路徑是 1 → 5。

一條路徑上的邊數被稱為路徑的階數,例如 1 → 2 → 4 或 1 → 3 → 4 屬於二階路徑。1 → 2、1 → 3 和 1 → 5 屬於一階路徑,所以又可把節點 2、3、5 稱為節點 1 的一階鄰居,將節點 4 稱為節點 1 的二階鄰居。

4.2.3 以路徑為基礎的基礎鏈路預測

回顧一下最簡單的近鄰指標，CN(Common Neighbors) 相似度，公式如下：

$$s_{xy} = | N(x) \cap N(y) | \qquad (4\text{-}1)$$

其中，$N(x)$ 在這就表示 x 節點的鄰居集，所以 CN 相似度是 x 節點的一階鄰居集與 y 節點的一階鄰居集的交集數量。了解路徑後，可以發現兩個節點一階鄰居的交集數量其實等於它們之間的二階路徑數，如圖 4-24 所示，節點 1 與節點 4 之間有交集節點 2 和 3，有二階路徑 $1 \to 2 \to 4$ 和 $1 \to 3 \to 4$，依此類推。

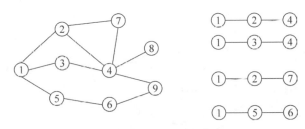

▲ 圖 4-24　二階路徑

所以 CN 相似度公式可以寫成一個新的形式：

$$s_{xy} = p_{xy}^{(2)} \qquad (4\text{-}2)$$

式子右邊的 $p_{xy}^{(2)}$ 就代表節點 x 與節點 y 之間的二階路徑數。

可用一張表格記錄所有節點與節點之間的二階路徑數，見表 4-1。

表 4-1　鏈路預測二階路徑數

節點	節點 1	節點 2	節點 3	節點 4	節點 5	節點 6	節點 7	節點 8	節點 9
節點 1	0	0	0	2	0	1	1	0	0
節點 2	0	0	2	1	1	0	1	1	1
節點 3	0	2	0	0	1	0	1	1	1

節點	節點 1	節點 2	節點 3	節點 4	節點 5	節點 6	節點 7	節點 8	節點 9
節點 4	2	1	0	0	0	1	1	0	0
節點 5	0	1	1	0	0	0	0	0	1
節點 6	1	0	0	1	0	0	0	0	0
節點 7	1	1	1	1	0	0	0	1	1
節點 8	0	1	1	0	0	0	1	0	1
節點 9	0	1	1	0	1	0	1	1	0

該表也是所有節點之間的 CN 相似度矩陣，並且可被視作另一個有權圖的鄰接矩陣，中間的數字正是邊的權重。通常被稱為原圖的二階路徑圖。它的鄰接矩陣記作 $A^{(2)}$，所以原圖中所有節點相似度矩陣 S 在目前計算環境下寫成

$$S = A^{(2)} \tag{4-3}$$

到此大家可能想到了，能將節點間的二階路徑數作為相似度指標，顯然也可將三階路徑甚至更多階的路徑數作為相似度指標。沒錯，可先來考慮三階路徑數的情況，如圖 4-25 所示。

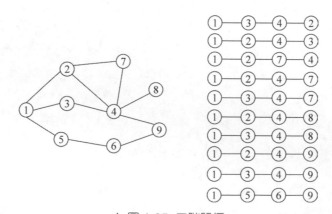

▲ 圖 4-25 三階路徑

圖 4-25 中的右半邊列出了所有從節點 1 出發的三階路徑。結合節點 1 的二階路徑數，可再統計一個表格，見表 4-2。

表 4-2 節點 1 與各節點的二階路徑數與三階路徑數

路徑階數	節點 1	節點 2	節點 3	節點 4	節點 5	節點 6	節點 7	節點 8	節點 9
二階路徑數	0	0	0	2	0	1	1	0	0
三階路徑數	0	1	1	1	0	0	2	2	3

假設定義相似度公式為

$$s_{xy} = p_{xy}^{(2)} + p_{xy}^{(3)} \qquad (4\text{-}4)$$

則節點 1 與節點 4、7、9 的相似度均為 3 且是最高的。對於推薦任務來講,將節點 4、7、9 推薦給節點 1 即可。雖然也挺合理,但是總覺得哪裡不對勁。沒錯,不對勁的地方是憑什麼三階路徑的權重會和二階路徑的權重相等。如果將式子改為

$$s_{xy} = p_{xy}^{(2)} + \alpha \cdot p_{xy}^{(3)} \qquad (4\text{-}5)$$

是不是好很多?在式子中加入 α 可以作為稀釋高階路徑對相似度影響的權重。因為從常識來看,越遙遠的距離自然應該影響越小。這個 α 可以用標註資料學出來,也可作為超參自己設定。假設 α 為 0.5,重新計算上述例子中節點 1 與各節點的相似度,見表 4-3。

表 4-3 節點 1 與各節點的相似度

路徑階數	節點 1	節點 2	節點 3	節點 4	節點 5	節點 6	節點 7	節點 8	節點 9
二階路徑數	0	0	0	2	0	1	1	0	0
三階路徑數	0	1	1	1	0	0	2	2	3
$p^{(2)} + 0.5p^{(3)}$	0	0.5	0.5	2.5	0	1	2	1	1.5

首先節點 2、3、5 本身是節點 1 的一階鄰居,在鏈路預測中代表本身就有鏈路,所以不需要將節點 2、3、5 推薦給節點 1 做鄰居。除此以外可以看到在 α 為 0.5 的情況下,節點 1 與節點 4 的相似度 > 節點 7> 節點 9,這樣似乎更有道理了。

所以如果要考慮所有路徑的階數，公式寫成 [2]

$$s_{xy} = \sum_{l=1}^{\infty} \alpha^{(l)} p_{xy}^{(l)} \tag{4-6}$$

該公式是演算法科學家 Katz 早在 1953 年提出的 Katz 相似度指標 [2]。寫成矩陣形式：

$$S = \sum_{l=1}^{\infty} \alpha^{(l)} A^{(l)} \tag{4-7}$$

該公式一眼看過去就能知道計算量很大，所以這些年來演化出了很多演算法在最佳化 Katz 演算法，當然也演化出來很多其他的演算法做鏈路預測，但是可以跳過中間過程，直接將時間推進至 2014 年發佈的圖遊走演算法 DeepWalk。

4.2.4 圖遊走演算法 DeepWalk

DeepWalk 演算法的中心概念是在圖中隨機遊走生成節點序列，之後用 Word2Vec 的方式得到節點 Embedding，然後利用節點 Embedding 做下游任務，例如計算相似度排序得到近鄰推薦。

1. Word2Vec

Word2Vec[3] 是經典的自然語言處理技術，於 2013 年被提出。介紹 Word2Vec 的文獻已經很多，所以本書就簡單地先介紹一下 Word2Vec。

Word2Vec 的目的是將詞數位化後以向量表示，實現的手段是用相鄰的詞去預測中間詞。例如有一句由 [w1, w2, w3, w4, w5, w6, w7, w8] 組成的句子，則可以取 w1、w2、w4、w5 預測 w3，然後滑動一下視窗接著用 w2、w3、w5、w6 預測一下 w4。

　　所謂的預測是取周圍詞隨機初始化的 Embedding，進行平均池化後與中心詞 Embedding 進行點積，進行 Softmax 多分類的預測，類別是所有的候選詞，然後反向傳播更新周圍詞與中心詞的 Embedding，透過不斷地迭代最終得到每個詞的詞向量，如圖 4-26 所示，這一過程是 Word2Vec 中的 CBOW 模型結構 (與之對應的另一個 Word2Vec 模型是 Skip-Gram，但這不是本書的重點，所以就不講解了)。

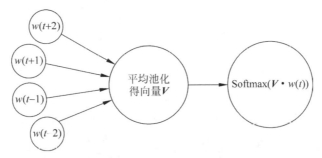

▲ 圖 4-26　Word2Vec CBOW 模型

　　這麼做的好處是使每個詞都由其周圍詞定義，進而保留了詞與詞之間的相關性，得到的詞向量可以計算它們的夾角餘弦值來得到餘弦相似度。

　　實現 Word2Vec 的 Python 工具函式庫 Gensim 已經非常成熟，僅需一行程式碼即可實現，程式如下：

```
#recbyhand/chapter4/s21_word2vec.py
from gensim.models import word2vec

s1=[' 今天 ',' 天氣 ',' 真好 ']
s2=[' 今天 ',' 天氣 ',' 很好 ']
seqs = [s1,s2]

model = word2vec.Word2Vec(seqs, size=10,min_count=1)
```

當然這個 Word2Vec() 函式也有很多的參數可以調整，例如 size 是每個詞向量的維度，min_count 是訓練語料中的最小詞頻，小於這個數字的詞將被忽略。其他的參數大家可以去 Gensim 的官網查看 API。

下面這個函式是得到與「真好」最相似的詞，參數 topn 代表傳回相似度排序的前 *n* 個詞。當然目前只有兩句話的訓練資料，也不會有什麼效果，程式如下：

```
#recbyhand/chapter4/s21_word2vec.py
model.wv.most_similar('真好', topn = 2)
```

2. 原理

大家發現沒有，這不是 top N 推薦嗎？如果把每個「詞」看作節點，則 Word2Vec 演算法是在得到每個節點的 Embedding 之後，求取兩兩 Embedding 之間的餘弦相似度，得到 top N 的近鄰排序之後推薦給目標節點，所以在 Word2Vec 被提出的 1 年後，即 2014 年 DeepWalk[4] 被提出。DeepWalk 指在一張圖隨機地遊走，以便生成節點序列，然後用這些節點序列以 Word2Vec 的方法生成 Embedding，如圖 4-27 所示。

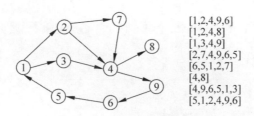

▲ 圖 4-27　有向圖隨機遊走

在這個有向圖 4-27 中，圖右邊是透過任意的起始節點，沿著有向邊的方向隨機遊走而生成的不定長的序列。

無向圖的隨機遊走如圖 4-28 所示。

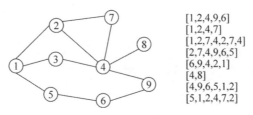

[1,2,4,9,6]
[1,2,4,7]
[1,2,7,4,2,7,4]
[2,7,4,9,6,5]
[6,9,4,2,1]
[4,8]
[4,9,6,5,1,2]
[5,1,2,4,7,2]

▲ 圖 4-28 無向圖的隨機遊走

在一個無向圖中隨機遊走,需要多考慮一個問題,即需不需要回頭。如果回頭是被允許的,則有可能在兩個節點間反反覆複地遊走,生成諸如 [1, 2, 1, 2, 1, 2] 這種序列。

3. 程式

下面舉出一段 DeepWalk 的範例,程式如下:

```
#recbyhand/chapter4/ s22_deepwalk.py
import networkx as nx
import numpy as np
from tqdm import tqdm
from gensim.models import word2vec


# 一次遊走,輸入圖 g,起始節點與序列長度
def walkOneTime(g, start_node, walk_length):
    walk = [str(start_node)]              # 初始化遊走序列
    for _ in range(walk_length):          # 在最大長度範圍內進行採樣
        current_node = int(walk[-1])
        successors = list(g.successors(current_node))#graph.successor:獲取當前
節點的後繼鄰居
        if len(successors) > 0:
            next_node = np.random.choice(successors, 1)
            walk.extend([str(n) for n in next_node])
        else break
    return walk
```

```
# 進行多次遊走,輸入圖 g,由每一次的遊走長度與遊走次數傳回得到的序列
def getDeepwalkSeqs(g, walk_length, num_walks):
    seqs=[]
    for _ in tqdm(range(num_walks)):
        start_node = np.random.choice(g.nodes)
        w = walkOneTime(g,start_node, walk_length)
        seqs.append(w)
    return seqs

def deepwalk(g, dimensions = 10, walk_length = 80, num_walks = 10, min_
count = 3):
    seqs = getDeepwalkSeqs(g, walk_length = walk_length, num_walks = num_
walks)
    model = word2vec.Word2Vec(seqs, size = dimensions, min_count = min_count)
    return model

if __name__ == '__main__':
    g = nx.fast_gnp_random_graph(n = 100, p = 0.5,directed=True) # 快速隨機生成
一個有向圖
    model = deepwalk(g, dimensions = 10, walk_length = 20, num_walks = 100,
min_count = 3)
    print(model.wv.most_similar('2',topn=3)) # 觀察與節點 2 最相近的 3 個節點
    model.wv.save_word2vec_format('e.emd') # 可以把 emd 儲存下來以便下游任務使用
    model.save('m.model') # 可以把模型儲存下來以便下游任務使用
```

列印出來的結果如下:

```
[('9', 0.8410395979881), ('95', 0.7466424703598), ('3', 0.7108604311943)]
```

　　這表示節點 2 最相近的 3 個節點是 9、95 和 3。右邊的數字是它們與
節點 2 之間的餘弦相似度,所以如果節點 9、95 和 3 本身不是節點 2 的
一階鄰居,則在這個場景中就可以把它們推薦給節點 2。

4.2.5 圖遊走演算法 Node2Vec

1. 原理

　　Node2Vec[5] 在 2016 年發佈，與 DeepWalk 的區別是多了控制遊走方向的參數。按照 DeepWalk 的概念，所有鄰居節點遊走的機率都是相等的，而 Node2Vec 可透過調整方向的參數來控制模型更傾向寬度優先地遊走還是深度優先地遊走。

　　寬度優先採樣 (Breadth-first Sampling, BFS) 更能表現圖網路的「結構性」，因為 BFS 生成的序列往往是由起始節點週邊組成的網路結構。這就能讓最終生成的 Embedding 具備更多結構化的特徵。

　　深度優先採樣 (Depth-First Sampling, DFS) 更能表現圖網路的「同質性」，因為 DFS 更有可能遊走到當前節點遠方的節點，所以生成的序列會具備更縱深的遠端資訊。

　　BFS 與 DFS 的遊走示意如圖 4-29 所示。

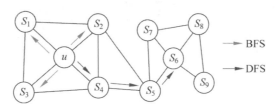

▲ 圖 4-29　Node2Vec BFS 與 DFS 示意圖 [5]

2. 公式

　　在實際計算過程中，如何在數學上表現 BFS 和 DFS 呢？參見以下公式組。

首先 Node2Vec 整體的公式以下[5]：

$$P(c_i = x \mid c_{i-1} = v) = \begin{cases} \dfrac{\pi_{vx}}{Z} & (v,x) \in E \\ 0 & \text{其他} \end{cases} \tag{4-8}$$

等號左邊的表達是指從當前節點 v 走到下一節點 x 的機率。E 表示當前節點 v 所有的後繼鄰居節點集。Z 是歸一化常數，π_{vx} 是轉換機率，例如在一個有向無權圖的 DeepWalk 中，Z 是當前節點後繼鄰居的數量，π_{vx} 則等於 1，π_{vx} 的計算公式以下[5]：

$$\pi_{vx} = \alpha_{pq}(t,x) \cdot w_{vx} \tag{4-9}$$

w_{vx} 是考慮有權圖中邊的權重，而 $\alpha_{pq}(t,x)$ 在這裡可被認為是元轉移機率，$\alpha_{pq}(t,x)$ 的計算公式以下[5]：

$$\alpha_{pq}(t,x) = \begin{cases} \dfrac{1}{p} & d_{tx} = 0 \\ 1 & d_{tx} = 1 \\ \dfrac{1}{q} & d_{tx} = 2 \end{cases} \tag{4-10}$$

公式 (4-10) 是 Node2Vec 的重點，可結合圖 4-30 來理解這個公式。

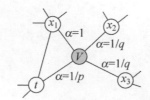

▲ 圖 4-30 Node2Vec 公式說明圖[5]

d_{tx} 指 t 時刻也是下一遊走的候選節點 x 的節點類型，有 0、1、2 三個列舉類型。

如果 $d_{tx} = 0$，則代表該候選節點是前一時刻遊走時的起始節點，是圖 4-30 中的節點 t，往這個方向遊走就代表走回頭路，而 α 就等於 $1/p$。由此可見超參數 p 用於控制遊走以多大機率回頭。

如果 $d_{tx} = 1$，則代表該候選節點 x 與前一時刻的起始節點 t 及當前節點 v 是等距的，是圖 4-30 中的 x_1 節點。此時 $\alpha=1$。往這個方向遊走是 BFS 寬度優先遊走。

如果 $d_{tx} = 2$，則代表其他，$\alpha=1/q$。往此方向遊走是 DFS 深度優先遊走，所以 q 用於控制遊走更偏向 BFS 還是 DFS。

當 $q<1$ 時，更傾向於 DFS。當 $q>1$ 時，更傾向於 BFS。當 $q=1$ 時，Node2Vec 則退化為 DeepWalk。

3. 程式

Node2Vec 的程式實現僅需要在之前 DeepWalk 的程式基礎上加入一些新邏輯，但是在實際工作中起始有專門的 Python API 可供呼叫。安裝方式是 pip install node2vec。非常簡單的 API，其實也是以 Networkx 與 Gensim 封裝為基礎的。利用 node2vec API 實現的 Node2Vec 程式如下：

```
#recbyhand/chapter4/s23_node2vec.py。
import networkx as nx
from node2vec import Node2Vec

graph = nx.fast_gnp_random_graph(n=100, p=0.5)      # 快速隨機生成一個無向圖
node2vec = Node2Vec (graph, dimensions=64, walk_length=30, num_walks=100,
p=0.3,q=0.7,workers=4)                               # 初始化模型
model = node2vec.fit()                               # 訓練模型
print(model.wv.most_similar('2',topn=3))             # 觀察與節點 2 最相近的 3 個節點
```

該函式庫還能透過調整參數 workers 設定同時遊走的執行緒數，下面參見列印出來的結果：

```
Computing transition probabilities：100%|■■■■■■■■■■■■■| 100/100
[00:00<00:00, 176.52it/s]
Generating walks (CPU：1)：100%|■■■■■■■■■■■| 25/25 [00:02<00:00,
9.33it/s]
Generating walks (CPU：2)：100%|■■■■■■■■■■■| 25/25 [00:02<00:00,
9.18it/s]
Generating walks (CPU：3)：100%|■■■■■■■■■■■| 25/25 [00:02<00:00,
9.60it/s]
Generating walks (CPU：4)：100%|■■■■■■■■■■■| 25/25 [00:02<00:00,
9.49it/s]
[('95', 0.6695420742034912), ('91', 0.6029338836669922), ('6',
0.5841651558876038)]
```

4.3　圖神經網路

　　圖神經網路 (Graph Neural Networks，GNN) 是近幾年興起的學科，用來作推薦演算法自然效果也相當好，但是要學會以圖神經網路為基礎的推薦演算法之前，需要對圖神經網路自身有個了解。

4.3.1　GCN 圖卷積網路

　　圖卷積網路 (Graph Convolutional Networks，GCN)[6] 提出於 2017年。GCN 的出現代表著圖神經網路的出現。

　　深度學習最常用的網路結構是 CNN 和 RNN。GCN 與 CNN 不僅名字相似，其實理解起來也很類似，都是特徵提取器。不同的是，CNN 提取的是張量資料特徵，而 GCN 提出的是圖結構資料特徵。

1. 計算過程

其實 GCN 的公式本身非常簡單，初期研究者為了從數學上嚴謹地推導該公式是有效的，所以涉及諸如傅立葉變換，以及拉普拉斯運算元等知識。其實對於使用者而言，可以跳過那些知識，對於理解 GCN 並無影響。

以下是 GCN 網路層的基礎公式，具體如下 [6]：

$$H^{l+1} = \sigma(\widetilde{D}^{-\frac{1}{2}} \widetilde{A} \widetilde{D}^{-\frac{1}{2}} H^l w^l) \tag{4-11}$$

其中，H^l 指第 l 層的輸入特徵，H^{l+1} 自然是指輸出特徵。w^l 指線性變換矩陣。$\sigma(\cdot)$ 是非線性啟動函式，如 ReLU 和 Sigmoid 等，所以重點是那些 A 和 D 是什麼。

首先說 $\widetilde{A}$，通常鄰接矩陣用 A 表示，在 A 上加個波浪線的 $\widetilde{A}$ 叫作「有自連的鄰接矩陣」，以下簡稱自連鄰接矩陣。定義以下 [6]：

$$\widetilde{A} = A + I \tag{4-12}$$

其中，I 是單位矩陣 (單位矩陣的對角線為 1，其餘均為 0)，A 是鄰接矩陣。因為對於鄰接矩陣的定義是矩陣中的值為對應位置節點與節點之間的關係，而矩陣中對角線的位置是節點與自身的關係，但是節點與自身並無邊相連，所以鄰接矩陣中的對角線自然都為 0，但是如果接受這一設定進行下游計算，則無法在鄰接矩陣中區分「自身節點」與「無連接節點」，所以將 A 加上一個單位矩陣 I 得到 $\widetilde{A}$，便能使對角線為 1，就好比增加了自連的設定，如圖 4-31 所示。

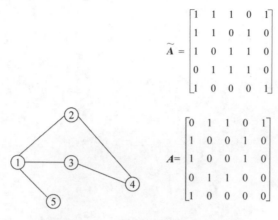

$$\widetilde{A} = \begin{bmatrix} 1 & 1 & 1 & 0 & 1 \\ 1 & 1 & 0 & 1 & 0 \\ 1 & 0 & 1 & 1 & 0 \\ 0 & 1 & 1 & 1 & 0 \\ 1 & 0 & 0 & 0 & 1 \end{bmatrix}$$

$$A = \begin{bmatrix} 0 & 1 & 1 & 0 & 1 \\ 1 & 0 & 0 & 1 & 0 \\ 1 & 0 & 0 & 1 & 0 \\ 0 & 1 & 1 & 0 & 0 \\ 1 & 0 & 0 & 0 & 0 \end{bmatrix}$$

▲ 圖 4-31　GCN 無向無權圖示意圖

$\widetilde{D}$ 是自連矩陣的度矩陣，定義以下 [6]：

$$\widetilde{D}_{ii} = \sum_{j} \widetilde{A}ij \tag{4-13}$$

如果仍然用上述圖例中的資料：

$$\widetilde{A} = \begin{bmatrix} 1 & 1 & 1 & 0 & 1 \\ 1 & 1 & 0 & 1 & 0 \\ 1 & 0 & 1 & 1 & 0 \\ 0 & 1 & 1 & 1 & 0 \\ 1 & 0 & 0 & 0 & 1 \end{bmatrix}$$

則

$$\widetilde{D} = \begin{bmatrix} 4 & 0 & 0 & 0 & 0 \\ 0 & 3 & 0 & 0 & 0 \\ 0 & 0 & 3 & 0 & 0 \\ 0 & 0 & 0 & 3 & 0 \\ 0 & 0 & 0 & 0 & 2 \end{bmatrix}$$

所以：

$$\tilde{D}^{-\frac{1}{2}} = \begin{bmatrix} \frac{1}{\sqrt{4}} & 0 & 0 & 0 & 0 \\ 0 & \frac{1}{\sqrt{3}} & 0 & 0 & 0 \\ 0 & 0 & \frac{1}{\sqrt{3}} & 0 & 0 \\ 0 & 0 & 0 & \frac{1}{\sqrt{3}} & 0 \\ 0 & 0 & 0 & 0 & \frac{1}{\sqrt{2}} \end{bmatrix}$$

$\tilde{D}^{-\frac{1}{2}}$ 是在自連度矩陣的基礎上開平方根取逆。求矩陣的平方根和逆的過程其實很複雜，好在 $\tilde{D}$ 只是一個對角矩陣，所以此處直接可以透過給每個元素開平方根取倒數的方式得到 $\tilde{D}^{-\frac{1}{2}}$。在無向無權圖中，度矩陣描述的是節點度的數量；若是有向圖，則是外分支度的數量；若是有權圖，則是目標節點與每個鄰居連接邊的權重和，而對於自連度矩陣，是在度矩陣的基礎上加一個單位矩陣，即每個節點度的數量加 1。

GCN 公式中的 $\tilde{D}^{-\frac{1}{2}}\tilde{A}\tilde{D}^{-\frac{1}{2}}$ 其實都是從鄰接矩陣計算而來的，所以甚至可以把這些看作一個常數。模型需要學習的僅是 w^l 這個權重矩陣。

正如之前所講，GCN 神經網路層的計算過程很簡單，如果懂了那個公式，則只需建構一張圖，統計出鄰接矩陣，直接代入公式即可實現 GCN 網路。

2. 公式的物理原理

下面來理解一下 GCN 公式的物理原理。首先來看 $\tilde{A}H^l$ 這一計算的意義，如圖 4-32 所示。

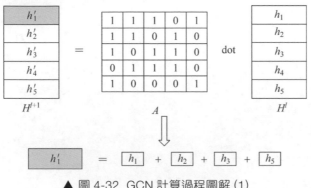

▲ 圖 4-32 GCN 計算過程圖解 (1)

相信大家了解矩陣間點乘的運算規則，即線性變化的計算過程。在自連鄰接矩陣滿足圖 4-32 的資料場景時，下一層第 1 個節點的向量表示是當前層節點 h_1、h_2、h_3、h_5 這些節點向量表示的和。這一過程的視覺化意義如圖 4-33 所示。

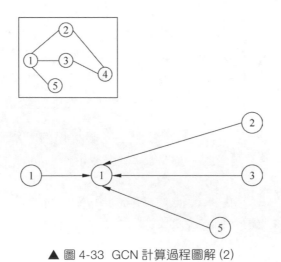

▲ 圖 4-33 GCN 計算過程圖解 (2)

這一操作就像在卷積神經網路中進行卷積操作，然後進行一個求和池化 (Sum Pooling)。這其實是一筆訊息傳遞的過程，Sum Pooling 是一種訊息聚合的操作，當然也可以採取平均、Max 等池化操作。總之經訊息

傳遞的操作後，下一層的節點 1 就聚集了它一階鄰居與自身的資訊，這就很有效地保留了圖結構承載的資訊。

接下來看度矩陣 D 在這裡造成的作用。節點的度代表著它一階鄰居的數量，所以乘以度矩陣的逆會稀釋掉度很大的節點的重要度。這其實很好理解，例如保險經理張三的好友有 2000 個，當然你也是其中的，而你幼時的青梅竹馬小紅加上你僅有的 10 個好友，則張三與小紅對於定義你的權重自然就不該一樣。

$\widetilde{D}^{-\frac{1}{2}}\widetilde{A}\widetilde{D}^{-\frac{1}{2}}H^l$ 這一計算的視覺化意義如下：

沒錯，這是一個加權求和操作，度越大權重就越低。圖 4-34 中每條邊權重分母左邊的數字 $\sqrt{4}$ 是節點 1 自身度的逆平方根。

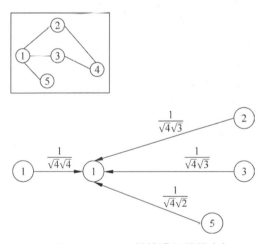

▲ 圖 4-34 GCN 計算過程圖解 (3)

上述內容可簡單地理解 GCN 公式的計算意義，當然也可結合具體業務場景自訂訊息傳遞的計算方式。

圖神經網路之所以有效，是因為它極佳地利用了圖結構的資訊。它的起點是別人的終點。本身無監督統計圖資料資訊已經可以給預測帶來

很高的準確率。此時只需一點少量的標註資料進行有監督的訓練就可以媲美巨量資料訓練的神經網路模型。

3. 程式

GCN 作為圖神經網路中最基礎的演算法，各個圖神經網路函式庫自然都整合了現成的 API。本書就以 PyTorch Geometric(PyG) 為例來介紹現成 GCN 函式庫的用法。

PyG 中有附帶的開放原始碼資料集供學習呼叫。本節採取 Cora 資料集，讀取 PyG 附帶的 Cora 資料集的 Python 檔案的位址為 recbyhand\chapter4\pygDataLoader.py，程式如下：

```
#recbyhand\chapter4\pygDataLoader.py
from torch_geometric.datasets import Planetoid
import os
path = os.path.join(os.path.dirname(os.path.realpath(__file__)), '..',
'data', 'Cora')
dataset = Planetoid(path, 'Cora')
print(' 類別數 :', dataset.num_classes)
print(' 特徵維度 :', dataset.num_features)
print(dataset.data)
```

如此呼叫之後螢幕中列印的資訊如下：

```
類別數：7
特徵維度 143
Data(edge_index=[2, 10556], test_mask=[2708], train_mask=[2708], val_mask=
[2708], x=[2708, 1433], y=[2708]) NumNodes：節點數
NumEdges：邊數
NumFeats：節點特徵的維度，表示節點的 Embedding 的維度。
```

類別數是分類任務中類別的數量，正如本節開頭所講，本節跟推薦系統可能沒什麼關係，這裡要帶大家先學習或鞏固圖神經網路的基礎。

分類任務往往是機器學習任務中最簡單的任務，所以由分類任務入手去學習圖神經網路是再合適不過的由淺入深的學習過程。

得到的 Data 包含了所有訓練及預測所需要的資訊，edge_index 是一條邊集，前文講過邊集是圖表示的一種方法。x 是節點特徵向量，總共2708 個節點，每個節點表示是 143 三維的向量。y 是節點對應的類別標註。

train_mask、val_mask 和 test_mask 分別對應訓練集、驗證集和測試集的位置遮蓋列表，它們都是 True 和 False 的串列，清單索引對應著節點索引。PyG 的預設資料集利用位置遮蓋的方式區分訓練集與測試集。例如 train_mask 中為 True 的位置代表訓練該節點，否則不訓練。可以透過以下程式來查看一下該資料集中訓練、驗證、測試集的數量。

```
#recbyhand\chapter4\pygDataLoader.py
print(sum(dataset.data.train_mask))
print(sum(dataset.data.val_mask))
print(sum(dataset.data.test_mask))
tensor(140)
tensor(500)
tensor(999)
```

由列印出來的資料可以看到，總計 2708 個節點中訓練資料僅只有140 個，而測試集即有 999 個。若大家將程式執行起來就可以發現「圖神經網路僅需少量的標註資料訓練出來的模型，就可達到由規模訓練資料訓練的普通神經網路模型一樣甚至更好的效果。」此言並不虛。

完整的 GCN 模型程式的位址為 recbyhand\chapter4\s31_gcn_pgy.py，核心程式如下：

```
#recbyhand\chapter4\s31_gcn_pgy.py
class GCN(torch.nn.Module):
```

```
def __init__(self, n_classes, dim):
    '''
    :param n_classes：類別數
    :param dim：特徵維度
    '''
    super(GCN, self).__init__()
    self.conv1 = GCNConv(dim, 16)
    self.conv2 = GCNConv(16, n_classes)

def forward(self,data):
    x, edge_index = data.x, data.edge_index
    x = F.ReLU(self.conv1(x, edge_index))
    x = F.DropOut(x)
    x = self.conv2(x, edge_index)
    return F.log_Softmax(x, dim = 1)
```

可以看到現成的方法非常簡單，只需定義 GCNConv 的輸入維度和輸出維度，在前向傳播時輸入特徵向量即可表示圖的邊集。外部呼叫的程式如下：

```
#recbyhand\chapter4\s31_gcn_pgy.py
def train(epochs = 200, lr = 0.01):
    data, n_class, dim = pygDataLoader.loadData()
    net = GCN(n_class, dim)
    optimizer = torch.optim.AdamW(net.parameters(), lr = lr)

    for epoch in range(epochs):
        net.train()
        optimizer.zero_grad()
        logits = net(data)
        # 僅用訓練集計算 loss
        loss = F.nll_loss(logits[data.train_mask], data.y[data.train_mask])
        loss.backward()
        optimizer.step()

        train_acc, val_acc, test_acc = eva(net, data)
```

```
        log = 'Epoch：{:03d}, Train：{:.4f}, Val：{:.4f}, Test：{:.4f}'
        print(log.format(epoch, train_acc, val_acc, test_acc))
```

注意計算 loss 時僅用 train_mask 中為 True 的那些位置的節點。

中間涉及的 eva 測試方法如下：

```
#recbyhand\chapter4\s31_gcn_pgy.py
@torch.no_grad()
def eva(net, data):
    net.eval()
    logits, accs = net(data), []
    for _, mask in data('train_mask', 'val_mask', 'test_mask'):
        pred = logits[mask].max(1)[1]
        acc = pred.eq(data.y[mask]).sum().item() / mask.sum().item()
        accs.append(acc)
    return accs
```

在該程式中，所有節點的 Embedding 都會伴隨模型的正向傳播去更新，即 GCN 公式中的 H，並不是僅將作為訓練資料的節點 Embedding 輸入 GCN 網路層，而反向傳播僅且只能更新有指定位置的資料。透過 mask 列表的操作，可以很方便地區分訓練集、驗證集和測試集。

4.3.2 GAT 圖注意力網路

圖注意力網路 (Graph Attention Networks,GAT)[7] 提出於 2018 年。顧名思義，GAT 是加入注意力機制的圖神經網路。

GCN 中訊息傳遞的權重僅考慮了節點的度，是固定不變的，而 GAT 則採用注意力機制將訊息傳遞的權重以注意力權重參數的形式也跟著模型參數一起迭代更新。

1. 計算過程與原理

在了解 GAT 的計算過程前，得把 GCN 的那個公式忘記。因為 GAT 的公式並非是從 GCN 出發的。

圖 4-35 簡單地展示了 GAT 訊息傳遞的形式。

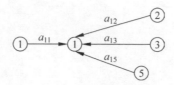

▲ 圖 4-35　GAT 計算過程圖解 (1)

節點 1、2，3、5 透過各自的權重 a_{12}、a_{13}、a_{15}、a_{11} 衰減或增益後將資訊傳遞給了節點 1。設 a_{ij} 為節點 j 到節點 i 的訊息傳遞注意力權重，則

$$a_{ij} = \text{Softmax}_j(e_{ij}) = \frac{\exp(e_{ij})}{\sum_{k \in N_i} \exp(e_{ik})} \tag{4-14}$$

與常規的注意力機制一樣，在計算出 e_{ij} 後，對其進行一個 Softmax 操作使 a_{ij} 在 0~1。其中的 Ni 是指節點 i 的一階鄰居集。至於 e_{ij} 如何得到，公式以下 [7]：

$$e_{ij} = \text{LeakyReLU}(\boldsymbol{a}^{\text{T}}[\boldsymbol{W}\boldsymbol{h}_i \parallel \boldsymbol{W}\boldsymbol{h}_j]) \tag{4-15}$$

在 GAT 論文中 LeakyReLU 的負值斜率設定值 0.2。$\boldsymbol{h}_i$ 和 $\boldsymbol{h}_j$ 是當前輸入層的節點 i 與節點 j 的特徵向量表示，$\boldsymbol{W}$ 是線性變換矩陣，它的形狀是 $\boldsymbol{W} \in \boldsymbol{R}^{F \times F'}$，其中 F 是輸入特徵的維度，是 $\boldsymbol{h}_i$ 與 $\boldsymbol{h}_j$ 的維度。F' 是輸出特徵的維度，以下用 h'_i 表示當前層節點 i 的輸出特徵，並且其維度為 F'。$\parallel$ 是向量拼接操作，原本維度為 F 的 $\boldsymbol{h}_i$ 與 $\boldsymbol{h}_j$ 經過 $\boldsymbol{W}$ 線性變換後維度均變為 F'，經過拼接後得到維度為 $2F'$ 的向量。此時再點乘一個維度為 $2F'$ 的單層矩陣 a 的轉置，最終經 LeakyReLU 啟動後得到一維的 e_{ij}。

所以再透過對 e_{ij} 進行 Softmax 操作就可以得到節點 j 到節點 i 的訊息傳遞注意力權重 a_{ij}。計算節點 i 的在當前 GAT 網路層的輸出向量 h'_i 即可描述為 [7]

$$h'_i = \sigma \Big(\sum_{j \in N_i} a_{ij} \boldsymbol{W} \boldsymbol{h}_j \Big) \tag{4-16}$$

其中，$\sigma(\cdot)$ 代表任意啟動函式，N_i 代表節點 i 的一階鄰居集，$\boldsymbol{W}$ 與注意力計算中的 $\boldsymbol{W}$ 是一樣的。至此是一筆訊息傳遞並用加權求和的方式進行訊息聚合的計算過程。在 GAT 中，可以進行多次訊息傳遞操作，這被稱為多頭注意力 (Multi-Head Attention)，計算公式以下 [7]：

$$\boldsymbol{h}'_i = \mathop{\Big\|}\limits_{k=1}^{K} \sigma \Big(\sum_{j \in N_i} a_{ij}^{k} \boldsymbol{W}^k \boldsymbol{h}_j \Big) \tag{4-17}$$

所以每一層的輸出特徵是總共 K 個單頭訊息傳遞後拼接起來的向量。或可進行求平均操作，公式以下 [7]：

$$\boldsymbol{h}'_i = \sigma \Big(\frac{1}{K} \sum_{k=1}^{K} \sum_{j \in N_i} a_{ij}^{k} \boldsymbol{W}^k \boldsymbol{h}_j \Big) \tag{4-18}$$

圖 4-36 展示了多頭注意力訊息傳遞的過程。

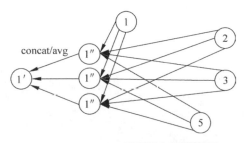

▲ 圖 4-36 GAT 多頭訊息傳遞過程

圖 4-36 可以很直觀地看到節點 1、2、3、5 分別進行了三次不同權重的訊息傳遞。產生了 3 個節點 1 的輸出特徵被記作 1″，最終節點 1 的輸

出特徵則等於 3 個 1″ 向量的拼接或求平均所得。這麼做的好處便是進一步提高了泛化能力。

　　在 GAT 的論文中建議在 GAT 網路中間的隱藏層採取拼接操作，而在最後一層採取平均操作。

2. 程式

　　程式的位址為 recbyhand/chapter4/s32_gat_gpy.py。

　　GAT 的網路層在 PyG 中也有現成的 API 可呼叫：

```
#recbyhand/chapter4/s32_gat_gpy.py
from torch_geometric.nn import GATConv
```

　　以 GAT 網路層組成的 GAT 模型類別的程式如下：

```
#recbyhand/chapter4/s32_gat_gpy.py
import torch
import torch.nn.functional as F
from chapter4 import pygDataLoader
from torch_geometric.nn import GATConv
class GAT(torch.nn.Module):
    def __init__(self, n_classes, dim):
        #:param n_classes：類別數
        #:param dim：特徵維度
        super(GAT, self).__init__()
        self.conv1 = GATConv(dim, 16)
        self.conv2 = GATConv(16, n_classes)
    def forward(self, data):
        x, edge_index = data.x, data.edge_index
        x = F.ReLU(self.conv1(x, edge_index))
        x = F.DropOut(x)
        x = self.conv2(x, edge_index)
        return F.log_Softmax(x, dim = 1)
```

與 4.3.1 節 GCN 的唯一區別是 GCNConv 變成了 GATConv，外部如何呼叫該模型做訓練其實跟 GCN 也完全一樣。

4.3.3 訊息傳遞

此節內容將詳細解釋上文中多次提到的訊息傳遞 (Message Passing)。訊息傳遞可被理解為在一張圖網路中節點間傳導資訊的通用操作。首先來看對單一節點 v 進行訊息傳遞的範式：

$$h'_v = \phi(v) = f(h_v, g(h_u|u \in N_v)) \tag{4-19}$$

其中，h'_v 是節點 v 的在當前層的輸出特徵，h_v 是輸入特徵，$\varphi(\cdot)$ 表達對某個節點進行訊息傳遞動作，N_v 是節點 v 的鄰居集。$h_v|u \in N_v$ 代表遍歷節點 v 的鄰居集，相當於鄰居節點訊息發送的動作，而 $g(\cdot)$ 是一筆訊息聚合的函式，例如 Sum、Avg、Max。$g(\cdot)$ 在 GCN 的網路層中，是一個以度為基礎的加權求和，而在 GAT 中是以注意力為基礎的加權求和。$f(\cdot)$ 表示對訊息聚合後的節點特徵進行深度學習的通常操作，例如進行一次或多次線性變換或非線性啟動函式。圖 4-37 展示了以上描述的實例過程。

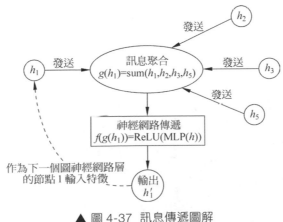

▲ 圖 4-37 訊息傳遞圖解

一個 GNN 層的計算範式可表達為

$$H^{l+1} = H^l : \{\phi(v)|v \in V\} \tag{4-20}$$

其中，H^l 代表第 l 層的所有節點特徵矩陣，H^{l+1} 代表第 l 層的輸出特徵矩陣，V 代表所有節點，$\varphi(v)$ 代表對節點 v 進行訊息傳遞操作。該公式表達的含義是遍歷圖網路中所有的節點對其進行訊息傳遞操作，以便更新所有節點的特徵向量。

所以圖神經網路的本質是透過節點間的訊息傳遞進而泛化圖結構資料的資訊，讀者可以透過自己設計具體的匯總函式和權重獲取方式等，設計出自己的圖神經網路。

4.3.4 圖採樣介紹

圖神經網路中還有一個重要的概念，即圖採樣。如果圖資料量過大，則是否可以仿照傳統深度學習的小量訓練方式呢？答案是不可以，因為普通深度學習中訓練樣本之間並無依賴，但是在圖結構的資料中，節點與節點之間有依賴關係，如圖 4-38 所示。

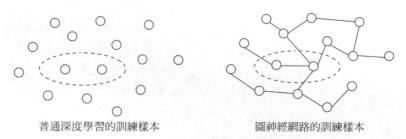

普通深度學習的訓練樣本　　　　　　圖神經網路的訓練樣本

▲ 圖 4-38 普通深度學習與圖神經網路的訓練樣本

普通深度學習的訓練樣本在空間中是一些散點，可以隨意小量採樣，無論如何採樣得到的訓練樣本並不會遺失什麼資訊，而圖神經網路訓練樣本之間存在邊的依賴，也正是因為有邊的依賴，所以才被稱為圖

結構資料，這樣才可用圖神經網路的模型演算法來訓練，如果隨意採樣，則破壞了樣本之間的關係資訊。

所以如何進行圖採樣成為一門學科，本書將介紹兩個最基礎且簡單有效的圖採樣的演算法 GraphSAGE 和 PinSAGE。

4.3.5 圖採樣演算法：GraphSAGE

GraphSAGE[9] 是第一張圖採樣演算法，也是最基礎的。其提出年份與 GCN 同年，也是 2017 年。其實中心概念一句話就能概括，即小量採樣原有大圖的子圖，如圖 4-39 所示。

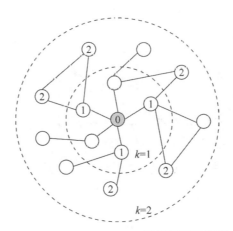

▲ 圖 4-39 GraphSAGE 採樣過程示意圖

步驟 1：隨機選取一個或若干個節點作為 0 號節點。

步驟 2：在 0 號節點的一階鄰居中隨機選取若干個節點作為 1 號節點。

步驟 3：在剛剛選取的 1 號節點的一階鄰居中，不回頭地隨機選取若干個節點作為 2 號節點，不回頭指的是不再回頭取 0 號節點。該步驟亦可認為是隨機選取 0 號節點透過 1 號節點連接的二階鄰居。

步驟 4：依此類推，圖 4-39 中的 k 是 GraphSAGE 的超參，可認為是 0 號節點的鄰居階層數，若將 k 設定為 5，則代表總共可以取 0 號節點的第 5 階鄰居。

步驟 5：將採樣獲得的所有節點保留邊的資訊後組成子圖並作為一次小量樣本輸入圖神經網路中進行下游任務。

另外，其實圖採樣得到的子圖總是從作為中心節點的 0 號節點開始擴散，所以在訊息傳遞時可以自外而內地進行。假如在圖 4-39 的資料環境中，可以先將那些 2 號節點的特徵向量聚合到對應位置的 1 號節點中，再由更新過後的 1 號節點訊息傳遞至 0 號節點，然後將訊息聚合在 0 號節點。僅輸出更新完成的 0 號節點特徵向量，作為圖神經網路層的輸入特徵向量進行訓練更新。

4.3.6 圖採樣演算法：PinSAGE

相比最基礎的 GraphSAGE，2018 年史丹佛大學提出的 PinSAGE 顯然更具想像力。PinSAGE 的中心概念可概況成一句話，即採樣透過隨機遊走經過的高頻節點生成的子圖。接下來結合圖 4-40 理解 PinSAGE 的採樣過程。

步驟 1：隨機選取一個或若干個節點作為 0 號節點。

步驟 2：以 0 號節點作為起始節點開始隨機遊走生成序列，遊走方式可以採取 DeepWalk 或 Node2Vec。

步驟 3：統計隨機遊走中高頻出現的節點作為 0 號節點的鄰居，以便生成一個新的子圖。出現的頻率可作為超參設定。

步驟 4：將新子圖中的邊界節點 (如在圖 4-40 中的節點 1、9 和 13) 作為新的起始節點，重複步驟 2 開始隨機遊走。

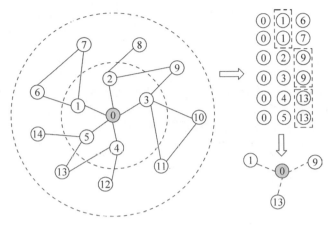

▲ 圖 4-40 PinSAGE 採樣示意圖

步驟 5：統計新一輪隨機遊走的高頻節點，作為新節點在原來子圖中接上。注意每個新高頻節點僅接在它們原有的起始節點中 (如節點 1 作為起始節點隨機遊走 ，所生成節點序列中的高頻節點僅作為節點 1 的鄰居接在新子圖中)。

步驟 6：重複上述過程 k 次，k 為超參。將生成的新子圖作為一次小量樣本輸入圖神經網路中進行下游任務。或進行自外而內的訊息傳遞後，輸出聚合了子圖所有資訊的 0 號節點向量。

PinSAGE 的優勢在於可以快速地收集到遠端節點，並且生成的子圖經過一次頻率篩選所獲得的樣本表達能力更強也更具泛化能力。

4.4 以圖神經網路為基礎的推薦

學完圖神經網路的基礎知識後，終於要開始用在推薦上了。首先介紹推薦任務中可能會出現的圖，整體可分成三類。

第一類：使用者 - 使用者圖的推薦，例如社群網站圖，其實這一類別圖型處理起來相對很簡單，因為推薦物件與被推薦物件是同一類節點。如果不考慮使用者特徵，則社群網站圖是一個同構圖，完全可以用鏈路預測或 DeepWalk 等方法來做推薦，當然用 GNN 也是可以的。

第二類：使用者 - 物品圖的推薦，如圖 4-41 所示。

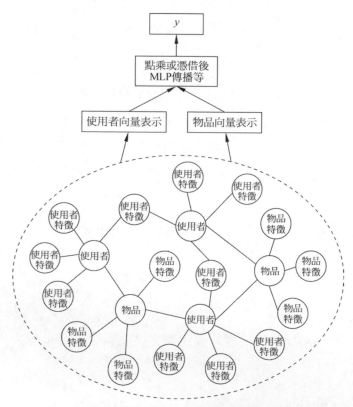

▲ 圖 4-41 以使用者 - 物品圖為基礎的推薦演算法想法

這一類別圖是把使用者和物品都看作一張圖中的不同節點，使用者的特徵及物品的特徵也作為節點圍繞在使用者或物品周圍，使用者與使用者間可能會透過使用者特徵二階相鄰，同理物品與物品也可以透過物品特徵二階相鄰。最關鍵的是使用者與物品之間的互動可作為使用者與

物品連接起來的邊,這樣整張圖就涵蓋了當前所有推薦系統內資料的資訊,所有的內容都可被視作是不同類型的節點,經訊息傳遞後更新的使用者與物品向量再進行點乘或 MLP 等物品神經網路的傳遞便可做出 CTR 預估。

第三類:使用者圖與物品圖分開,如圖 4-42 所示。

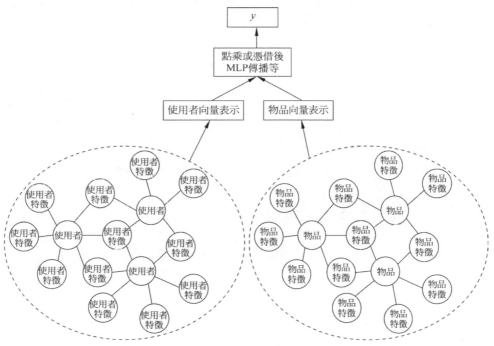

▲ 圖 4-42 以使用者圖與物品圖分開為基礎的推薦演算法想法

此類別圖比起將使用者與物品合併在一起的使用者物品圖而言就簡單很多了,使用者圖的作用是聚合使用者特徵得到使用者向量,同理物品圖的作用是聚合物品特徵進而得到物品的向量表示。當然本身使用者圖或物品圖中的使用者或物品,也可透過那些特徵獲得些許二階相鄰。

雖然相比第二類的使用者物品圖,將使用者圖與物品圖分開從理解上來講更簡單,但相對應也有比不了第二類別圖的地方。

使用者 - 物品圖的優勢：所有的內容在此都是圖中的節點，可充分利用圖的優勢。

使用者 - 物品圖的劣勢：需要更多的模型參數擬合圖的資訊。對於物品節點而言，使用者節點與諸多物品特徵節點都屬於物品節點的一階鄰居，但顯然使用者節點與物品特徵節點對於物品的向量表示權重應該不一樣，所以 GCN 的傳播方式在這種圖中進行並不適用，起碼需要 GAT 這類透過注意力的模型，並且模型參數還不能少，所以在資料量不夠多的時候是學不出來的。

使用者圖 - 物品圖分開的優勢：理解起來比較簡單，可解釋性更強。

使用者圖 - 物品圖分開的劣勢：如果使用者與使用者之間的特徵重疊很低，則會失去圖的意義，但是並無大礙，僅退化為普通特徵聚合而已。且使用者與物品間的互動資訊可透過使用者與物品間的標註來學到。

4.4.1 利用 GCN 的推薦演算法

利用 GCN 的推薦 [10] 是最基本的圖神經網路推薦形式。

1. 資料準備

本次推薦所用的資料除了使用者、物品、標註三元組以外，還有物品圖的資料。資料的位址為 recbyhand\data_set\ml-100k\kg_index.tsv。其實這是知識圖譜資料，具體會在第 5 章詳細介紹。知識圖譜比普通的圖會多一條邊的類型，所以資料本身如圖 4-43 所示。

```
1239     2     11917
11917    5     1239
1239     2     4496
4496     5     1239
1239     2     20384
20384    5     1239
1239     2     17048
17048    5     1239
```

▲ 圖 4-43 物品圖資料

其中第二欄的數字是知識圖譜中邊的索引，但是目前僅需用到組成頭尾節點的邊集表示，所以經過處理，便可得到諸如 [(1239, 11917), (11917, 1239), (1239, 4496) …] 這樣的邊集。其中這些數字包含了物品及物品的特徵索引，ml-100k 是與電影相關的資料集，而這個圖資料中的物品索引是電影，物品特徵索引是電影的特徵，有可能是某個導演、某個演員或某個電影類型等。

此次演算法採用上文中提到的第三類別圖，對使用者圖與物品圖分開處理，當然雖然分開處理，其實處理的方式是一樣的，所以就以用 GCN 聚合物品圖為例，使用者的向量表示直接利用使用者索引隨機初始化 Embedding 即可。

2. 演算法想法

演算法的想法如圖 4-44 所示。

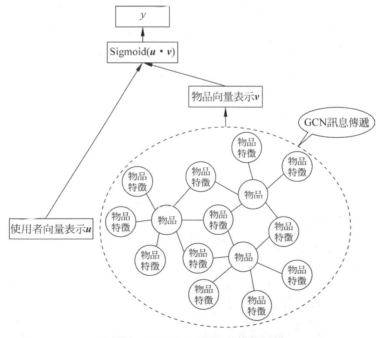

▲ 圖 4-44 GCN for Rec 模型結構

先隨機初始化使用者向量及物品還有所有物品特徵的向量，然後其核心就在於用 GCN 的方式去傳播物品圖，更新物品及物品的特徵向量，之後提取出物品向量與使用者向量進行點乘並取 Sigmoid 後作為預測值。

GCN 推薦演算法程式的位址為 recbyhand\chapter4\s41_GCN4Rec.py。

如果採取 PyG 中現成的 GCN 層，則 GCN4Rec 這個模型的程式其實很簡單，程式如下：

```
#recbyhand\chapter4\s41_GCN4Rec.py
class GCN4Rec(torch.nn.Module):

    def __init__(self, n_users, n_entitys, dim, hidden_dim):
        '''
        :param n_users：使用者數量
        :param n_entitys：實體數量
        :param dim：向量維度
        :param hidden_dim：隱藏層維度
        '''
        super(GCN4Rec, self).__init__()

        # 隨機初始化所有使用者向量
        self.users = nn.Embedding(n_users, dim, max_norm = 1)
        # 隨機初始化所有節點向量，其中包含物品的向量
        self.entitys = nn.Embedding(n_entitys, dim, max_norm = 1)

        # 記錄下所有節點索引
        self.all_entitys_indexes = torch.LongTensor(range(n_entitys))

        # 初始化兩個 GCN 層
        self.conv1 = GCNConv(dim, hidden_dim)
        self.conv2 = GCNConv(hidden_dim, dim)

    def gnnForward(self, i, edges):
        '''
        :param i：物品索引 [ batch_size ]
```

```
        :param edges：表示圖的邊集
        '''
        #[ n_entitys, dim ]
        x = self.entitys(self.all_entitys_indexes)
        # 所有節點向量進行 GCN 傳播，用表示採樣後的子圖邊集，即用 edges 來控制小量的計算
        #[ n_entitys, hidden_dim ]
        x = F.DropOut( F.ReLU(self.conv1(x, edges)))
        #[ n_entitys, dim ]
        x = self.conv2(x, edges)
        # 透過物品的索引取出 [ batch_size, dim ] 形狀的張量表示，該批次的物品
        return x[i]

    def forward(self, u, i, edges):
        items = self.gnnForward(i, edges)
        users = self.users(u)
        uv = torch.sum(users * items, dim=1)
        logit = torch.sigmoid(uv)
        return logit
```

　　其中的關鍵在 gnnForword() 函式中每次呼叫 GCNConv 時輸入的是所有圖節點的特徵向量，以及一條邊集。得到輸出的張量後，再用物品索引來取出這一批次的物品向量表示。雖然輸入的是所有圖節點的特徵向量，但是真正計算到的只有記錄在邊集中的那些節點，而該邊集是透過圖採樣的方式得到的，所以不用擔心浪費算力，傳入所有節點的向量表示是因為邊集中的預設索引是對應的 self.entitys，即所有節點的索引。

　　這種寫法會存在一個問題，即當物品特別多時，記憶體載入不了包含所有物品及所有物品特徵的節點向量，而最佳化辦法是每次僅傳入會參與計算的節點向量，但是索引方面需要書寫專門的處理邏輯。這些方法並不唯一，在之後的章節中會介紹更好的寫法。本節的重點不在這裡，所以此處先以簡單介紹為主，而本節的重點在於如何圖採樣得到程式中的 edges。

3. 圖採樣

此處的圖採樣採取的是最基礎的 GraphSAGE，GraphSAGE 在 PyG 中也有現成的 API，但此處並不採取現成的 API，而是自己實現。因為在每一批次的圖採樣時需要將初始節點指定為物品節點，如果用物品特徵節點作為初始節點會造成容錯計算，所以用現成 API 沒有那麼靈活，並且圖採樣的方式很多，自己實現 GraphSAGE 自然對學習更有幫助。

首先將從來源資料中讀取的邊集生成一個 networkx 的圖。

```
#recbyhand\chapter4\dataloader4graph.py
import networkx as nx
def get_graph(pairs):
    G = nx.Graph()               # 初始化無向圖
    G.add_edges_from(pairs)      # 透過邊集載入資料
    return G
```

先轉換成 networkx 圖資料結構是為了後續利用 G.neighbors(i) 函式直接得到 i 節點的所有鄰居節點。

GraphSAGE 圖採樣的程式如下：

```
#recbyhand\chapter4\dataloader4graph.py
def graphSage4Rec(G, items, n_size = 5, n_deep = 2):
    '''
    :param G：networkx 的圖結構資料
    :param items：每一批次得到的物品索引
    :param n_size：每次採樣的鄰居數
    :param n_deep：採樣的深度或階數
    :return：torch.tensor 類型的邊集
    '''
    leftEdges = [ ]
    rightEdges = [ ]
    for _ in range(n_deep):
        # 將初始的節點指定為傳入的物品，之後每次的初始節點為前一次擷取到的鄰居節點
        target_nodes = list(set (items))
```

```
        items = set()
        for i in target_nodes:
            neighbors = list(G.neighbors(i))
            if len(neighbors) >= n_size: #如果鄰居數大於指定個數，則僅採樣指定個數的
                # 鄰居節點
                neighbors = np.random.choice(neighbors, size=n_size, replace =
False)
            rightEdges.extend(neighbors)
            leftEdges.extend([ i for _ in neighbors ])
            # 將鄰居節點存下以便採樣下一階鄰居時提取
            items |= set(neighbors)
    edges = torch.tensor([ leftEdges, rightEdges ], dtype = torch.long)
    return edges
```

結合程式中的註釋，相信大家能看懂此處程式在做什麼，值得一提的是 PyG 中表示圖的邊集與常規的邊集不一樣。例如常規的邊集是一個串列，清單中每個元素是一對節點，例如 [(1, 2), (1, 3), (2, 4)]，每一對節點表示這兩個節點是相鄰的，而在 PyG 中則表示為 [[1, 1, 2]，[2, 3, 4]]，等於是兩個串列，兩個串列彼此間的對應位置代表一對相鄰的節點，當然兩種表示法並沒有什麼本質區別，大家注意一下就可以了。

4. 訓練

訓練時在每批次得到物品索引後傳入這種方法即可，以下是訓練時的部分程式：

```
#recbyhand\chapter4\s41_GCN4Rec.py
from torch.utils.data import DataLoader
# 讀取所有節點索引及表示物品全量圖的邊集對
entitys, pairs = dataloader4graph.readGraphData()
# 傳入邊集對，得到 networkx 的圖結構資料
G = dataloader4graph.get_graph(pairs)
for e in range(epoch):
    net.train()
    all_lose = 0
    #train_set 是 [ 使用者物品標註 ] 的三元組資料
```

```
    for u, i, r in tqdm(DataLoader(train_set, batch_size = batchSize, shuffle
= True)):
        r = torch.FloatTensor(r.detach().NumPy())
        optimizer.zero_grad()
        # 因為根據 torch.utils.data.DataLoader 得到一批次 i 是 tensor 類型態資料，所以
先轉換
        # 成 NumPy 類型
        i_index = i.detach().NumPy()
        # 傳入全量圖資料 G 與每批次的物品索引得到表示子圖的邊集
        edges = dataloader4graph.graphSage4Rec(G, i_index)
        # 傳入每批次的使用者索引、物品索引，以及圖採樣得到的邊集開始前向傳播
        logits = net(u, i, edges)
        # 將真實值與預測值建立損失函式
        loss = criterion(logits, r)
        all_lose += loss
        loss.backward()
        optimizer.step()
```

5. 總結

　　以上是這次將 GCN 用在推薦演算法的程式，透過這次的程式希望大家大致能有以圖神經網路為基礎做推薦演算法的想法，圖採樣是個重點，因為結合現成的函式庫之後僅需考慮 GNN 的輸入及輸出。

　　此次的推薦單獨地處理了物品圖，大家可以思考，如果將使用者也加入物品的圖中作為物品的鄰居，則該怎麼修改目前的程式。

4.4.2 利用 GAT 的推薦演算法

　　接下來講解如何利用 GAT 的推薦演算法，有些能夠舉一反三的讀者一定想直接翻篇看 4.4.3 節了，因為大家會認為這一節的程式一定是在 4.4.1 節程式的基礎上改動一個地方而來，即把 GCNConv 改成 GATConv。這麼做當然可以，但是本書既然另起一節來介紹以 GAT 為基礎的推薦演算法，則一定會給大家帶來不一樣的東西。

　　到目前為止，仍然沒有利用 PyTorch 的一些基礎的元素實現圖神經網路的範例程式，因為現成的方法確實很好用，但是如此一來好學的讀者可能會感覺沒什麼收穫，所以這一次就來自己實現 GAT 網路層，並且伴隨對應的圖採樣。

1. GAT 注意力層

　　在目前的物品圖中可以透過 GAT 的方式聚合物品周圍的鄰居節點，即以那些物品特徵來更新物品向量表示，而 GAT 則透過一個多頭注意力機制進行訊息傳遞，多頭注意力的程式如下：

```
#recbyhand\chapter4\s42_GAT4Rec.py
def multiHeadAttentionAggregator(self, target_embeddings, neighbor_entitys_
embeddings):
    '''
    :param target_embeddings：目標節點的向量 [batch_size, dim ]
    :param neighbor_entitys_embeddings：目標節點的鄰居節點向量 [batch_size, n_
neighbor, dim]
    '''
    embs = []
    for i in range(self.multiHeadNumber)：#迴圈多頭注意力的頭數
            embs.append(self.oneHeadAttention(target_embeddings, neighbor_
entitys_embeddings))
    # 將每次單頭注意力層得到的輸出張量拼接後輸出
    return torch.cat(embs, dim=-1)
```

　　所以這次採取的是將每次單頭注意力的輸出以拼接的方式來作為多頭注意力的輸出。其中的單頭注意力層 self.oneHeadAttention() 方法的程式如下：

```
#recbyhand\chapter4\s42_GAT4Rec.py
self.W = nn.Linear(in_features = dim, out_features = dim//self.
multiHeadNumber, bias = False)
self.a = nn.Linear(in_features = dim, out_features = 1, bias = False)
self.leakyReLU = nn.LeakyReLU(negative_slope = 0.2)
```

```
def oneHeadAttention(self,target_embeddings, neighbor_entitys_embeddings):
    #[ batch_size, w_dim ]
    target_embeddings_w = self.W(target_embeddings)
    #[ batch_size, n_neighbor, w_dim ]
    neighbor_entitys_embeddings_w = self.W(neighbor_entitys_embeddings)
    #[ batch_size, n_neighbor, w_dim ]
    target_embeddings_broadcast = torch.cat(
        [ torch.unsqueeze(target_embeddings_w, 1)
          for _ in range(neighbor_entitys_embeddings.shape[1])], dim = 1)
    #[ batch_size, n_neighbor, w_dim*2 ]
    cat_embeddings = torch.cat([ target_embeddings_broadcast, neighbor_
entitys_embeddings_w ], dim=-1)
    #[ batch_size, n_neighbor, 1 ]
    eijs = self.leakyReLU(self.a(cat_embeddings))
    #[ batch_size, n_neighbor, 1 ]
    aijs = torch.Softmax(eijs, dim = 1)
    #[ batch_size, w_dim]
    out = torch.sum(aijs * neighbor_entitys_embeddings_w, dim = 1)
    return out
```

以上程式實際上是照著 GAT 的注意力公式實現了一下。

2. 圖採樣

本次圖採樣採取的概念還是 GraphSAGE，但是寫法會和之前截然不同。讀者可以注意到多頭注意力層的輸入是組成某一批次的目標中心節點及目標節點周圍鄰居的節點特徵表示張量，而取出目標中心節點的索引表示很簡單，即一個索引串列，例如將 [0, 2, 3, 5] 透過 nn.Embedding() 方法去取出的向量是節點 0、2、3、5 的特徵表示，而那些中心節點的鄰居節點顯然最好是用一個二維串列索引去提取。例如傳入 [[2, 3, 4]，[[5, 6, 7]，[8, 9, 10]，[11, 12, 13]] 到 nn.Embedding() 方法便可以提取一個三維張量作為多頭注意力層的輸入參數 neighbor_entitys_embeddings，即鄰居節點特徵表示。

所以需要注意兩件事情，第一件事情是中心節點與它們對應的鄰居節點索引位置必須確保對應。如果是上述資料，則對應的關係應該如表 4-4 所示。

表 4-4　中心節點與鄰居節點索引的鄰接串列

中心節點	鄰居節點 1	鄰居節點 2	鄰居節點 3
0	2	3	4
2	5	6	7
3	8	9	10
5	11	12	13

所以其實用一個 Pandas 的 DataFrame 會很方便地表示出上述資訊，程式如下：

```
import pandas as pd
target_nodes = [ 0, 2, 3, 5 ]
neighbors = [ [ 2, 3, 4 ], [ 5, 6, 7 ], [ 8 ,9, 10 ],[ 10, 11, 12 ] ]
adjacency_list = pd.DataFrame(neighbors, index = target_nodes)
```

此處要做的是透過圖結構資料得到程式裡 target_nodes 的索引，以及對應的 neighbors 索引。進行圖採樣時最原始的 target_nodes 其實是每次傳入的某一批次的物品索引，而如果採樣深度大於 1，則從第二層開始的 target_nodes 是前一層採到的所有鄰居節點。

上文中提過有兩件需要注意的事情，另一件要注意的事情是每一層中給每個目標節點擷取的鄰居節點數要保持一致，因為這樣可方便後續平行計算。例如設定擷取的鄰居數為 n，如果某個節點鄰居數大於 n 則從所有鄰居中無放回地隨機取出 n 個鄰居，如果某個節點的鄰居數小於 n，則從它的鄰居節點中有放回地隨機取出 n 個即可。

整個圖採樣的程式位址為 recbyhand\chapter4\dataloader4graph.py，
具體的程式如下：

```
#recbyhand\chapter4\dataloader4graph.py
def graphSage4RecAdjType(G, items, n_sizes = [ 10, 5 ]):
    '''
    :param G：networkx 的圖結構資料
    :param items：每一批次得到的物品索引
    :param n_sizes：採樣的鄰居節點數量串列，串列長度為採樣深度或理解為採樣階數。
    為了方便後續平行計算，每一階的鄰居數量需要保持一致，但不同階的鄰居數量不需要保持一致
    '''
    adj_lists = [ ]
    for size in n_sizes:
        # 將初始的節點指定為傳入的物品，之後每次的初始節點為前一次擷取到的鄰居節點
        target_nodes = items
        neighbor_nodes = []
        items = set()
        for i in target_nodes:
            neighbors = list(G.neighbors(i))
            if len(neighbors) >= size:# 如果鄰居數大於指定個數，則無放回地隨機取出指定
    # 個數的鄰居
                neighbors = np.random.choice(neighbors, size = size, replace =
    False)
            else:# 如果鄰居數小於指定個數，則有放回地隨機取出指定個數的鄰居
                neighbors = np.random.choice(neighbors, size = size, replace =
    True)
            neighbor_nodes.append(neighbors)
            items |= set(neighbors)
        # 將目標節點與它們的鄰居節點索引用 DataFrame 的資料結構表示，並記錄於一個串列中
        adj_lists.append(pd.DataFrame(neighbor_nodes, index = target_nodes))
    # 因為訊息傳遞是從外向內進行的，所以將串列倒序使外層在前，內層在後
    adj_lists.reverse()
    return adj_lists
```

為什麼不像之前那樣將子圖用邊集表示，取而代之的是用了多階鄰
接串列來表示呢？是因為實際做計算時同樣需要將邊集轉換成這樣的鄰

接串列或鄰接矩陣才能真正做平行計算，PyG 的 GCNConv 或 GATConv 雖然傳入的是邊集，但其實內部也做了轉換。這次的 GAT 既然是自己實現的，當然可以一步合格直接用方便索引的多階鄰接串列。當然同樣的邏輯有很多種方法實現，大家也可自行書寫自己喜歡的圖表示程式。

3. 前向傳播

外層的前向傳播與 GCN4Rec 一樣是透過圖神經網路訊息傳遞得到物品向量表示後與隨機初始化的使用者特徵做點乘取 Sigmoid 作為預測值，程式如下：

```
#recbyhand\chapter4\s42_GAT4Rec.py
def forward(self, u, adj_lists):
    #[batch_size, dim]
    items = self.gnnForward(adj_lists)
    #[batch_size, dim]
    users = self.users(u)
    #[batch_size]
    uv = torch.sum(users * items, dim=1)
    #[batch_size]
    logit = torch.sigmoid(uv)
    return logit
```

當然點乘也僅是一種處理想法，還可以選擇向量拼接經 MLP 網路甚至做殘差連接等實現，具體可參考第 3 章。本章的重點放在圖神經網路上，模型中非圖的部分儘量簡單點，所以此處的關鍵是 gnnForward() 方法，該方法傳入的是圖採樣得到的多階鄰接矩陣，程式如下：

```
#recbyhand\chapter4\s42_GAT4Rec.py
def gnnForward(self, adj_lists):
    n_hop = 0
    for df in adj_lists:
        if n_hop == 0:
            #最外階的聚合可直接透過初始索引提取
```

```
            entity_embs = self.entitys(torch.LongTensor(df.values))
        else:
            ''' 第二次開始聚合的鄰居向量是第一次聚合後得到的,所以不能直接用 self.
entitys 去提取,而是應該用上一次的聚合輸出 aggEmbeddings 來提取節點向量表示,但圖採樣記錄
的節點索引對應的是 self.entitys 的節點索引,無法透過該索引直接提取 aggEmbeddings 中對應的
向量,所以需要一個記錄初始索引映射到更新後索引的映射表 neighbourIndexs。透過這些內容提取
向量的具體操作可詳見 self.__getEmbeddingByNeighbourIndex() 這種方法 '''
            entity_embs = self.__getEmbeddingByNeighbourIndex(df.values,
neighborIndexs, aggEmbeddings)
        target_embs = self.entitys(torch.LongTensor(df.index))
        if n_hop<len(adj_lists):
            neighborIndexs = pd.DataFrame(range(len(df.index)), index =
df.index)
        # 將得到的目標節點向量與其鄰居節點向量傳入 GAT 的多頭注意力層聚合出更新後的目標節點
向量
        aggEmbeddings = self.multiHeadAttentionAggregator(target_embs,
entity_embs)n_hop+=1
    # 傳回最後的目標節點向量,即指定代表這一批次的物品向量
    return aggEmbeddings
```

這種方法的關鍵是中間有一大段註釋所描述的那個操作。其中涉及
的 __getEmbed-dingByNeibourIndex() 方法的詳細程式如下:

```
#recbyhand\chapter4\s42_GAT4Rec.py
# 根據上一輪聚合的輸出向量,原始索引、記錄原始索引與更新後索引的映射表得到這一階的輸入
# 鄰居節點向量
    def __getEmbeddingByNeighbourIndex(self, orginal_indexes, nbIndexs,
aggEmbeddings):new_embs = []
        for v in orginal_indexes:
            embs = aggEmbeddings[ torch.squeeze(torch.LongTensor(nbIndexs.
loc[v].values)) ]
            new_embs.append(torch.unsqueeze(embs, dim = 0))
        return torch.cat(new_embs, dim = 0)
```

如果對程式與註釋還不能理解,則可參見如圖 4-45 所示的由外而內
訊息傳遞的示意圖。

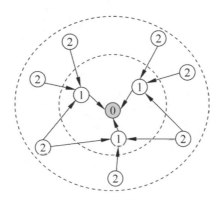

▲ 圖 4-45 由外而內訊息傳遞示意圖

　　這是一張由外而內的訊息傳遞示意圖，最開始進行訊息傳遞時，最外圈的那些標記為 2 的節點特徵向量是最初隨機初始化或上一個 GNN 網路層的輸出向量 (本節 GAT 的程式僅有一層 GNN 網路層)，而開始訊息傳遞後，很顯然圖 4-45 中標記為 1 的那些節點已經由於訊息傳遞之後的訊息聚合而更新掉了，所以在寫程式時不該再去取最初的特徵向量，在實際程式中需要注意對應調整成提取向量的索引。

4. 總結

　　完整程式可查閱 recbyhand\chapter4\s42_GAT4Rec.py。外部如何去呼叫這個 GAT 模型做訓練基本和 4.4.1 節的 GCN 差不多。之所以放著 PyG 中現成的 GAT 不用，一是為了帶大家自己實現一遍，這樣可以增加對 GNN 系列網路傳播機制的認識，另外是為了以後大家自己能推導出結合 GNN 的推薦演算法做鋪陳。因為推薦演算法很靈活，現成的 API 很難覆蓋所有的場景，例如 4.4.3 節要講的 GFM 演算法在圖庫中就沒有現成的 API 可用。

4.4.3 圖神經網路結合 FM 的推薦演算法：GFM

　　眾所皆知，FM 在推薦演算法領域相當常用，並且極其有效。它的二次項計算可以將特徵兩兩組合而進行學習。如果能將 FM 與圖神經網路結

合，則是強強聯合的推薦演算法了。結合的想法非常簡單，是將 FM 作為圖訊息傳遞的一種方式，如圖 4-46 所示。

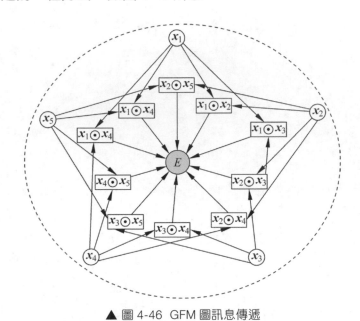

▲ 圖 4-46　GFM 圖訊息傳遞

聚合層的公式如下：

$$\mathrm{agg_{FM}}(E) = e + \sum_{i=1}^{n} \sum_{j=i+1}^{n} \boldsymbol{x}_i \odot \boldsymbol{x}_j \tag{4-21}$$

aggFM(E) 表示在節點 E 處的訊息聚合，n 代表節點 E 的鄰居數量。$\boldsymbol{x}_i$ 與 $\boldsymbol{x}_j$ 分別代表節點 E 的第 i 與第 j 個鄰居節點向量，假設該向量的向量維度為 dim。

之所以採取兩兩鄰居向量全元素相乘的 FM，而非點乘是因為要讓 FM 二次項的輸出維度限定在 dim，這樣直接可與節點向量同維度。此時再與節點 E 自身的向量 e 相加，這樣可以保留節點 E 上一次圖訊息傳遞的資訊，如果這裡單純地將 FM 二次項的輸出作為代表節點 E 的向量，則反向傳播時相當於只有最外層的節點會迭代更新。

其實 Graph FM 的重點只有這麼多，相比 GAT 還簡化了不少。另外
2.7.4 節也提過 FM 公式本身還可以簡化，所以 GFM 的聚合公式也可對應
地簡化，公式如下：

$$\text{agg}_{\text{FM}}(E) = e + \left(\sum_{i=1}^{n} x_i\right)^2 - \sum_{i=1}^{n} x_i^2 \tag{4-22}$$

該過程的實現程式如下：

```
#recbyhand\chapter4\s43_GFM4Rec.py
def FMaggregator(self, target_embs, neighbor_entitys_embeddings):
    '''
    :param target_embeddings：目標節點的向量 [ batch_size, dim ]
    :param neighbor_entitys_embeddings：目標節點的鄰居節點向量 [ batch_size, n_
neighbor, dim ]
    '''
    #neighbor_entitys_embeddings:[batch_size, n_neighbor, dim]
    #[batch_size, dim]
    square_of_sum = torch.sum(neighbor_entitys_embeddings, dim=1) ** 2
    #[batch_size, dim]
    sum_of_square = torch.sum(neighbor_entitys_embeddings ** 2, dim=1)
    #[batch_size, dim]
    output = square_of_sum - sum_of_square
    return output + target_embs
```

其餘的程式大家可自行查看，本次程式其餘部分與 4.4.2 節的程
式是一樣的，僅將 FMaggregator() 方法替代掉了 GAT4Rec 程式中的
multiHeadAttentionAggregator() 方法。

4.4.4 GFM 加入注意力機制的推薦演算法：GAFM

在深度學習的大環境下，注意力機制的利用屬於基本操作，GFM 也
可以加入注意力機制，加入注意力機制後變為 GAFM。公式可調整為

$$\text{agg}_{\text{AFM}}(h) = e_h + \sum_{i=1}^{n} \sum_{j=i+1}^{n} a_{ij} x_i \odot x_j \tag{4-23}$$

該公式是在 GFM 的基礎上增加了一個 a_{ij} 用以代表注意力。

為了簡單起見，本節內容就將使用者當作一個原子化的節點，僅考慮物品透過 GAFM 聚合特徵資訊的情況，圖 4-47 展示了 GAFM 整體的概覽圖。

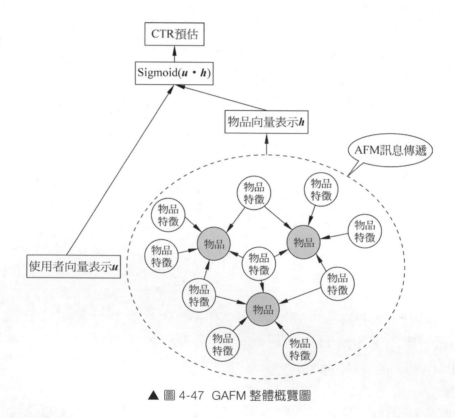

▲ 圖 4-47 GAFM 整體概覽圖

簡單理解是物品經圖神經網路的訊息傳遞後與使用者向量進行 CTR 預估。其中的核心也是本節內容的核心，即 AFM 訊息傳遞，但圖 4-47 並沒有空間可以展開展示。且 GAFM 訊息傳遞的方式可分為 3 種，分別對應不同的 3 種注意力計算方式。

1. GAFM_Base

第一種是最基礎的，如圖 4-48 所示。

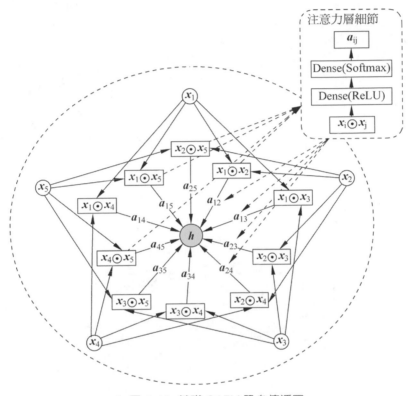

▲ 圖 4-48 基礎 GAFM 訊息傳遞圖

圖 4-48 中的中心節點 h 代表物品，週邊的 x_1、x_2、x_3、x_4、x_5 代表物品特徵，兩兩特徵全元素相乘後向中間傳遞。注意力的計算公式如下：

$$\text{Atten}_{\text{base}} = \text{Softmax}(h^T \text{ReLU}(W(x_i \odot x_j) + b)) \tag{4-24}$$

實際上是傳統 AFM 的注意力計算方式，h 和 W 都是線性變換矩陣，b 是偏置項。這些都是模型要學習的參數。

2. GAFM_Item

這種方式與第一種方式的區別主要在於計算注意力時加入了節點 h 自身的向量 e_h，即中心物品自身的向量表示，如圖 4-49 所示。

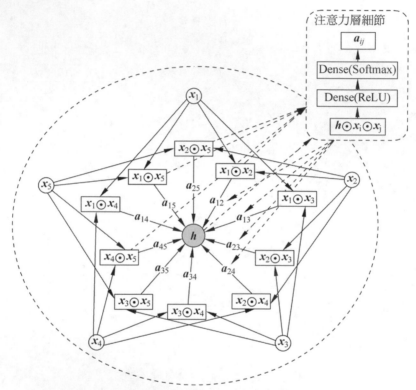

▲ 圖 4-49 將物品向量參與注意力計算的 GAFM 訊息傳遞圖

公式如下：

$$\text{Atten}_{\text{item}} = \text{Softmax}(h^{\text{T}}\text{ReLU}(W(e_h \odot x_i \odot x_j)+b)) \tag{4-25}$$

這種注意力物理上可認為是，越能代表中心節點 h 的組合特徵，注意力越大。

3. GAFM_User

第 3 種注意力計算方式則是加入了目標使用者 u 的向量 e_u，如圖 4-50 所示。

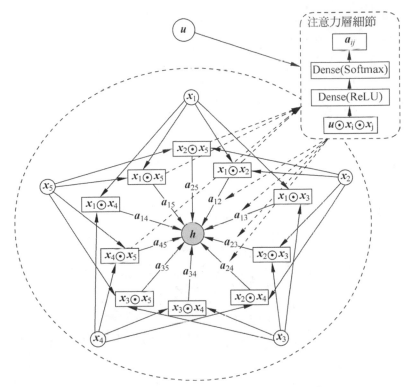

▲ 圖 4-50 將使用者向量參與 GAFM 計算的訊息傳遞圖

公式如下：

$$\text{Atten}_{\text{base}} = \text{Softmax}(h^{\text{T}}\text{ReLU}(W(e_u \odot x_i \odot x_j)+b)) \tag{4-26}$$

這種注意力物理上可認為是，使用者 u 越感興趣的特徵注意力則會越大。

GAFM 程式的位址為 recbyhand\chapter4\s44_GAFM.py。重點是下面這兩個，一個是注意力的計算函式 attention()，另一個是 gnnForward() 函

式，此函式包含了 3 種不同的 GAFM 訊息傳遞方式。具體的程式如下：

```python
#recbyhand\chapter4\s44_GAFM.py
# 注意力計算
def attention(self, embs, target_embs=None):
    #embs：[ batch_size, k ]
    #target_embs：[batch_size, k]
    if target_embs!=None:
        embs = target_embs * embs
    #[ batch_size, t ]
    embs = self.a_liner(embs)
    #[ batch_size, t ]
    embs = torch.ReLU(embs)
    #[ batch_size, 1 ]
    embs = self.h_liner(embs)
    #[ batch_size, 1 ]
    atts = torch.Softmax(embs, dim=1)
    return atts


def gnnForward(self, adj_lists, user_embs = None):
    n_hop = 0
    for df in adj_lists:
        if n_hop == 0:
            entity_embs = self.entitys(torch.LongTensor(df.values))
        else:
            entity_embs = self.__getEmbeddingByNeibourIndex(df.values,
neighborIndexs, aggEmbeddings)
        target_embs = self.entitys(torch.LongTensor(df.index))
        aggEmbeddings = self.FMaggregator(entity_embs)
        if self.atten_way == 'item':
            #item 參與注意力計算 [batch_size, dim]
            atts = self.attention(aggEmbeddings, target_embs)
            if n_hop<len(adj_lists):
                neighborIndexs = pd.DataFrame(range(len(df.index)), index =
df.index)
        elif self.atten_way == 'user':
            if n_hop<len(adj_lists):
                neighborIndexs = pd.DataFrame(range(len(df.index)), index =
```

```
df.index)
                #最後一層之前的注意力仍然採用 item 形式即可
                atts = self.attention(aggEmbeddings, target_embs)
            else:
                #使用者的向量參與注意力計算 [ batch_size, dim ]
                atts = self.attention(aggEmbeddings, user_embs)
        else:
            atts = self.attention(aggEmbeddings)
            if n_hop<len(adj_lists):
                neighborIndexs = pd.DataFrame(range(len(df.index)), index =
df.index)
            aggEmbeddings = atts * aggEmbeddings + target_embs
            n_hop +=1
    #[ batch_size, dim ]
    return aggEmbeddings
```

其餘的具體程式可去附帶程式中詳查。

4.4.5 小節總結

將 GAFM 與一些其他模型分別在不同量級的資料集上做評估實驗，實驗結果如表 4-5 所示。

表 4-5 GAFM 與各模型的 CTR 預估表現分

Model	Movielens-latest		Movielens-1m		Movielens-10m	
	AUC	F1	AUC	F1	AUC	F1
LR	0.827(−14.5%)	0.824(−11.2%)	0.783(−12.8%)	0.771(−8.3%)	0.781(−12.8%)	0.713(−11.5%)
ALS	0.885(−8.7%)	0.862(−7.4%)	0.75(−16.1%)	0.741(−11.3%)	0.804(−10.5%)	0.737(−9.1%)
FM	0.93(−4.2%)	0.889(−4.7%)	0.789(−12.2%)	0.768(−8.6%)	0.835(−7.4%)	0.754(−7.4%)
AFM	0.888(−8.4%)	0.852(−8.4%)	0.782(−12.9%)	0.774(−8.0%)	0.823(−8.6%)	0.745(−8.3%)
FNN	0.935(−3.7%)	0.899(−3.7%)	0.784(−12.7%)	0.768(−8.6%)	0.842(−6.7%)	0.76(−6.8%)
DeepFM	0.948(−2.4%)	0.907(−2.9%)	0.792(−11.9%)	0.776(−7.8%)	0.839(−7.0%)	0.759(−6.9%)
GCN4Rec	0.918(−5.4%)	0.878(−5.8%)	0.815(−9.6%)	0.785(−6.9%)	0.84(−6.9%)	0.761(−6.7%)
GAT4Rec	0.926(−4.6%)	0.885(−5.1%)	0.819(−9.2%)	0.784(−7.0%)	0.854(−5.5%)	0.773(−5.5%)
GAFMBase	0.968(−0.4%)	0.933(−0.3%)	0.876(−3.5%)	0.827(−2.7%)	0.906(−0.3%)	0.826(−0.2%)
GAFMItem	0.968(−0.4%)	0.932(−0.4%)	0.878(−3.3%)	0.83(−2.4%)	0.907(−0.2%)	0.826(−0.2%)
GAFMUser	**0.972**	**0.936**	**0.911**	**0.854**	**0.909**	**0.828**

因為不同的模型適合不同的量級，所以此次實驗採取了 3 種不同量級的 Movielens 資料集。分別是 Movielens-latest（包含 10 萬左右的使用者電影評分組合）、Movielens-1m(100 萬左右的組合) 和 Movielens-10m(1 千萬左右的組合)。

AUC 是 ROC 曲線與座標軸圍成的面積 , 是很常用的機器學習評估指標。F1 分數是精確度與召回率的調和平均數，表現的是精確率與召回率的綜合表現。AUC 和 F1 會在第 7 章的第 1 節詳細介紹。在此讀者只需知道這兩個值都是越接近 1 越好。

首先根據圖 4-51 可以發現 GCN 和 GAT 的表現其實與 FM 系列的模型差不多。這說明 FM 作為推薦演算法的基石並非沒有道理，像 GCN 與 GAT 雖然的確非常優秀，但它們並非是為了推薦而量身定做的演算法。

FM 與圖神經網路結合後，可以很直觀地發現 GAFM 的 3 個模型在評估指標上領先於其他模型，而在 GAFM 的 3 個模型中，表現最好的是 GAFM_User 模型，此模型採用的是將使用者向量參與注意力計算的訊息傳遞形式。

4.5 本章總結

本章學習了圖論及圖神經網路的基礎知識，當紮實地掌握了這些基礎知識後以圖為基礎的推薦演算法可以很容易地推導出來。當然圖論與圖神經網路的知識一定不止本書所講解的，大家如果要深入研究，則可尋找專門介紹圖論或專門介紹圖神經網路的書籍。本書帶讀者入門圖神經網路並以此為基礎做推薦演算法。

圖神經網路的重點在於訊息傳遞與圖採樣。

(1) 訊息傳遞機制其實在普通的深度學習網路中也同樣進行著,神經網路的每一層其實都在進行著它們特定方式的訊息傳遞。例如一個線性層是將輸入向量進行一個線性變化後傳遞給下一個網路層,循環神 經網路則將結合上一層輸出及當前層輸入樣本的訊息傳遞給下一個循環神 經網路單元。

圖神經網路的訊息傳遞是鄰居節點將自己的資訊傳遞給當前的節點,之後在當前節點位置的聚合操作就好像是普通神經網路中的池化操作。總而言之,訊息傳遞這個機制本身在圖神經網路與普通深度學習網路中其實沒有本質區別。圖神經網路之所以優秀主要還是因為圖本身所包含的資訊就已經是「答案」,所以即使是無監督的演算法也能夠統計出預測資訊。如果加入少量甚至適量的標註,則無疑對預測是錦上添花的行為,而圖神經網路演算法中的各種訊息傳遞方法都是為了學到圖所攜帶的資訊。

(2) 圖神經網路中另一個重點是圖採樣。身為一個演算法工程師,整理給模型的輸入資料一直都是很重要的課題,而在圖神經網路中因為不能讓資料遺失圖結構的資訊,所以採樣似乎會更麻煩。

圖採樣有相當多的方式及方法,即使是同一種方法,也有不止一種程式實現方式,且圖採樣還要考慮時間及空間複雜度,研發演算法時程式可以寫得隨意一點,但在後期最佳化階段,圖採樣往往在時空複雜度方面最佳化空間相當大,而極致最佳化下,圖採樣很可能會只適用於對應的圖神經網路,這是實際程式研發中經常出現的事情。

綜上所述,大家僅需掌握圖神經網路中的訊息傳遞與圖採樣,使用圖做推薦其實會比普通的推薦更容易且更加有效。

知識圖譜與推薦演算法

經過第 4 章的學習，大家應該已經對圖有了不錯的認識。知識圖譜也屬於一種圖，並且屬於異質圖。因為知識圖譜的節點類型與邊類型不止一個，在處理知識圖譜時，不能忽略邊本身的特徵。對於演算法工程師而言，知識圖譜這種異質圖顯然更複雜，但是在物理世界中，反而知識圖譜更貼近實際的應用場景，所以只懂得圖論及圖神經網路還不足以將自己稱為能夠處理圖的推薦演算法工程師。

本章會帶領大家學習更貼近實際場景的以知識圖譜為基礎的推薦演算法，但是知識圖譜其實並不是從圖論出發的知識，而是起源於 RDF 資源描述架構，所以以知識圖譜為基礎的推薦其實已發展多年，圖神經網路興起後再與圖神經網路結合便產生了知識圖譜結合圖神經網路的推薦演算法，如 KGCN 和 KGAT 等。這些推薦演算法出現之後，會使人感覺之前的一些知識圖譜推薦演算法略顯過時且繁瑣，但是整理過去的脈絡有助於大家更進一步地理解目前演算法的情況，以及未來其他基礎演算法或神經網路領域發展後大家能很快地跟上甚至引領其發展。

所以本章的前五節與圖神經網路無關，介紹的是知識圖譜推薦領域
的一些發展脈絡及出眾的演算法。尤其 5.1.1 節與 5.1.2 節是知識圖譜很
基礎的內容，希望大家不要跳過此部分內容。

5.1 知識圖譜基礎

5.1.1 知識圖譜定義

知識圖譜 (Knowledge Graph) 簡稱 KG，正如其名字一樣。知識圖譜
是表示知識的圖譜，圖 5-1 展示了一個知識圖譜的圖例。

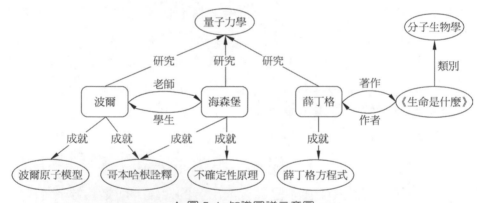

▲ 圖 5-1 知識圖譜示意圖

知識圖譜在圖論中屬於很複雜的異質圖，因為節點與邊的類型均大
於一，且重點是在做演算法時不能忽略邊所起的作用。知識圖譜是為了
給人類觀看而存在的，假設把圖 5-1 中所有的邊上的註釋遮蓋掉，則該圖
表示的資訊就很不直觀了。

通常知識圖譜是有向圖，對稱的邊往往會是不同的邊類型，例如圖
中 (波爾 老師 海森堡) 表示的是波爾是海森堡的老師，而與其對稱的
(海森堡 學生 波爾) 表示的是海森堡是波爾的學生。

可以用三元組來表示一對實體的關係，例如 (波爾 老師 海森堡) 被稱為三元組事實，而一整張知識圖譜則可以由很多三元組事實的集合表示。

5.1.2 RDF 到 HRT 三元組

資源描述架構 (Resource Description Framework, RDF) 是描述網路資源的 W3C 標準。W3C 指 WWW 聯盟 (World Wide Web Consortium)，W3C 標準也是網際網路資料傳輸要遵守的所有標準，RDF 是其中一個描述網路資源的標準。

在 2004 年 2 月，RDF 成為 W3C 標準之一。通俗地講，RDF 標準是一個試圖把天下所有資訊都以同一種方式描述的結構。這個結構就是後來俗稱的 RDF 三元組，簡單地說是三元組結構，在其發展過程中也有很多改革，但到今天，僅需要理解為它的表現形式是由 (頭實體，關係，尾實體) 組成的，即 (Head, Relation, Tail)，簡稱為 HRT 三元組。該結構形成了今天知識圖譜的資料形式。

回顧第 4 章的圖表示方法，可以發現三元組與邊集很相似，唯一不同的是中間多了邊的表示。假設 HRT 三元組是 $(1, a, 2)$、$(1, a, 3)$、$(1, b, 5)$、$(2, b, 4)$、$(3, c, 4)$，則由此表示的圖就如圖 5-2 所示。

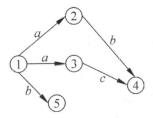

▲ 圖 5-2 三元組邊集

所以對於知識圖譜而言，是先有三元組後有圖，直到 2012 年 5 月 17 日，Google 公司正式提出了知識圖譜的概念。

5.1.3 知識圖譜推薦演算法與圖神經網路推薦演算法 的發展脈絡

知識圖譜推薦演算法與圖神經網路推薦演算法的發展脈絡如圖 5-3 所示。

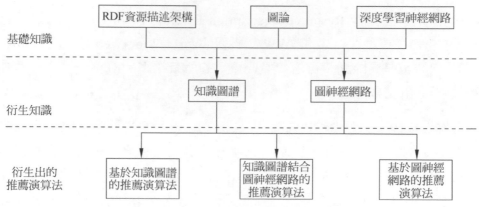

▲ 圖 5-3 知識圖譜與圖神經網路推薦演算法的發展脈絡圖

推薦演算法的確無孔不入，任何基礎知識都能衍生出推薦演算法，圖論本身也衍生出了推薦演算法，例如鏈路預測系列，而深度學習本身的推薦演算法就更多了。總而言之，這裡主要是讓大家搞清楚知識圖譜和圖神經網路的關係，知道它們各自都由不同領域發展而來且又匯聚在一起。

5.1.4 知識圖譜推薦演算法的概覽

首先需要提醒大家的是知識圖譜本身的基礎知識非常多，以知識圖譜為基礎的推薦演算法也很多。

如果要專門研究知識圖譜與知識圖譜推薦僅看本書是不夠的，但是本書的優勢在於掌握了非常基礎且非常重要的入門關鍵基礎知識，可以帶領大家整理瑣碎的推薦演算法知識。圖 5-4 是根據專業從事知識圖譜推

薦演算法的學者發表的一篇整體說明整理出的知識圖譜推薦演算法概覽圖。

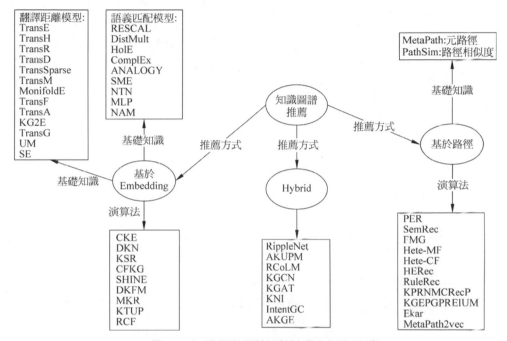

▲ 圖 5-4　知識圖譜推薦演算法業內概覽圖譜

學者整體將以知識圖譜為基礎的推薦演算法分成了三類。

(1) 以知識圖譜 Embedding 為基礎的推薦演算法。

該類演算法的基礎知識是知識圖譜 Embedding（簡稱 KGE，在 5.2 章會細講），僅 KGE 演算法就有很多，而這些是知識圖譜極其基礎的內容，並且並非是圖 Embedding，而是由 HRT 三元組為核心衍生出的一系列 Embedding 方法。

(2) 以知識圖譜路徑為基礎的推薦演算法。

此類演算法與圖論相關，因為需要用到圖路徑的基礎知識。

(3) HyBrid，即兩者結合。

此類演算法是圖路徑結合 KGE 的推薦演算法，值得注意的是如今以圖神經網路為基礎的知識圖譜推薦演算法也被分到了這裡。

當然以上僅是一種分類方式，大家完全可以自己建立自己的演算法分類索引，例如將結合圖神經網路的知識圖譜推薦演算法分為第四類。只有自己心目中有了自己的分類索引後，才能整理出屬於自己的推薦演算法系統，並且還能以此為基礎進一步細分之後更有助於自己學習推薦演算法及自己推導推薦演算法。

本書對於這些演算法的分類其實是這一章節的目錄。圖 5-5 展示的是本書的知識分類及準備介紹的演算法。

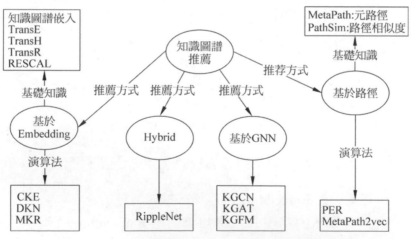

▲ 圖 5-5 知識圖譜推薦演算法（本書知識整理圖譜）

5.1.5 以知識圖譜推薦為基礎的優劣勢

1. 劣勢

(1) 前置知識太多，學習成本大。一個知識圖譜推薦演算法工程師起碼得掌握知識圖譜本身的基礎知識，也得對圖論有一定了解。目

前還需加上圖神經網路,所以相對於 ALS 或 FM 等簡單有效的演算法,以知識圖譜為基礎的推薦演算法前置知識實在太多。

(2) 量級較重,因為要做知識圖譜的推薦演算法需要先建立知識圖譜,這本身是一個大工程,中小型企業沒有這個餘力,也的確沒有必要這樣去建構推薦系統。因為中小型企業尤其是創業公司講究的是最小可執行原則,近鄰 CF+FM 可以快速將推薦系統架設起來。如果建立知識圖譜後再去建構推薦系統會顯得雷聲大雨點小。

2. 優勢

(1) 能夠更進一步地挖掘特徵間的隱藏連結,因為萬物都被圖譜連接著。

(2) 與圖的優勢一樣能更有效地描述不規則的資料。

(3) 可解釋性更好,因為知識圖譜本身是資料視覺化的一種操作,人類在看到圖時總能有一圖勝千言的感觸。深度學習下的推薦演算法往往會推薦出來與使用者特徵或使用者歷史瀏覽記錄看似毫無連結的物品。此時外行人便會懷疑推薦系統的可靠性,而如果有知識圖譜的存在,則可以沿著路徑找到被推薦物品和歷史記錄間的關係,進而提高推薦系統的可解釋性。

綜合來講,以知識圖譜為基礎的推薦系統一定不是輕量級的,但是如果要深入最佳化推薦系統,則以知識圖譜為基礎是非常好的選擇。

5.1.6 Freebase 資料集介紹

既然本章要學習的演算法是以知識圖譜為基礎的,僅靠 Movielens 的開放原始碼資料集會顯得不夠,所以需要專業的開放原始碼知識圖譜資料,比較合適的是 Freebase。

Freebase 是個類似維基百科的知識庫網站，Freebase 中的資料是結構化的，所以是提煉知識圖譜資料的絕佳網站，像一些知識圖譜開放原始碼的資料集 FB15k 和 FB237 等都來自 Freebase。

但 Freebase 僅是知識圖譜資料集，如果要學習推薦演算法，則還需要將這些 Freebase 資料與推薦系統開放原始碼資料做連接。本書附帶專案中的 recbyhand\data_set\ml-100k\kg_index.tsv 是透過 Freebase 與另外一個名為 Kb4rec 的開放原始碼專案結合後處理得到的資料集。

以知識資訊為基礎的推薦系統資料 (Knowledge Base Information For Recommender System, Kb4rec[2]) 是中國人民大學資訊學院的專案。此專案將知識圖譜資料與推薦開放原始碼資料做了一個連接，例如將 Movielens 資料集中的電影與 Freebase 中的實體建立了映射，如圖 5-6 所示。

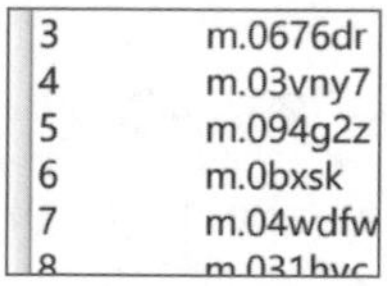

```
3        m.0676dr
4        m.03vny7
5        m.094g2z
6        m.0bxsk
7        m.04wdfw
8        m.031hvc
```

▲ 圖 5-6　Movielens id 映射 Freebase entity id

圖 5-6 中左邊的數字是 Movielens 中的電影 id，而右邊的 m. 開頭的那些字串便是這些電影在 Freebase 上對應的實體 id，所以有了這個映射表後，再透過一些處理便可以得到索引化的資料，如 kg_index.tsv，中間的過程不是本書的重點，所以就不講解了。

總之大家知道 kg_index.tsv 中的資料是來自 Freebase 的 HRT 三元組即可，而 H 與 T 包含了 Movielens 中的 movie 資料索引，範例程式中的資料已經將該檔案中的索引與 recbyhand\data_set\ml-100k\rating_index.tsv 及 recbyhand\data_set\ml-100k\rating_index_5.tsv 中的第二列 (電影的索引) 對應，表示 rating_index.tsv 中第二列的數字如果與 kg_index.tsv 中第一列或第三列的數字一樣，則表示它們在物理上代表著同一部電影。

5.2 Knowledge Graph Embedding 知識圖譜嵌入

接下來學習知識圖譜最基礎的知識，即知識圖譜嵌入 (Knowledge Graph Embedding, KGE)。知識圖譜嵌入指的是用向量表示知識圖譜中實體和關係的操作。作為知識圖譜最基礎的知識與圖論無關，而是透過 HRT 三元組相互間的運算訓練得到各自的向量表示。具體的訓練方法可分為兩個大類。

1. 翻譯距離模型 (Translational Distance Models)

翻譯距離模型是將 **Tail** 向量視作由 **Head** 向量經過 **Relation** 向量的翻譯距離所得到的，評分函式可認為向量間的歐氏距離。

2. 語義匹配模型 (Semantic Matching Models)

語義匹配模型是透過求 **Head** 向量經過 **Relation** 空間的線性變換後與 **Tail** 向量之間的語義相似度來評分的。評分函式可認為向量間的夾角大小。

知識圖譜嵌入在知識圖譜的學科中屬於一門大課，也有一個專門的研究方向。在推薦系統的書籍中不會講太多這方面的知識，但是本書會很詳細地介紹幾個最基礎的方法 TransE、TransH、TransR 和 RESCAL。翻譯距離模型可被視為 TransE 的變種，而語義匹配模型可被視為 RESCAL 的變種。

5.2.1 翻譯距離模型 TransE

TransE 全稱為 Translating Embeddings，直譯為翻譯嵌入。2013 年被提出，當時還沒有翻譯距離模型家族這種概念，所以 TransE 直接用了最籠統的名字。

假如 *h* (Head)、*r* (Relation) 和 *t* (Tail) 均是二維向量,則可假設它們在空間中的位置如圖 5-7 所示。

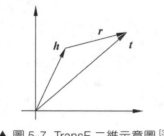

▲ 圖 5-7 TransE 二維示意圖 [3]

根據向量運算的規則,該圖表達的是 *h*+*r* = *t*,正如翻譯距離模型的定義一般,**Head** 向量經過了 **Relation** 向量的翻譯距離獲得了 **Tail** 向量。

是否可以直接寫出以下的式子作為 TransE 的損失函式呢?

$$\| h + r - t \|_2 \tag{5-1}$$

$\| X \|_2$ 是 L^2 範數的計算符號,即計算向量的模長。直觀上似乎公式 (5-1) 越接近 0 代表模型越好,因為這表示 *h*+*r* 越接近 *t*。的確如此,但是如果這麼做,隨著 *h*、*r* 和 *t* 這 3 個向量自身模長的減少,同樣能夠越來越接近 0。

所以需要採取負例採樣的方式來避免上述情況。具體的損失函式以下 [3]:

$$\text{loss} = \max(0, \| h + r - t \|_2 - \| h' + r - t' \|_2 + m) \tag{5-2}$$

其中 $(h,r,t) \in R^k$。k 是超參,代表它們的向量維度。$\max(0, x)$ 代表如果 x 比 0 大,則取 x,反之取 0,這一步操作的意義是為了避免出現負的損失值。理解這些之後,重點只剩下以下這個式子了:

$$\| h + r - t \|_2 - \| h' + r - t' \|_2 + m \tag{5-3}$$

其中，$\| h + r - t \|_2$ 這一項可視作由正採樣得到的向量模長，$\| h'$ $+ r - t' \|_2$ 這一項代表由負採樣得到的向量模長，h' 與 t' 代表由負採樣得到的 Head 和 Tail。m 是一個超參，是一個純量。因為期待由正採樣得到的向量模長越低越好，而由負採樣得到的向量模長越高越好，所以設定一個 m，代表它們的差距。在實際工作中對 m 的調參需要注意的是，如果 m 設得過大，則模型很難學，並且容易過擬合，但如果設得過小，則模型的精度不高。其實這種形式的損失函式叫作鉸鏈損失函式 (Hinge Loss)，公式如下：

$$hingeloss = \max(0, y - y' + m) \tag{5-4}$$

其中，y 是由正採樣得到的預測值，y' 是由負採樣得到的預測值。

負例採樣的具體的操作是在原有正例的基礎上，隨機替換一個 Head 或 Tail，注意每次僅需替換一個就可以了，具體會在之後的程式中詳細介紹。

另外值得一提的是，每次迭代時都將 h、r 和 t 的向量歸一化 (Normalize) 一下，幫助模型迭代學習，即將它們的 L^2 範數等於 1，記作 $\| h \|_2 = \| r \|_2 = \| t \|_2 = 1$。

TransE 模型類別的程式如下：

```
#recbyhand\chapter5\s21_TransE.py
class TransE(nn.Module):

    def __init__(self, n_entitys, n_Relations, dim = 128, margin = 1):
        super().__init__()
        self.margin = margin            # hinge_loss 中的差距
        self.n_entitys = n_entitys      # 實體的數量
        self.n_Relations = n_Relations  # 關係的數量
        self.dim = dim                  # Embedding 的長度

        # 隨機初始化實體的 Embedding
```

```
        self.e = nn.Embedding(self.n_entitys, dim, max_norm = 1)
        # 隨機初始化關係的 Embedding
        self.r = nn.Embedding(self.n_Relations, dim, max_norm = 1)

    def forward(self, X):
        x_pos, x_neg = X
        y_pos = self.predict(x_pos)
        y_neg = self.predict(x_neg)
        return self.hinge_loss(y_pos, y_neg)

    def predict(self, x):
        h, r, t = x
        h = self.e(h)
        r = self.r(r)
        t = self.e(t)
        score = h + r - t
        return torch.sum(score**2, dim = 1)**0.5

    def hinge_loss(self, y_pos, y_neg):
        dis = y_pos - y_neg + self.margin
        return torch.sum(torch.ReLU(dis))
```

　　值得注意的是前向傳播傳入的 *X* 為經過負例採樣包含正負例三元組的資料集，所以第一步是將正例 x_pos 與負例 x_neg 拆解開來。分別計算 TransE 的得分後傳入 hinge_loss() 函式中，以便輸出損失函式的值。

　　讀取資料及負例採樣的方法的位址為 recbyhand\chapter5\dataloader4kge.py，其中重要的程式如下：

```
#recbyhand\chapter5\dataloader4kge.py
from torch.utils.data import Dataset

# 繼承 torch 附帶的 Dataset 類別，重構 __getitem__ 與 __len__ 方法
class KgDatasetWithNegativeSampling(Dataset):

    def __init__(self, triples, entitys):
        self.triples = triples      # 知識圖譜 HRT 三元組
```

```
        self.entitys = entitys        # 所有實體集合串列

    def __getitem__(self, index):
        '''
        :param index：一批次採樣的串列索引序號
        '''
        # 根據索引取出正例
        pos_triple = self.triples[ index ]
        # 透過負例採樣的方法得到負例
        neg_triple = self.negtiveSampling(pos_triple)
        return pos_triple, neg_triple

    # 負例採樣方法
    def negtiveSampling(self, triple):
        seed = random.random()
        neg_triple = copy.deepcopy(triple)
        if seed > 0.5：# 替換 Head
            rand_Head = triple[0]
            while rand_Head == triple[0]：      # 如果採樣得到自己，則繼續迴圈
                # 從所有實體中隨機採樣一個實體
                rand_Head = random.sample(self.entitys, 1)[0]
                neg_triple[0] = rand_Head
        else：# 替換 Tail
            rand_Tail = triple[2]
            while rand_Tail == triple[2]:
                rand_Tail = random.sample(self.entitys, 1)[0]
            neg_triple[2] = rand_Tail
        return neg_triple

    def __len__(self):
        return len(self.triples)
```

該方法繼承自 torch.utils.data.Dataset，並重構了 __getitem__() 與 __len__() 方法。Dataset 實體可以傳入 torch.utils.data.DataLoader 作為批次採樣的迭代器。主要因為需要自己實現負例採樣，所以這種繼承 Dataset 類別的寫法會更方便。檔案中 __main__ 之後也有一段呼叫的例子，程式如下：

```
#recbyhand\chapter5\dataloader4kge.py
if __name__ == '__main__':
    # 讀取檔案，得到所有實體串列、所有關係串列，以及 HRT 三元組串列
    entitys, Relations, triples = readKGData()
    # 傳入 HRT 三元組與所有實體，得到包含正例與負例三元組的 Dataset
    train_set = KgDatasetWithNegativeSampling(triples, entitys)

    from torch.utils.data import DataLoader
    # 透過 torch 的 DataLoader() 方法按批次迭代三元組資料
    for set in DataLoader(train_set, batch_size = 8, shuffle=True):
        # 將正負例資料拆解開
        pos_set, neg_set = set
        # 可以列印一下
        print(pos_set)
        print(neg_set)
        sys.exit()
```

更完整的程式可在替定的位址查看。KGE 系列的方法主要為了得到實體與關係的 Embedding，平時會作為類似但不完全等於一個網路層而出現在各種知識圖譜演算法中，所以重點是實體與關係的 Embedding 可為後段工序服務，而並非預測 HingeLoss 本身。至於如何在推薦演算法中使用 KGE 本書會在後面講解。

5.2.2 翻譯距離模型 TransH

TransH 全 稱 為 Knowledge Graph Embedding by Translating on Hyperplanes[4]，直譯為在超平面上的知識圖譜詞嵌入。

由於 TransE 在一對多、多對一、多對多關係時或自反關係上效果不是很好，所以 TransH 被提出。

自反關係：指 Head 和 Tail 相同。例如：

(曹操、欣賞、曹操) 這是自反關係，(曹操、欣賞、司馬懿) 這不是自反關係。

一對一：指同一組 Head 和 Relation 只會對應一個 Tail。例如：
(司馬懿、妻子、張春華)，(諸葛亮、妻子、黃月英)。

一對多：指同一組 Head 和 Relation 會對應多個不同的 Tail。例如：
(司馬懿、兒子、司馬師)，(司馬懿、兒子、司馬昭)。

多對一：指多個 Head 會對應同一組 Relation 和 Tail。例如：
(司馬師、父親、司馬懿)，(司馬昭、父親、司馬懿)。

多對多：指多組 Head 和 Relation 對應多個 Tail。例如：
(司馬懿、懂得、孫子兵法)，(司馬懿、懂得、三略)，(司馬懿、懂得、六韜)。
(諸葛亮、懂得、孫子兵法)，(諸葛亮、懂得、三略)，(諸葛亮、懂得、六韜)。
(周公瑾、懂得、孫子兵法)，(周公瑾、懂得、三略)，(周公瑾、懂得、六韜)。

圖 5-8 區別了一對一與多對多的關係。

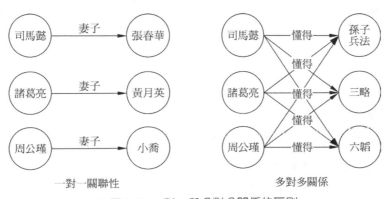

▲ 圖 5-8 一對一與多對多關係的區別

為什麼 TransE 會在一對多等關係上效果不好呢？例如這兩組關係，(司馬懿、兒子、司馬師)，(司馬懿、兒子、司馬昭)。因為兩組關係

中都存在實體「司馬懿」和關係「兒子」，如果只簡單考慮 $h + r = t$，則「司馬師」=「司馬懿」+「兒子」和「司馬昭」=「司馬懿」+「兒子」，所以「司馬師」=「司馬昭」，很顯然，這並不是我們想要的結果。

再例如自反關係，(曹操、欣賞、曹操)，「曹操」+「欣賞」= 曹操，所以「欣賞」= 0。如果非要說假如存在自反關係，Relation 就該為 0，則輪到計算 (曹操、欣賞、司馬懿) 時，如果將「欣賞」= 0 代入則會產生「曹操」=「司馬懿」的結果。當然 TransE 在實際迭代中不會這樣，其原因是因為 (曹操、欣賞、司馬懿) 這類的資料大機率會在訓練集中佔大多數，而 (曹操、欣賞、曹操) 會被它當作雜訊資料，所以對效果的影響較小。

為了解決上述問題，2014 年 TransH 模型被提出，其中心概念是對每個關係定義一個超平面 Wr，而 $h_\perp$ 與 $t_\perp$ 作為 h 和 t 在超平面上的投影，將 $h_\perp$ 與 $t_\perp$ 代替 h 與 t 並滿足：

$$\| h_\perp + r - t_\perp \|_2 = 0 \tag{5-5}$$

Trans 示意圖如圖 5-9 所示。

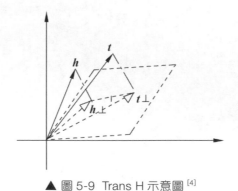

▲ 圖 5-9 Trans H 示意圖[4]

基礎知識——超平面與法向量

超平面是指將 n 維空間的維度分割為 n—— 一維度的子空間。例如一個三維空間可以被一個二維的平面分成不可相交的兩部分，一個四維的空間可被一個三維空間分為兩部分，所以乾脆就可以把負責分割空間的這個子空間統稱為「超平面」，「平面」可視作「二維超平面」，線可視作為「一維超平面」。

法向量是正交於超平面的向量，通俗點講是垂直，如圖 5-10 所示，所以一個超平面可對應無數個法向量。如果法向量的 L^2 範數等於 1，則稱為單位法向量。

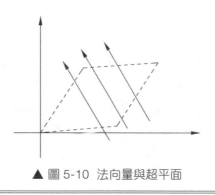

▲ 圖 5-10 法向量與超平面

這麼一來，像 (司馬懿、兒子、司馬師)，(司馬懿、兒子、司馬昭) 在 TransH 中就不需要「柏靈筠」的向量等於「靜姝」的向量了，僅需要它們在 W_r 上的投影相同。要知道投影相同不需要它們自身也相同，如圖 5-11 所示，a 向量與 b 向量在 x 軸上的投影雖相同，但 a 與 b 可以是兩個不同的向量。

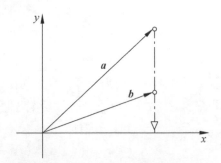

▲ 圖 5-11 將 a 和 b 向量投影到 x 軸

該如何在數學上完成在超平面投影這個操作呢？首先需定義一個 w_r，此 w_r 為 W_r 超平面的單位法向量，即 $\|w_r\|=1$。根據點積的定義：

$$h \cdot w_r = \|h\| \times \|w_r\| \times \cos\theta \tag{5-6}$$

其中，$h \cdot w_r$ 是點乘操作，即求內積，可表示為 $w_r^T h$。且因為 $\|w_r\|=1$，所以 $w_r^T h = \|h\| \times \cos\theta$，即 h 在 w_r 方向上的長度，用此長度，再乘以單位法向量 w_r，即是圖 5-12 中的向量 h_{wr}。

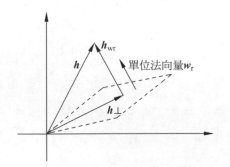

▲ 圖 5-12 將向量投影到超平面

所以 $h_{wr}=w_r^T h w_r$，從圖 5-14 中還可以看出 $h_\perp = h - h_{wr}$。對於 t 向量的投影操作一樣，所以最終 h 與 t 在超平面 w_r 上的投影 $h_\perp$ 和 $t_\perp$ 可表示為：

$$h_\perp = h - w_r^T h w_r$$
$$t_\perp = t - w_r^T h w_r \tag{5-7}$$

損失函式其餘的部分和 TransE 是一樣的，公式以下 [4]：

$$\text{hingeloss} = \max(0, \| \boldsymbol{h}_{\perp} + \boldsymbol{r} - \boldsymbol{t}_{\perp} \|_2 - \| \boldsymbol{h'}_{\perp} + \boldsymbol{r} - \boldsymbol{t'}_{\perp} \|_2 + m) \qquad (5\text{-}8)$$

本節程式的位址為 recbyhand\chapter5\s22_TransH.py。

TransH 的程式僅需要在 TransE 的基礎上略微改動，首先在 __init__ 函式中多初始化一個法向量的 Embedding。對於每個關係都會有一個對應的超平面空間，所以法向量 Embedding 的數量是關係的數量，而將維度設定為和實體關係向量的長度一樣即可，程式如下：

```
#recbyhand\chapter5\s22_TransH.py
# 隨機初始化法向量的 Embedding
self.wr = nn.Embedding(self.n_Relations, dim, max_norm = 1)
```

將 max_norm 設定為 1 自然就將該法向量規範為單位法向量了。

然後定義一個 Htransfer() 方法，進行公式 (5-7) 的計算過程。傳入的 *e* 和 wr 是一批次的實體 Embedding 與法向量 Embedding，程式如下：

```
#recbyhand\chapter5\s22_TransH.py
def Htransfer(self, e, wr):
    return e - torch.sum(e * wr, dim = 1, keepdim = True) * wr
```

此時對 predict() 函式進行修改，即進行公式 (5-8) 的計算過程，程式如下：

```
#recbyhand\chapter5\s22_TransH.py
def predict(self, x):
    h, r_index, t = x
    h = self.e(h)
    r = self.r(r_index)
    t = self.e(t)
    wr = self.wr(r_index)
    score = self.Htransfer(h, wr) + r - self.Htransfer(t, wr)
    return torch.sum(score**2, dim = 1)**0.5
```

程式其餘的部分和 TransE 一模一樣。

5.2.3 翻譯距離模型 TransR

TransR 並不是某個名字的簡稱,它的原論文名字是 Learning Entity and Relation Embeddings for Knowledge Graph Completion[5],2015 年提出。其中 R 代表的是 Relation Space,即關係向量空間的意思。為什麼會叫作 TransR?主要還是為了和 Translation Models 保持隊形。可以認為 TransR 的意思是以關係向量空間為基礎的知識圖譜嵌入 (Knowledge Graph Embedding by Translating on Relation Space)。

TransR 的示意圖如圖 5-13 所示。

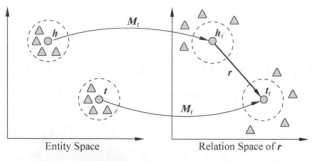

▲ 圖 5-13 TransR 示意圖 [5]

Trans R 的中心概念是將 h 和 t 向量映射到 r 向量空間,然後在 r 向量空間進行 $h+r-t=0$ 的操作。可記作:

$$\| h_r + r - t_r \|_2 = 0 \tag{5-9}$$

所謂的將 h 和 t 向量映射到 r 向量空間,其實是將 h 和 t 做一個線性變換,使它們的維度和 r 向量一樣,所以這就要求原本的 h、t 和 r 不在同一個向量空間。假設 h 和 t 的向量維度為 k,r 向量的維度為 d,則可將 h 和 t 點乘一個形狀為 $k \times d$ 的矩陣,使其維度變為 d 的 h_r 和 t_r 向量。以上這些操作可由以下的數學語言表示:

$$h_r = hM_r$$

$$t_r = tM_r$$

$$h, t \in R^k, r \in R^d, M_r \in R^{k \times d}, k \neq d \qquad (5\text{-}10)$$

損失函式其餘的部分和 TransE 是一樣的，公式以下 [5]：

$$\text{hingeloss} = \max(0, \| h_r + r - t_r \|_2 - \| h'_r + r - t'_r \|_2 + m) \qquad (5\text{-}11)$$

TransR 的映射操作與 TransH 的投影操作一樣具備解決 TransE 在一對多等關係上效果不好的問題，而 TransR 相較 TransH 的優勢就在於它假設了實體和關係是不同語義空間的向量。如果實體和關係在同一個語義空間，則訓練起來會將語義相似的實體訓練成在空間中很相近的向量，這等於沒有把知識圖譜嵌入的優勢表現出來，而如果關係向量在不同的語義空間，就能更進一步地訓練出同一個實體在不同關係中的差異。

當然 TransR 的劣勢也很明顯，雖然從公式上看 TransR 的操作過程比 TransH 更直接，但其實 TransR 的模型參數比 TransH 多很多。因為 TransH 中法向量的維度是 k，而 TransR 中矩陣的維度是 $k \times d$。

TransR 程式的位址為 recbyhand\chapter5\s23_TransR.py。仍然僅需要在 TransE 的基礎上略微改動，首先在 __init__() 函式中多初始化一個矩陣 M_r 的 Embedding。對於每個關係都會有一個對應的線性變化矩陣，所以矩陣 Embedding 的數量是關係的數量，而將維度設定為 k_dim×r_dim，所以這次除了需要傳入 h 和 t 的向量的維度超參 k_dim，還需要傳入超參 r_dim 作為 r 向量的維度，具體的程式如下：

```
#recbyhand\chapter5\s23_TransR.py
class TransR(nn.Module):
    def __init__(self, n_entitys, n_Relations, k_dim = 128, r_dim = 64 ,
margin = 1):
        super().__init__()
        self.margin = margin              # hinge_loss 中的差距
```

```
    self.n_entitys = n_entitys           # 實體的數量
    self.n_Relations = n_Relations       # 關係的數量
    self.k_dim = k_dim                   # 實體 Embedding 的長度
    self.r_dim = r_dim                   # 關係 Embedding 的長度
    # 隨機初始化實體的 Embedding
    self.e = nn.Embedding(self.n_entitys, k_dim, max_norm = 1)
    # 隨機初始化關係的 Embedding
    self.r = nn.Embedding(self.n_Relations, r_dim, max_norm = 1)
    # 隨機初始化變換矩陣
    self.Mr = nn.Embedding(self.n_Relations,k_dim*r_dim,max_norm=1)
```

然後定義一個 Rtransfer() 函式，傳入 *e* (實體的向量)，mr(r 對應的矩陣)。前兩行是將它們的形狀變為正確的形狀，torch.matmul() 方法在 PyTorch 框架中用於對三維張量的點乘操作。最後將 result 的形狀變為 (batch_size，r_dim),r_dim 是 *r* 向量的長度。這就完成了將實體向量映射到 *r* 向量空間的操作，程式如下：

```
#recbyhand\chapter5\s23_TransR.py
def Rtransfer(self, e, mr):
    #[ batch_size, 1, e_dim ]
    e = torch.unsqueeze(e, dim = 1)
    #[ batch_size, e_dim, r_dim ]
    mr = mr.reshape(-1, self.k_dim, self.r_dim)
    #[ batch_size, 1, r_dim ]
    result = torch.matmul(e, mr)
    #[ batch_size, r_dim ]
    result = torch.squeeze(result)
    return result
```

隨後將 predict() 函式重寫，即進行公式 (5-11) 的計算過程，程式如下：

```
#recbyhand\chapter5\s23_TransR.py
def predict(self, x):
    h, r_index, t = x
    h = self.e(h)
```

```
r = self.r(r_index)
t = self.e(t)
mr = self.Mr(r_index)
score = self.Rtransfer(h, mr) + r - self.Rtransfer(t, mr)
return torch.sum(score**2, dim = 1)**0.5
```

程式的其餘部分和 TransE 一模一樣。

5.2.4 其他翻譯距離模型

對於其他翻譯距離模型包括 TransE 等接下來用一句話簡單介紹一下。

TransE：用 $-\|h+r-t\|$ 作為評分函式，採取負例採樣，以正負例的差距作為損失函式，進而得出實體和關係的 Embedding。

TransH：將實體投影到超平面上再進行計算，解決 TransE 在多對多等關係上的缺陷。

TransR：與 TransH 不同的是，將實體投影到關係向量空間。

TransD：將 TransR 的映射矩陣分解為兩個向量的積，可理解為簡化了的 TransR。

TransSparse：在投影矩陣上強化稀疏性來簡化 TransR。

TransM：以另一種途徑最佳化 TransE 在一對多等關係中的缺陷，即對每個事實分配權重，一對多和多對多等事實會分配較小的權重，雖不如 TransH 和 TransR 那麼徹底，但優勢是模型訓練性較好。

ManifoldE：透過把 t 近似位於流形上，即以超球體為中心在 $h+r$ 處，半徑為 θ_r，而非接近於 $h+r$ 的點，進而最佳化一對多等問題。

TransF：透過最佳化 t 與 $(h+r)$ 的點積相似度與 $h(t-r)$ 的點積相似度來訓練 Embedding。

TransA：為每個關係 *r* 引入一個對稱的非負矩陣 M_r，並使用馬氏距離定義評分函式。

KG2E：實體和關係使用高斯分佈來表示。

TransG：實體採用高斯分佈，它認為關係具有多重語義，所以採用混合高斯分佈來表示。

UM(Unstructured model) 非結構化模型：TransE 的極簡版，直接將所有關係向量設定為 0。

SE(Structured Embedding) 結構化嵌入：透過兩個獨立的矩陣為每個關係 r 對頭尾實體進行投影。

表 5-1　翻譯距離模型總結 [7]

Method	Ent.Embedding	Rel.Embedding	Scoring function $f_r(h,t)$	Constraints/Regularization
TransE[14]	h, $t \in \mathbf{R}^d$	$r \in \mathbf{R}^d$	$-\|h+r-t\|_{1/2}$	$\|h\|_2=1, \|t\|_2=1$
TransH[15]	h, $t \in \mathbf{R}^d$	r, $w_r \in \mathbf{R}^d$	$-\|(h-w_r^\top hw_r)+r-(t-w_r^\top tw_r)\|_2^2$	$\|h\|_2 \leq 1, \|t\|_2 \leq 1$
TransR[16]	h, $t \in \mathbf{R}^d$	$r \in \mathbf{R}^k$, $M_r \in \mathbf{R}^{k \times d}$	$-\|M_r h+r-M_r t\|_2^2$	$\frac{\|w_r^\top r\|/\|r\|_2 \leq \varepsilon,\ \|w_r\|_2=1}{\|h\|_2 \leq 1, \|t\|_2 \leq 1, \|r\|_2 \leq 1}$
TransD[50]	h, $w_h \in \mathbf{R}^d$ t, $w_t \in \mathbf{R}^d$	r, $w_r \in \mathbf{R}^k$	$-\|(w_r w_h^\top+I)h+r-(w_r w_t^\top+I)t\|_2^2$	$\|M_r h\|_2 \leq 1, \|M_r t\|_2 \leq 1$ $\|h\|_2 \leq 1, \|t\|_2 \leq 1, \|r\|_2 \leq 1$ $\|(w_r w_h^\top+I)h\|_2 \leq 1$ $\|(w_r w_t^\top+I)t\|_2 \leq 1$
TransSparse[51]	h, $t \in \mathbf{R}^d$	$r \in \mathbf{R}^k$, $M_r(\theta_r) \in \mathbf{R}^{k \times d}$ $M_r^1(\theta_r^1)$, $M_r^2(\theta_r^2) \in \mathbf{R}^{k \times d}$	$-\|M_r(\theta_r)h+r-M_r(\theta_r)t\|_{1/2}^2$ $-\|M_r^1(\theta_r^1)h+r-M_r^2(\theta_r^2)t\|_{1/2}^2$	$\|h\|_2 \leq 1, \|t\|_2 \leq 1, \|r\|_2 \leq 1$ $\|M_r(\theta_r)h\|_2 \leq 1, \|M_r(\theta_r)t\|_2 \leq 1$ $\|M_r^1(\theta_r^1)h\|_2 \leq 1, \|M_r^2(\theta_r^2)t\|_2 \leq 1$
TransM[52]	h, $t \in \mathbf{R}^d$	$r \in \mathbf{R}^d$	$-\theta_r \|h+r-t\|_{1/2}$	$\|h\|_2=1, \|t\|_2=1$
ManifoldE[53]	h, $t \in \mathbf{R}^d$	$r \in \mathbf{R}^d$	$-(\|h+r-t\|_2^2-\theta_r^2)^2$	$\|h\|_2 \leq 1, \|t\|_2 \leq 1, \|r\|_2 \leq 1$
TransF[54]	h, $t \in \mathbf{R}^d$	$r \in \mathbf{R}^d$	$(h+r)^\top t+(t-r)^\top h$	$\|h\|_2 \leq 1, \|t\|_2 \leq 1, \|r\|_2 \leq 1$
TransA[55]	h, $t \in \mathbf{R}^d$	$r \in \mathbf{R}^d$, $M_r \in \mathbf{R}^{d \times d}$	$-(|h+r-t|)^\top M_r(|h+r-t|)$	$\|h\|_2 \leq 1, \|t\|_2 \leq 1, \|r\|_2 \leq 1$
KG2E[45]	$h \sim \mathcal{N}(\mu_h, \Sigma_h)$ $t \sim \mathcal{N}(\mu_t, \Sigma_t)$ μ_h, $\mu_t \in \mathbf{R}^d$ Σ_h, $\Sigma_t \in \mathbf{R}^{d \times d}$	$r \sim \mathcal{N}(\mu_r, \Sigma_r)$ $\mu_r \in \mathbf{R}^d$, $\Sigma_r \in \mathbf{R}^{d \times d}$	$-\mathrm{tr}(\Sigma_r^{-1}(\Sigma_h-\Sigma_t))-\mu^\top \Sigma_r^{-1}\mu-\ln\frac{\det(\Sigma_r)}{\det(\Sigma_h-\Sigma_t)}$ $-\mu^\top \Sigma^{-1}\mu-\ln(\det(\Sigma))$ $\mu=\mu_h+\mu_r-\mu_t$ $\Sigma=\Sigma_h+\Sigma_r-\Sigma_t$	$\|M_r\|_F \leq 1, [M_r]_{ij}=[M_r]_{ji} \geq 0$ $\|\mu_h\|_2 \leq 1, \|\mu_t\|_2 \leq 1, \|\mu_r\|_2 \leq 1$ $c_{\min}I \leq \Sigma_h \leq c_{\max}I$ $c_{\min}I \leq \Sigma_t \leq c_{\max}I$ $c_{\min}I \leq \Sigma_r \leq c_{\max}I$
TransG[46]	$h \sim \mathcal{N}(\mu_h, \sigma_h^2 I)$ $t \sim \mathcal{N}(\mu_t, \sigma_t^2 I)$ μ_h, $\mu_t \in \mathbf{R}^d$	$\mu_r^i \sim \mathcal{N}(\mu_t-\mu_h,\ (\sigma_h^2+\sigma_t^2)I)$ $r=\Sigma_i \pi_r^i \mu_r^i \in \mathbf{R}^d$	$\Sigma_i \pi_r^i \exp\left(-\frac{\|\mu_h-\mu_t-\mu_r^i\|_2^2}{\sigma_h^2+\sigma_t^2}\right)$	$\|\mu_h\|_2 \leq 1, \|\mu_t\|_2 \leq 1, \|\mu_r^i\|_2 \leq 1$
UM[56]	h, $t \in \mathbf{R}^d$	—	$-\|h-t\|_2^2$	$\|h\|_2=1, \|t\|_2=1$
SE[57]	h, $t \in \mathbf{R}^d$	M_r^1, $M_r^2 \in \mathbf{R}^{d \times d}$	$-\|M_r^1 h-M_r^2 t\|_1$	$\|h\|_2=1, \|t\|_2=1$

表 5-1 是截取自參考文獻 [7] 的對翻譯距離模型總結得非常好的一張表格。其中第四列的評分方程式中不少都加了負號。這是因為常識認為

一個值往往越高代表它表現越好，這裡也不例外，所以為了滿足常識的需要在這個表達評分時，諸如 ‖h+r-t‖ 這樣明明越小越好的值前加一個負號就能表述成 -‖h+r-t‖ 越大越好了。

5.2.5 語義匹配模型 RESCAL

RESCAL 的原論文名為 A Three-Way Model for Collective Learning on Multi-Relational Data[6]（以多關聯資料為基礎的集體學習三方模型），2011 年提出。所謂 Three-Way(三方) 指的是 h、r 和 t。具體的評分公式如下：

$$score(h,r,t) = h^T M_r t$$
$$h,t \in R^d, M_r \in R^{d \times d} \tag{5-12}$$

Head 與 Tail 分別作為 h 向量和 t 向量，Relation 作為矩陣維度為 $d \times d$ 的矩陣 M_r。對 h、t 和 M_r 都做歸一化處理，物理含義是 Head 的向量表示經過 Relation 空間的線性變換後與 Tail 的向量表示計算點積相似度。

與 TransE 等模型一樣，也需要進行負例採樣，h' 與 t' 代表負的 Head 與 Tail。最終的損失函式如下：

$$Hingeloss = max(0, -h^T M_r t + h'^T M_r t' + m) \tag{5-13}$$

再次提醒，雖然公式中同時存在 h' 與 t'，但負例採樣每次只需隨機替換一個 h 或 t，公式這樣寫是為了避免寫兩個差不多的公式。

另外，在 RESCAL 及其他語義匹配模型中與絕大多數翻譯距離模型不同的是，評分方程式得到的值越大越好，並不是越小越好，所以在 RESCAL 損失計算過程中正例伴隨的是一個負號，而負例伴隨的反而是一個正號。

　　RESCAL 程式的位址為 recbyhand\chapter5\s25_RESCAL.py。具體的
程式如下：

```
#recbyhand\chapter5\s25_RESCAL.py
class RESCAL(nn.Module):

    def __init__(self, n_entitys, n_Relations, dim = 128, margin = 1):
        super().__init__()
        self.margin = margin              # hinge_loss 中的差距
        self.n_entitys = n_entitys        # 實體的數量
        self.n_Relations = n_Relations    # 關係的數量
        self.dim = dim                    # Embedding 的長度

        # 隨機初始化實體的 Embedding
        self.e = nn.Embedding(self.n_entitys, dim, max_norm = 1)
        # 隨機初始化關係的 Embedding
        self.r = nn.Embedding(self.n_Relations, dim * dim, max_norm = 1)

    def forward(self, X):
        x_pos, x_neg = X
        y_pos = self.predict(x_pos)
        y_neg = self.predict(x_neg)
        return self.hinge_loss(y_pos, y_neg)

    def predict(self, x):
        h, r, t = x
        h = self.e(h)
        r = self.r(r)
        t = self.e(t)
        #[ batch_size, dim, 1 ]
        t = torch.unsqueeze(t, dim = 2)
        #[ batch_size, dim, dim ]
        r = r.reshape(-1, self.dim, self.dim)
        #[ batch_size, dim, 1 ]
        tr = torch.matmul(r, t)
        #[ batch_size, dim ]
        tr = torch.squeeze(tr)
        #[ batch_size ]
```

```
        score = torch.sum(h*tr, -1)
        return -score

    def hinge_loss(self, y_pos, y_neg):
        dis = y_pos - y_neg + self.margin
        return torch.sum(torch.ReLU(dis))
```

5.2.6 其他語義匹配模型

下面簡單地用一句話介紹一下其他語義匹配模型，包括 RESCAL。

RESCAL：將頭實體向量與關係矩陣點乘後與尾實體向量求點積相似度，用以評分函式。

DistMult：將關係矩陣簡化為對角矩陣，優點是效率極高，但過於簡化，只能處理對稱關係，不能完全適用於所有場景。

HolE(Holographic Embeddings)：使用迴圈相關操作，將 RESCAL 的表達能力與 DistMult 的效率相結合。

ComplEx(Complex Embeddings)：在 DistMult 的基礎上引入複數空間，非對稱關係三元組中的實體或關係也能在複數空間得到分數。

ANALOGY：以 RESCAL 為基礎的擴充，DistMult、HolE 和 ComplEx 都可歸為 ANALOGY 的特例。

圖 5-14 展示的是 4 個以神經網路為基礎的語義匹配模型。

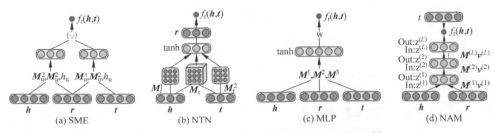

▲ 圖 5-14 以神經網路為基礎的語義匹配模型 [7]

SME：語義匹配能量模型，先在輸入層初始化 Head、Tail 和 Relation 的向量表示，然後關係向量與頭尾實體向量分別在隱藏層組合，最後輸出的是評分函式。

NTN：神經張量網路模型，在輸入層初始化 Head 和 Tail 的向量，然後將頭尾實體向量在隱藏層與關係張量組合，最後輸入評分函式。NTN 是目前最具表達能力的模型之一，但是參數過多，效率較差。

MLP：多層感知機，是最基礎的深度學習神經網路 MLP。Head、Tail 和 Relation 都在輸入層初始化 Embedding 後經過幾個隱藏層，最後輸出評分函式。

NAM：神經連結模型，在輸入層初始化 Head 和 Relation 的向量，經過一系列的隱藏層最終輸出的結果與 Tail 向量建立損失函式。當然 Tail 實體有時也會作為 Head 實體出現在輸入層，由此達到迭代學習的效果。

表 5-2 總結了語義匹配模型。

表 5-2 語義匹配模型總結 [7]

Method	Ent.Embedding	Rel.Embedding	Scoring function $f_r(h,t)$	Constraints/Regularization
RESCAL[13]	$h,t\in\mathbf{R}^d$	$M_r\in\mathbf{R}^{d\times d}$	$h^{\mathrm{T}}M_r t$	$\|h\|_2\leqslant1,\|t\|_2\leqslant1,\|M_r\|_F\leqslant1$ $M_r=\sum_i\pi_i^r u_i v_i^{\mathrm{T}}$(required in[17])
TATEC[64]	$h,t\in\mathbf{R}^d$	$r\in\mathbf{R}^d,M_r\in\mathbf{R}^{d\times d}$	$h^{\mathrm{T}}M_r t+h^{\mathrm{T}}r+t^{\mathrm{T}}r+h^{\mathrm{T}}Dt$	$\|h\|_2\leqslant1,\|t\|_2\leqslant1,\|r\|_2\leqslant1$ $\|M_r\|_F\leqslant1$
DistMult[65]	$h,t\in\mathbf{R}^d$	$r\in\mathbf{R}^d$	$h^{\mathrm{T}}\mathrm{diag}(r)t$	$\|h\|_2=1,\|t\|_2=1,\|r\|_2\leqslant1$
HolE[62]	$h,t\in\mathbf{R}^d$	$r\in\mathbf{R}^d$	$r^{\mathrm{T}}(h*t)$	$\|h\|_2\leqslant1,\|t\|_2\leqslant1,\|r\|_2\leqslant1$
ComplEx[66]	$h,t\in\mathbf{C}^d$	$r\in\mathbf{C}^d$	$\mathrm{Re}(h^{\mathrm{T}}\mathrm{diag}(r)\bar{t})$	$\|h\|_2\leqslant1,\|t\|_2\leqslant1,\|r\|_2\leqslant1$
ANALOGY[68]	$h,t\in\mathbf{R}^d$	$M_r\in\mathbf{R}^{d\times d}$	$h^{\mathrm{T}}M_r t$	$\|h\|_2\leqslant1,\|t\|_2\leqslant1,\|M_r\|_F\leqslant1$ $M_r M_r^{\mathrm{T}}=M_r^{\mathrm{T}}M_r$ $M_r M_{r'}=M_{r'}M_r$
SME[18]	$h,t\in\mathbf{R}^d$	$r\in\mathbf{R}^d$	$(M_u^1 h+M_u^2 r+b_u)^{\mathrm{T}}(M_v^1 t+M_v^2 r+b_v)$ $((M_u^1 h)\circ(M_u^2 r)+b_u)^{\mathrm{T}}((M_v^1 t)\circ(M_v^2 r)+b_v)$	$\|h\|_2=1,\|t\|_2=1$
NTN[19]	$h,t\in\mathbf{R}^d$	$r,b_r\in\mathbf{R}^k,\underline{M}_r\in\mathbf{R}^{d\times d\times k}$ $M_r^1,M_r^2\in\mathbf{R}^{k\times d}$	$r^{\mathrm{T}}\tanh(h^{\mathrm{T}}M_r t+M_r^1 h+M_r^2 t+b_r)$	$\|h\|_2\leqslant1,\|t\|_2\leqslant1,\|r\|_2\leqslant1$ $\|b_r\|_2\leqslant1,\|\underline{M}_r^{[:,:,i]}\|_F\leqslant1$ $\|M_r^1\|_F\leqslant1,\|M_r^2\|_F\leqslant1$
SLM[19]	$h,t\in\mathbf{R}^d$	$r\in\mathbf{R}^k,M_r^1,M_r^2\in\mathbf{R}^{k\times d}$	$r^{\mathrm{T}}\tanh(M_r^1 h+M_r^2 t)$	$\|h\|_2\leqslant1,\|t\|_2\leqslant1,\|r\|_2\leqslant1$ $\|M_r^1\|_F\leqslant1,\|M_r^2\|_F\leqslant1$
MLP[69]	$h,t\in\mathbf{R}^d$	$r\in\mathbf{R}^d$	$w^{\mathrm{T}}\tanh(M^1 h+M^2 r+M^3 t)$	$\|h\|_2\leqslant1,\|t\|_2\leqslant1,\|r\|_2\leqslant1$
NAM[63]	$h,t\in\mathbf{R}^d$	$r\in\mathbf{R}^d$	$f_r(h,t)=t^{\mathrm{T}}z^{(L)}$ $z^{(l)}=\mathrm{ReLU}(a^{(l)}),a^{(l)}=M^{(l)}z^{(l-1)}+b^{(l)}$ $z^{(0)}=[h;r]$	—

5.3 以知識圖譜嵌入為基礎的推薦演算法

了解完畢知識圖譜嵌入後，接下來學習以知識圖譜嵌入為基礎的推薦演算法。

5.3.1 利用知識圖譜嵌入做推薦模型的基本想法

首先來講解最簡單的想法，如圖 5-15 所示。

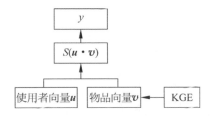

▲ 圖 5-15 利用 KGE 的推薦演算法模型的基本結構

圖 5-15 中的左半部分，是一個 ALS 的結構。用於隨機初始化使用者與物品的隱向量，進而求內積後做出評分預測，與真實的評分建立損失函式。圖 5-17 中的 $S(u \cdot v)$ 代表對 u 和 v 的內積做 Sigmoid。

右半部分代表用知識圖譜的 Embedding 影響物品向量，因為物品在知識圖譜中也是一個實體。具體怎麼做整體上有以下 3 種方法。

方法 1：用 KGE 方法事先訓練好所有的實體 Embedding，將實體中與使用者發生互動的物品 Embedding 去初始化物品隱向量。

方法 2：用 KGE 方法事先訓練好所有的實體 Embedding，將實體中與使用者發生互動的物品 Embedding 初始化物品隱向量。且固定住物品隱向量不迭代更新，僅更新使用者 Embedding 及其他模型參數。

方法 3：一邊訓練左半邊的推薦模型，一邊訓練知識圖譜資料中所有或部分實體，以及關係的 Embedding。

　　每種方法都有其優勢，方法 1 的優勢就在於簡單直接，物品向量獲得了知識圖譜的資訊，同時在訓練迭代的過程中也會學得越來越精準。

　　方法 2 相較於方法 1 的優勢就在於對冷啟動的幫助顯著，因為推薦模型所用的物品向量並不是和使用者發生關係的互動資料所訓練出的，而是知識圖譜嵌入所得的向量。只要新物品在知識圖譜中是一個實體，則直接可以用這個實體的向量作為這個物品的向量。當然缺點在於模型的收斂速率會降低甚至有些情況下學不出來有效的模型，原因就在於物品向量無法更新，僅更新的是使用者向量，如果物品數量與使用者數量的比例很失衡，則會比較難學。

　　方法 3 看似略微複雜，並且也不具備方法 2 可以解決冷啟動問題的能力，但是經實戰證明，方法 3 對於獲取知識圖譜資訊這方面要優於方法 1 和方法 2。因為方法 3 當中物品向量同時被使用者互動資料與知識圖譜資料更新著，有著你中有我，我中有你互相影響的感覺。如果知識圖譜的資料遠多於使用者互動資料，則只需取與使用者互動資料中物品相關的知識圖譜事實。

　　方法 3 具體的結構圖如圖 5-16 所示。

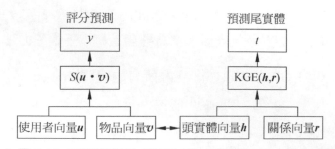

▲ 圖 5-16　知識圖譜嵌入與使用者評分預測同時進行的示意圖

　　圖 5-16 中右半部分代表的是 KGE 的訓練。⟷ 這樣一個箭頭表示的是物品向量 v 和頭實體向量 h 在同一個向量空間。當然物品向量 v 與尾實體向量 t 也在同一空間，因為頭尾實體的向量在同一個向量空間。

5.3.2 最簡單的知識圖譜推薦演算法 CKE

協作以知識嵌入為基礎的推薦系統 (Collaborative Knowledge Base Embedding for Recommender Systems, CKE)[8]，由微軟巨量資料研究中心和電子科技大學在 2016 年提出。CKE 嚴格來講不能說是一種演算法，應該算是一種概念。C 代表 Collaborative 即協作，而 KE 代表 Knowledge Base Embedding，即以知識為基礎的編碼。知識包含知識圖譜、文字資訊、影像資訊等。

這些資訊分別的編碼方式如下：

(1) 文字資訊，透過自然語言處理的方式編碼。

(2) 影像，透過電腦視覺的方式編碼。

(3) 知識圖譜的結構化資訊，自然是透過知識圖譜嵌入 (KGE) 的方式。

所以 CKE 最初本身囊括的東西很多，但是目前業內提到的 CKE 泛指用知識圖譜嵌入的方式進行 Embedding 輔助推薦的演算法。

5.3.1 節中的 3 種方法均是從 CKE 的概念中提煉而來，所以它們都被稱為 CKE 演算法。

本節具體實現 5.3.1 節中 3 種方法中的第 3 種方法，即聯合訓練的 CKE。為什麼不實現前兩個演算法呢？因為那兩個太簡單了。

首先由於是推薦預測與知識圖譜嵌入的聯合訓練，所以最終的損失函式會是推薦產生的損失函式與 KGE 產生的損失函式相加，公式如下：

$$loss = rec_{loss} + \alpha \cdot kge_{loss} \tag{5-14}$$

其中，recloss 是推薦預測產生的損失函式，目前採用最簡單的 ALS 推薦演算法，所以：

$$\text{rec}_{\text{loss}} = \text{BCELoss}(\text{sigmoid}(\boldsymbol{u} \cdot \boldsymbol{v}), y^{\text{true}})$$
$$\boldsymbol{u}, \boldsymbol{v} \in \mathbf{R}^k \tag{5-15}$$

其中，$\boldsymbol{u}$ 是使用者表示向量，$\boldsymbol{v}$ 是物品表示向量，y^{true} 是使用者與物品真實的互動標註。

kge_{loss} 是知識圖譜嵌入產生的損失函式，與所有聯合訓練一樣可以設一個超參 α 來調整輔助損失函式的權重。

KGE 的方法有很多，在此僅用一個 kge_loss(*) 函式來代替 KGE 方法所得的損失函式。公式如下：

$$\text{kg}_{\text{loss}} = \text{kge\_loss}(\boldsymbol{h}, \boldsymbol{r}, \boldsymbol{t})$$
$$\boldsymbol{h}, \boldsymbol{r}, \boldsymbol{t} \in \mathbf{R}^k \tag{5-16}$$

其中，$\boldsymbol{r}$ 是關係向量，$\boldsymbol{h}$ 和 $\boldsymbol{t}$ 分別是頭實體和尾實體的向量，物品向量 $\boldsymbol{v}$ 在知識圖譜中也是一個實體，所以 $\boldsymbol{v}$、$\boldsymbol{h}$ 和 $\boldsymbol{t}$ 都在同一個向量空間，當初始化 Embedding 時，僅需初始化一個 e(Entity)，即以實體的 Embedding 代替所有 $\boldsymbol{v}$、$\boldsymbol{h}$ 和 $\boldsymbol{t}$ 的 Embedding 即可，它們在數學上可表達為 $\boldsymbol{v} \cong \boldsymbol{h} \cong \boldsymbol{t} \cong e \in \mathbf{R}^k$。

聯合訓練版 CKE 的範例程式的位址為 recbyhand\chapter5\s32_cke.py。具體的程式如下：

```
#recbyhand\chapter5\s32_cke.py
class CKE(nn.Module):

    def __init__(self, n_users, n_entitys, n_Relations, e_dim = 128, margin =
1, alpha=0.2):
        super().__init__()
        self.margin = margin
        self.u_emb = nn.Embedding(n_users, e_dim)      # 使用者向量
        self.e_emb = nn.Embedding(n_entitys, e_dim)    # 實體向量
        self.r_emb = nn.Embedding(n_Relations, e_dim)  # 關係向量
```

```
    self.BCEloss = nn.BCELoss()

    self.alpha = alpha                                #kge 損失函式的計算權重

def hinge_loss(self, y_pos, y_neg):
    dis = y_pos - y_neg + self.margin
    return torch.sum(torch.ReLU(dis))

#kge 採用最基礎的 TransE 演算法
def kg_predict(self, x):
    h, r, t = x
    h = self.e_emb(h)
    r = self.r_emb(r)
    t = self.e_emb(t)
    score = h + r - t
    return torch.sum(score**2, dim = 1)**0.5

# 計算 kge 損失函式
def calculatingKgeLoss(self, kg_set):
    x_pos, x_neg = kg_set
    y_pos = self.kg_predict(x_pos)
    y_neg = self.kg_predict(x_neg)
    return self.hinge_loss(y_pos, y_neg)

# 推薦採取最簡單的 ALS 演算法
    def rec_predict(self, u, i):
    u = self.u_emb(u)
    i = self.e_emb(i)
    y = torch.sigmoid(torch.sum(u*i, dim = 1))
    return y

# 計算推薦損失函式
def calculatingRecLoss(self, rec_set):
    u, i ,y = rec_set
    y_pred = self.rec_predict(u, i)
    y = torch.FloatTensor(y.detach().NumPy())
    return self.BCEloss(y_pred, y)
```

```
# 前向傳播
def forward(self, rec_set, kg_set):
    rec_loss = self.calculatingRecLoss(rec_set)
    kg_loss = self.calculatingKgeLoss(kg_set)
    # 分別得到推薦產生的損失函式與 kge 產生的損失函式加權相加後傳回
    return rec_loss + self.alpha*kg_loss
```

其中前向傳播時會傳入兩個參數，分別叫作 rec_set 與 kg_set，rec_set 是批次採樣得到的使用者、物品、標註三元組資料，而 kg_set 是包含正負例的知識圖譜三元組，與 5.2 節中學習 KGE 時的那個知識圖譜三元組是一樣的。

所以這是一種聯合採樣的操作，在使用 PyTorch 的 DataLoader 進行批次採樣時，會用一個 zip 方法來同時採樣 rec_set 與 kg_set，範例程式如下：

```
#recbyhand\chapter5\s32_cke.py
from torch.utils.data import DataLoader
# 同時採樣使用者物品三元組及知識圖譜三元組資料，因計算過程中互相獨立，所以 batch_size 可設
# 成不一樣的值
for rec_set, kg_set in tqdm(zip(DataLoader(train_set, batch_size = rec_
batchSize, shuffle = True),DataLoader(kgTrainSet, batch_size = kg_batchSize,
shuffle = True))):
    optimizer.zero_grad()
    loss = net(rec_set, kg_set)
```

值得一提的是，因為推薦預測與知識圖譜嵌入用的是同一套 Embedding，而在後續計算過程中其實是相對獨立的，所以在批次採樣時可設定不一樣的 batch_size。

5.3.3 CKE 擴充及演化

目前實現的 CKE 程式實際上處在過擬合狀態，因為程式僅是最簡單地實現一下模型結構而已，並沒有加入更多的 (例如 Drop Out 等) 緩

解過擬合的操作，抑或是加幾個隱藏層來使模型更具備泛化能力，如圖 5-17 所示。

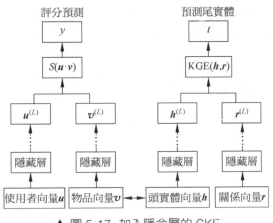

▲ 圖 5-17　加入隱含層的 CKE

　　大家也可以嘗試其他不同的變化，例如想辦法加入某種注意力機制等。也可以嘗試用不同的 KGE 方法來試試效果。

　　其實目前實現的 CKE 是用 KGE 的方法影響 ALS 中物品的隱向量。且前文講過 CKE 嚴格來講不是演算法，而是一種概念，這種概念是 CKE 的全名「協作以知識嵌入為基礎的推薦系統」，所以大家可以以此概念為基礎擴充及演化出各種演算法。例如將使用者作為一個實體融入知識圖譜中，把使用者與物品之間的互動當作知識圖譜中使用者實體與物品實體之間的關係。

　　而在 2019 年，上海交通大學與微軟亞洲研究中心推出的演算法是在 CKE 概念的基礎上的一種相當好的演化。

5.3.4　加強知識圖譜資訊的影響：MKR

　　多工特徵學習知識圖譜增強推薦 (Multi-Task Feature Learning for Knowledge Graph Enhanced Recommendation, MKR)[9] 由上海交通大學與

微軟亞洲研究中心在 2019 年提出。多工是説推薦預測和 KGE 兩個任務同時進行。

MKR 的模型結構如圖 5-18 所示。

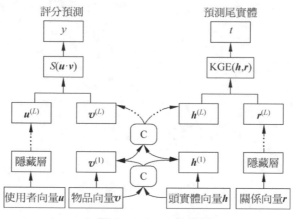

▲ 圖 5-18　MKR 結構圖

其實是在加入隱藏層的 CKE 的基礎上，將物品向量和頭實體向量用一個 C 單元去更新，而 C 單元的結構如圖 5-19 所示。

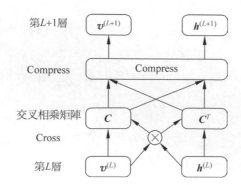

▲ 圖 5-19　MKR 中的 Cross&Compress 單元

這個 C 單元被稱為 Cross&Compress 單元。意為交叉與壓縮，交叉代表物品向量與實體向量全元素相乘。壓縮是指將向量做一些映射操作。

圖 5-19 可理解為第 $L+1$ 層的物品向量和實體向量是由第 L 層的物品向量和實體向量經過交叉與壓縮的操作得到。具體的計算過程如下。

設第 L 層的物品向量 $\boldsymbol{v}_l = [v_l^1,\ v_l^2 \cdots v_l^d]$。頭實體向量 $\boldsymbol{h}_l = [h_l^1,\ h_l^2 \cdots h_l^d]$，則 C 單元中第 L 層的 Cross($\boldsymbol{C}_l$) 的計算公式以下 [9]：

$$C_l = v_l h_l^{\mathrm{T}} = \begin{bmatrix} v_l^1 h_l^1 & \cdots & v_l^1 h_l^d \\ \vdots & & \vdots \\ v_l^d h_l^1 & \cdots & v_l^d h_l^d \end{bmatrix} \tag{5-17}$$

$\boldsymbol{C}_l$ 的維度是 $d \times d$，然後進行所謂的壓縮操作，其實也是透過一個全連接層將輸入向量維度重新恢復至 $d \times 1$。可以暫且用一個更簡單的方程式來表示，則壓縮層，即 Compress 層的計算公式如下：

$$\text{Compress}(C_l) = \sigma(C_l w_l + b_l)$$
$$w_l \in \mathbf{R}^d, b_l \in \mathbf{R}^d \tag{5-18}$$

其中，$\sigma(\cdot)$ 表示任意啟動函式，如 ReLU 和 Sigmoid 等。針對不同向量會有不同的權重和偏置項，下面用 $\boldsymbol{w}_l^v$ 和 $\boldsymbol{b}_l^v$ 表示第 L 層針對物品向量 $\boldsymbol{v}$ 的壓縮單元權重及偏置項。$\boldsymbol{w}_l^v$ 和 $\boldsymbol{b}_l^v$ 表示第 L 層針對實體向量 $\boldsymbol{h}$ 的壓縮單元權重及偏置項，則 C 單元第 $L+1$ 層的輸出計算公式如下：

$$v_{l+1} = \sigma(C_l w_l^v + b_l^v)$$
$$h_{l+1} = \sigma(C_l w_l^h + b_l^h) \tag{5-19}$$

作者為了進一步增加知識圖譜資訊的影響，別出心裁地將 $\boldsymbol{C}_l$ 進行了一個轉置，得到 $\boldsymbol{C}_l^{\mathrm{T}}$，然後將 $\boldsymbol{C}_l^{\mathrm{T}}$ 也制定了權重，這麼一來水平方向和垂直方向的線性變換就都有了，所以總共有 4 個 $\boldsymbol{w}$ 和 2 個 $\boldsymbol{b}$。公式以下 [9]：

$$v_{l+1} = C_l w_l^{vv} + C_l^{\mathrm{T}} w_l^{hv} + b_l^v$$
$$h_{l+1} = C_l w_l^{vh} + C_l^{\mathrm{T}} w_l^{hh} + b_l^h \tag{5-20}$$

可以用一個 $C(\cdot)$ 來代替公式 (5-17) 到公式 (5-20) 的過程，則

$$v_L, h_L = C^L(v, h) \tag{5-21}$$

相比 C 單元，其餘位置的迭代就容易多了。假設 $M(\cdot)$ 代表一個全連接層的函式 (通常是 $y = \sigma(wx+b)$)，模型的層數總共為 L 層，則使用者向量 u 和尾實體向量 t 的迭代公式如下：

$$u_L = M_u^L(u)$$

$$t_L = M_t^L(t) \tag{5-22}$$

注意：圖 5-20 中雖然畫的是關係向量 r 經隱藏往上迭代，但如果 KGE 的方法是翻譯距離模型，則通常迭代的是尾實體向量 t。

之後計算損失函式的公式組如下：

$$\text{rec}_{\text{loss}} = \text{rec\_loss\_function}(\sigma(u_L \cdot v_L), y^{\text{true}})$$

$$\text{kge}_{\text{loss}} = \text{kge\_loss\_function}(h_L, r, t_L)$$

$$\text{loss} = \text{recloss} + \alpha \cdot \text{kge}_{\text{loss}}$$

$$u, v, h, r, t \in \mathbf{R}^d \tag{5-23}$$

其中，rec_{loss} 是評分預測損失函式，kge_{loss} 是知識圖譜嵌入 (KGE) 損失函式，MKR 是一個評分預測與 KGE 的聯合訓練，而 α 是 KGE 損失函式的計算權重。

公式就寫到這裡，實際上在程式實現中會有很多技巧，下面就來帶大家用最基礎的程式實現。

MKR 在附帶程式中的位址為 recbyhand\chapter5\s34_MKR.py。

先定義一個類別，名稱為 CrossCompress()，以此來作為 C 單元，程式如下：

```
#recbyhand\chapter5\s34_MKR.py
class CrossCompress(nn.Module):
```

```python
    def __init__(self, dim):
        super(CrossCompress, self).__init__()
        self.dim = dim

        self.weight_vv = init.xavier_uniform_(Parameter(torch.empty(dim, 1)))
        self.weight_ev = init.xavier_uniform_(Parameter(torch.empty(dim, 1)))
        self.weight_ve = init.xavier_uniform_(Parameter(torch.empty(dim, 1)))
        self.weight_ee = init.xavier_uniform_(Parameter(torch.empty(dim, 1)))

        self.bias_v = init.xavier_uniform_(Parameter(torch.empty(1, dim)))
        self.bias_e = init.xavier_uniform_(Parameter(torch.empty(1,dim)))

    def forward(self, v, e):
        #[ batch_size, dim ]
        #[ batch_size, dim, 1 ]
        v = v.reshape(-1, self.dim, 1)
        #[ batch_size, 1, dim ]
        e = e.reshape(-1, 1, self.dim)
        #[ batch_size, dim, dim ]
        c_matrix = torch.matmul(v, e)
        #[ batch_size, dim, dim ]
        c_matrix_transpose = torch.transpose(c_matrix, dim0 = 1, dim1=2)
        #[ batch_size * dim, dim ]
        c_matrix = c_matrix.reshape((-1, self.dim))
        c_matrix_transpose = c_matrix_transpose.reshape((-1,self.dim))
        #[batch_size, dim]
        v_output = torch.matmul(c_matrix, self.weight_vv) + torch.matmul(c_matrix_transpose, self.weight_ev)
        e_output = torch.matmul(c_matrix, self.weight_ve) + torch.matmul(c_matrix_transpose, self.weight_ee)
        #[batch_size, dim]
        v_output = v_output.reshape(-1, self.dim) + self.bias_v
        e_output = e_output.reshape(-1, self.dim) + self.bias_e
        return v_output, e_output
```

然後定義 MKR 的主類別，它的初始化方法如下，為了更進一步地讓大家理解演算法的原理，範例程式盡可能會寫得直接一點。

```
#recbyhand\chapter5\s34_MKR.py
class MKR(nn.Module):

    def __init__(self, n_users, n_entitys, n_Relations, dim = 128, margin =
1, alpha=0.2, DropOut_prob=0.5):
        super().__init__()
        self.margin = margin
        self.u_emb = nn.Embedding(n_users, dim)        # 使用者向量
        self.e_emb = nn.Embedding(n_entitys, dim)      # 實體向量
        self.r_emb = nn.Embedding(n_Relations, dim)    # 關係向量

        self.user_dense1 = DenseLayer(dim, dim, DropOut_prob)
        self.user_dense2 = DenseLayer(dim, dim, DropOut_prob)
        self.user_dense3 = DenseLayer(dim, dim, DropOut_prob)
        self.Tail_dense1 = DenseLayer(dim, dim, DropOut_prob)
        self.Tail_dense2 = DenseLayer(dim, dim, DropOut_prob)
        self.Tail_dense3 = DenseLayer(dim, dim, DropOut_prob)
        self.cc_unit1 = CrossCompress(dim)
        self.cc_unit2 = CrossCompress(dim)
        self.cc_unit3 = CrossCompress(dim)

        self.BCEloss = nn.BCELoss()

        self.alpha = alpha #kge 損失函式的計算權重
```

其中除了三層 C 單元外，還包含了三層使用者全連接層與三層尾實體全連接層，全連接層的具體結構如下：

```
#recbyhand\chapter5\s34_MKR.py
# 附加 DropOut 的全連接網路層
class DenseLayer(nn.Module):

    def __init__(self, in_dim, out_dim, DropOut_prob):
        super(DenseLayer, self).__init__()
        self.liner = nn.Linear(in_dim, out_dim)
        self.drop = nn.DropOut(DropOut_prob)

    def forward(self, x, isTrain):
```

```
out = torch.ReLU(self.liner(x))
if isTrain:#訓練時加入 DropOut,防止過擬合
out = self.drop(out)
return out
```

　　加入 DropOut 主要是為了防止過擬合,像 MKR 這種模型參數眾多且屬於聯合訓練的神經網路,資料量少時極容易過擬合,所以一些防止過擬合的技巧還是很需要的。

　　為了突出 MKR 的模型結構,這次 KGE 方法僅採用最簡單的 TransE,TransE 部分的程式如下:

```
#recbyhand\chapter5\s34_MKR.py
def hinge_loss(self, y_pos, y_neg):
    dis = y_pos - y_neg + self.margin
    return torch.sum(torch.ReLU(dis))

#kge 採用最基礎的 TransE 演算法
def TransE(self, h, r, t):
    score = h + r - t
    return torch.sum(score**2, dim = 1)**0.5
```

　　重點的前向傳播方法的程式如下:

```
#recbyhand\chapter5\s34_MKR.py
# 前向傳播
def forward(self, rec_set, kg_set, isTrain = True):
    # 推薦預測部分的提取,初始 Embedding
    u, v ,y = rec_set
    y = torch.FloatTensor(y.detach().NumPy())
    u = self.u_emb(u)
    v = self.e_emb(v)

    # 分開知識圖譜三元組的正負例
    x_pos, x_neg = kg_set

    # 提取知識圖譜三元組正例 h、r 和 t 的初始 Embedding
```

```
h_pos, r_pos, t_pos = x_pos
h_pos = self.e_emb(h_pos)
r_pos = self.r_emb(r_pos)
t_pos = self.e_emb(t_pos)

# 提取知識圖譜三元組負例 h、r 和 t 的初始 Embedding
h_neg, r_neg, t_neg = x_neg
h_neg = self.e_emb(h_neg)
r_neg = self.r_emb(r_neg)
t_neg = self.e_emb(t_neg)

# 將使用者向量經三層全連接層傳遞
u = self.user_dense1(u, isTrain)
u = self.user_dense2(u, isTrain)
u = self.user_dense3(u, isTrain)

# 將 KG 正例的尾實體向量經三層全連接層傳遞
t_pos = self.Tail_dense1(t_pos, isTrain)
t_pos = self.Tail_dense2(t_pos, isTrain)
t_pos = self.Tail_dense3(t_pos, isTrain)

# 將物品與 KG 正例頭實體一同經三層 C 單元傳遞
v, h_pos = self.cc_unit1(v, h_pos)
v, h_pos = self.cc_unit2(v, h_pos)
v, h_pos = self.cc_unit3(v, h_pos)

# 計算推薦預測的預測值及損失函式
rec_pred = torch.sigmoid(torch.sum(u*v, dim = 1))
rec_loss = self.BCEloss(rec_pred, y)

# 計算 KG 正例的 TransE 評分
kg_pos = self.TransE(h_pos, r_pos, t_pos)
# 計算 KG 負例的 TransE 評分，注意負例的實體不要與物品向量一同經 C 單元
kg_neg = self.TransE(h_neg, r_neg, t_neg)
# 計算 KGE 的 hing loss
kge_loss = self.hinge_loss(kg_pos, kg_neg)

# 將推薦產生的損失函式與 KGE 產生的損失函式加權相加後傳回
return rec_loss + self.alpha * kge_loss
```

相信這個完全按順序結構撰寫的程式的可讀性應該是不錯的，並且
註釋也很詳細，這裡就不做過多的解釋了。另外要講的是 MKR 在預測時
有一點麻煩，因為 MKR 中的 C 單元同時輸入物品向量和那一批次的知識
圖譜頭實體向量迭代更新。假設要預測一個使用者與一個給定物品間的
評分，則也得尋找一個頭實體一同輸入模型中才能有效預測出結果。解
決方案是用該物品同時作為頭實體輸進去，所以如果需要預測，需要在
MKR 的類別中再定義一個預測的方法，程式如下：

```
#recbyhand\chapter5\s34_MKR.py
# 測試時用
def predict(self, u, v, isTrain = False):
    u = self.u_emb(u)
    v = self.e_emb(v)
    u = self.user_dense1(u, isTrain)
    u = self.user_dense2(u, isTrain)
    u = self.user_dense3(u, isTrain)
    # 第一層輸入 C 單元的 KG 頭實體，即物品自身
    v, h = self.cc_unit1(v, v)
    v, h = self.cc_unit2(v, h)
    v, h = self.cc_unit3(v, h)
    return torch.sigmoid(torch.sum(u*v, dim = 1))
```

最後還有值得一提的是在同時採樣知識圖譜資料和推薦三元組資料
時 batch_size 必須一致，因為 C 單元中物品與頭實體的計算過程是相互
干涉的，所以要求張量維度一致。

程式的其餘部分是些常規操作，大家可自行查看附帶程式。

5.3.5 MKR 擴充

實際工作中的調參自然會把原型變得五花八門，這裡介紹一個針對
MKR 比較有效且也比較實用的擴充，如圖 5-20 所示。

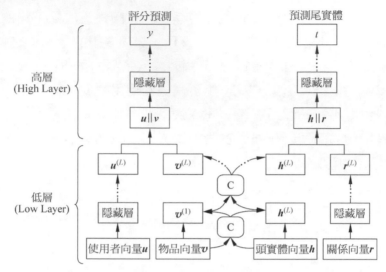

▲ 圖 5-20 MKR 高低層

　　將模型結構分為高低兩層，低層與原型一樣具有若干個 (可自由設定個數) 的隱藏層，即全連接層及 C 單元，不同的是引入了高層的概念。

　　先看左半邊，高層中的第一層是將低層輸出的使用者向量和物品向量拼接 (‖ 是向量拼接的符號) 起來，然後又經一個多層感知機的網路，當然層數可自由設定，這裡最後一個全連接層輸入的維度可以是 1，也是直接取那個值與真實的評分建立損失函式。當然這麼做的好處無非是進一步提高模型的泛化能力。

　　右半邊的知識圖譜如果感覺翻譯距離系列的演算法不太方便，則可以採取語義匹配模型的演算法概念。例如將低層的頭實體向量與關係向量都輸出到高層，然後將它們拼接起來，同樣經一套多層感知機的網路，而此時最後一個全連接層的輸出向量應該等於尾實體向量，然後將最後一層的輸出向量作為尾實體的預測歸一化後與真實的尾實體求點擊相似度，進而建立損失函式。

當然並不存在什麼真實的尾實體向量，所謂真實的尾實體向量也許是前幾輪迭代過的頭實體向量或從沒迭代過的實體向量，所以為了使模型的效果更好，務必注意知識圖譜不可以被做成有向無環圖，或有向無環的節點要盡可能少，因為這種節點如果只作為尾實體，則無法迭代更新。

另外還要強調的是，不管採取什麼知識圖譜嵌入的方法，都要採取負例採樣。這是新手甚至有的老手也常會忽略的事情。其實左半邊的使用者物品評分預測也有負例採樣，在訓練集中一定有某個使用者與某個物品的評分是 0，如果全部都是正例，則該模型預測所有使用者物品評分時都會輸出 1。知識圖譜嵌入訓練也是一樣的道理，如果全部都是正例，則最後預測實體向量與真實實體向量的點積相似度就只會為 1，而使用者物品互動資料集中天生具備著負例樣本，所以大家不太需要去手動地人造負例樣本，但知識圖譜訓練集中並不存在負例，所以必須人造一些負例樣本，當遇到負例時，讓它們的點積相似度為 0，這樣模型才可以訓練起來。

5.3.6 針對更新頻率很快的新聞場景知識圖譜推薦演算法：DKN

如果被推薦物品來不及建立知識圖譜，例如即時更新速度很快的新聞那該怎麼利用知識圖譜資訊呢？

雖然這樣的物品無法即時建立知識圖譜，但是新聞所包含的內容可以事先建立知識圖譜，所以處理的想法是先對新聞內容或標題進行實體辨識，然後將這些實體用 KGE 的方式以事先建立好為基礎的實體知識圖譜學出向量表示 (Embedding)，將這些 Embedding 做拼接等操作代替被推薦新聞的 Embedding 進行後段計算，圖 5-21 展現了這段話的想法。

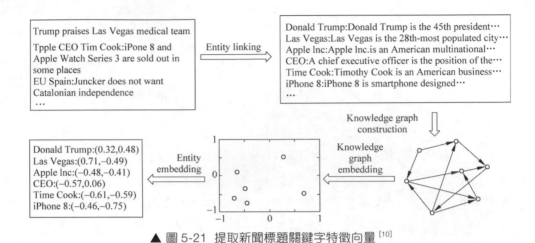

▲ 圖 5-21 提取新聞標題關鍵字特徵向量[10]

上海交通大學與微軟亞洲研究中心在 2018 年針對新聞場景提出了專門的推薦演算法，DKN：Deep Knowledge-Aware Network for News Recommendation[10]，其網路結構如圖 5-22 所示。

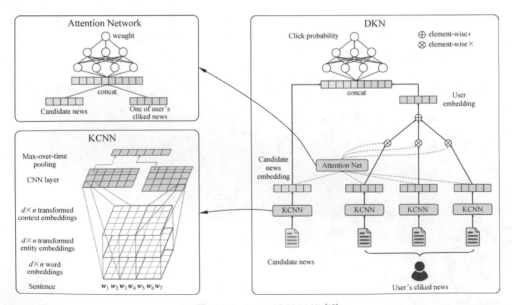

▲ 圖 5-22 DKN 網路結構[10]

　　每筆新聞都用一個名為 KCNN 的單元做 Embedding 處理，KCNN 的全名為 Knowledge-aware CNN。一個單層的 KCNN 是將新聞內容中包含的每個實體的向量拼接成實體數量 × 向量維度形狀的矩陣之後，進行卷積和池化得到一個向量的操作，如圖 5-23 所示。

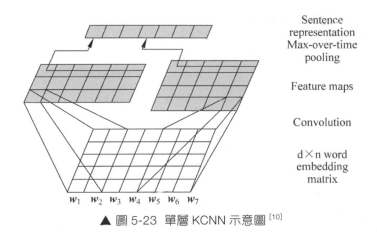

Sentence representation
Max-over-time pooling

Feature maps

Convolution

d×n word embedding matrix

w_1　w_2　w_3　w_4　w_5　w_6　w_7

▲ 圖 5-23 單層 KCNN 示意圖 [10]

　　代表實體的 Embedding 可以用不同的 KGE 方式計算組成多通道的三維張量再進行卷積，就像圖 5-22 的左下模組所示。且不僅是知識圖譜嵌入得到的 Embedding，用其他手段，例如基礎 Graph Embedding 甚至是自然語言處理 (NLP) Embedding 的方式得到的多種 Embedding 都可以拼接成多通道的張量，然後進行 CNN 的訊息傳遞。

　　所以透過 KCNN 的方式可以聚合出目標物品，即那個新聞的 Embedding，使用者 Embedding 是由使用者點擊過的新聞經過 KCNN 處理後加權求和得到。權重是點擊歷史新聞各自與目標新聞經注意力機制計算得到的注意力。

　　最後目標新聞 Embedding 與使用者 Embedding 拼接後經過幾輪全連接層最終得到該使用者對該新聞的點擊預測，這是全部的 DKN 演算法的過程。

5.4 以知識圖譜路徑為基礎的推薦演算法

路徑是圖論的概念,所以以知識圖譜路徑為基礎的推薦演算法是將知識圖譜當作圖來對待了,但是知識圖譜不是簡單的圖,而是屬於比較複雜的異質圖。異質圖指節點類型+邊類型>2的圖,所謂節點類型在知識圖譜中是實體的類型,例如使用者實體、電影實體、演員實體等。邊類型指關係的類型,例如「使用者 - 電影」關係,「演員 - 電影」關係。這些類型的數量自然非常繁多。

因為有著各種類型的節點及邊,也就表示連接著不同類型節點和邊的路徑似乎也可以當作所謂不同類型的路徑來對待,所以在學習以知識圖譜推薦演算法之前為基礎,得先了解一個異質圖的基礎概念,即元路徑。

5.4.1 元路徑

元路徑 (Meta-Path)[12] 可以視為連接不同類型節點的一條路徑,不同的元路徑會有不同的路徑類型,而所謂路徑類型通常是用節點類型路徑來表示的。節點類型路徑是指由節點類型作為節點的普通同構圖路徑。例如「使用者→電影→演員」是指連接使用者節點、電影節點和演員節點的元路徑類型。

下面結合圖 5-24 來說明來源路徑。

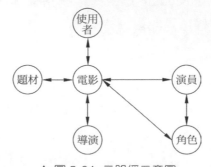

▲ 圖 5-24 元路徑示意圖

如圖 5-24 所示，假如要給使用者推薦電影，則元路徑類型可以分為以下幾種。

電影→題材→電影：給使用者推薦同題材的電影。

電影→導演→電影：給使用者推薦同導演的電影。

電影→演員→電影：給使用者推薦同演員的電影。

電影→角色→電影：給使用者推薦同角色的電影，例如兩部電影中都有孫悟空這樣的角色。

電影→使用者→電影：給使用者推薦相似使用者看過的電影，相當於協作過濾。

甚至還可以包括以下這些更長的路徑。

電影→角色→演員→電影：例如該使用者看過的電影《大話西遊》中有個角色是孫悟空，演過該角色的演員還有六小齡童，於是給使用者推薦六小齡童出演的《財迷》電影。

電影→演員→角色→演員→電影：例如該使用者看過的電影《大話西遊》中有個演員是周星馳，周星馳還演過角色唐伯虎，演過唐伯虎的還有演員黃曉明，於是給使用者推薦黃曉明主演的電影《風聲》。

當然元路徑越長推薦影響的比重一定會越低，有的模型可以學習出使用者更偏愛哪條元路徑的推薦，但不會設定較長的元路徑去影響模型的效率，一般情況下，選擇長度為 3 的對稱元路徑即可。

對稱元路徑指的是例如電影→題材→電影和電影→演員→角色→演員→電影這種按中間節點對稱的路徑。非對稱情況則例如電影→演員→角色和電影→角色→演員。

5.4.2 路徑相似度 (PathSim)

在對稱元路徑的前提下，可以求出頭尾節點的路徑相似度 (PathSim)。該任務可被描述為例如求《功夫》和《功夫熊貓》在元路徑「電影→演員→電影」下的路徑相似度。

路徑相似度的公式以下 [13]：

$$s(x,y) = \frac{2 \times |\{p_{x \to y} : p_{x \to y} \in P\}|}{|\{p_{x \to x} : p_{x \to x} \in P\}| + |\{p_{y \to y} : p_{y \to y} \in P\}|} \tag{5-24}$$

其中，$s(x,y)$ 指節點 x 與節點 y 之間的路徑相似度。分子上的 $|\{p_{x \to y} : p_{x \to y} \in P\}|$ 代表在元路徑 P 的情況下，節點 x 與節點 y 之間的路徑數量，所以也就是說節點間路徑數量越多，代表它們越相似，而分母上的那兩項，是節點 x 和節點 y 在元路徑 P 的情況下回到自身的總路徑數量，將這兩項放在分母的位置相當於是在做歸一約束。

以元路徑「導演→電影→題材→電影→導演」來舉個例子，目標是求取導演間的相似度。假設有導演張三、李四、王五、趙六。題材有懸疑、喜劇、愛情。電影是什麼不重要，只需記錄導演在某個題材上拍過的電影數量，假設每個導演與每個題材間的電影數量如表 5-3 所示。

表 5-3 路徑相似度說明表

導演	懸疑	喜劇	愛情
張三	5	2	0
李四	2	3	5
王五	0	0	10
趙六	5	2	0

可以將表格中的資料做成如圖 5-25 所示的圖譜。

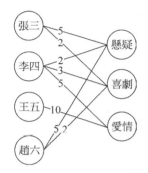

▲ 圖 5-25　路徑相似度圖例

由圖 5-25 可以很方便地看到，張三有 5 條路徑通往懸疑，李四有 2 條路徑通往懸疑，所以張三和李四之間的有關懸疑的總路徑數是 5×2= 10 條。依此類推，張三與李四有關喜劇的路徑數有 2×3=6 條，有關愛情的路徑數為 0×5=0 條，則分子上的 $|\{p_{x \to y} : p_{x \to y} \in P\}|$ 這一欄是 10+6+0=16。

張三回到張三自身的路徑數共 5×5+2×2=29 條。李四同理。把所有的計算寫下來，張三和李四間的相似度是：

$$s（張三，李四）= \frac{2 \times (5 \times 2 + 2 \times 3 + 0 \times 5)}{(5 \times 5 + 2 \times 2) + (2 \times 2 + 3 \times 3 + 5 \times 5)} \approx 0.478$$

代入公式可以將所有導演間的兩兩相似度求出來。

如果這樣一個一個算嫌麻煩，則可將張三看作向量 [5,2,0]。將李四看作向量 [2,3,5]，則 $p_{張三 \to 李四}$ 就是兩個向量間的點乘。$p_{張三 \to 張三}$ 也可以視為是張三向量自己與自己的點乘。

所以導演和題材之間的共現表格可以看作一個矩陣。記作：

$$M = \begin{bmatrix} 5 & 2 & 0 \\ 2 & 3 & 5 \\ 0 & 0 & 10 \\ 5 & 2 & 0 \end{bmatrix}$$

用這個矩陣點乘它的轉置可以得到一個交換矩陣 (Commuting Matrix) 記作:

$$\mathbf{CM} = \boldsymbol{M} \cdot \boldsymbol{M}^{\mathrm{T}} = \begin{bmatrix} 5 & 2 & 0 \\ 2 & 3 & 5 \\ 0 & 0 & 10 \\ 5 & 2 & 0 \end{bmatrix} \cdot \begin{bmatrix} 5 & 2 & 0 & 5 \\ 2 & 3 & 0 & 2 \\ 0 & 5 & 10 & 0 \end{bmatrix} = \begin{bmatrix} 29 & 16 & 0 & 29 \\ 16 & 38 & 50 & 16 \\ 0 & 50 & 100 & 0 \\ 29 & 16 & 0 & 29 \end{bmatrix} \quad (5\text{-}25)$$

有了這個交換矩陣 CM, 計算路徑相似度就會變得相當方便,實體 x 和實體 y 之間的路徑相似度的公式可以用另一種形式表達,公式如下:

$$s(x,y) = \frac{2 \times \mathbf{CM}_{xy}}{\mathbf{CM}_{xx} + \mathbf{CM}_{yy}} \quad (5\text{-}26)$$

本節程式的位址為 recbyhand\chapter5\s42_pathSim.py

利用交換矩陣得到兩個實體 e1 和 e2 之間的相似度的程式如下:

```
#recbyhand\chapter5\s42_pathSim.py
import numpy as np

M=np.mat([[5,2,0],
        [2,3,5],
        [0,0,10],
        [5,2,0]])
# 根據共現矩陣求兩個實體間的路徑相似度
def getPathSimFromCoMatrix(e1,e2,M):
    CM = np.array(M.dot(M.T))# 得到交換矩陣
    return 2*CM[e1][e2]/(CM[e1][e1]+CM[e2][e2])
```

若需要節省記憶體而不需要使用交換矩陣的計算形式,則程式如下:

```
#recbyhand\chapter5\s42_pathSim.py
# 根據點乘的方法求兩個實體間的路徑相似度
def getPathSimFromMatrix(e1,e2,M):
    up=2*M[e1].dot(M[e2].T)
```

```
down=M[e1].dot(M[e1].T)+M[e2].dot(M[e2].T)
return float(up/down)
```

得到所有實體間的兩兩相似度矩陣的程式如下：

```
#recbyhand\chapter5\s42_pathSim.py
# 根據共現矩陣得到所有實體的相似度矩陣
def getSimMatrixFromCoMatrix(M):
    CM=M.dot(M.T)
    a=np.diagonal(CM)
    nm=np.array([a+i for i in a])
    return 2*CM/nm
```

當然如果硬體條件不好，別説交換矩陣了，共現矩陣也沒有辦法載入進記憶體裡，則只能先得到鄰接表（共現矩陣也可視為鄰接矩陣），假設有三元組資料如下：

```
triples =[[0,5,0],
        [0,2,1],
        [1,2,0],
        [1,3,1],
        [1,5,2],
        [2,10,2],
        [3,5,0],
        [3,2,1]]
```

則得到鄰接表的程式如下：

```
#recbyhand\chapter5\s42_pathSim.py
import collections
# 根據三元組得到鄰接表
def getAdjacencyListByTriples(triples):
    al=collections.defaultdict(dict)
    for h,r,t in triples:
        al[h][t]=r
    return al
```

鄰接表如下：

```
{0:{0:5, 1:2}, 1:{0:2, 1:3, 2:5}, 2:{2:10}, 3:{0:5, 1:2}}
```

此鄰接表是 {實體 id, {實體 id, 關係權重}} 這樣的形式。

透過鄰接表得到兩個實體間路徑相似度的程式如下：

```
#recbyhand\chapter5\s42_pathSim.py
# 得到自元路徑數量
def getSelfMetaPathCount(e,al):
    return sum(al[e][i]**2 for i in al[e])

# 得到兩個實體間的元路徑數
def getMetaPathCountBetween(e1,e2,al):
    return sum([al[e1][i]*al[e2][i] for i in set(al[e1]) & set(al[e2])])

# 求兩個實體間的路徑相似度
def getPathSimFromAl(e1,e2,al):
    up=getMetaPathCountBetween(e1,e2,al)
    s1=getSelfMetaPathCount(e1,al)
    s2=getSelfMetaPathCount(e2,al)
    down=s1+s2
    return 2*up/down
```

透過鄰接表得到所有實體路徑相似度矩陣的程式如下：

```
#recbyhand\chapter5\s42_pathSim.py
# 根據鄰接表求所有實體間的路徑相似度
def getSimMatrixFromAl(al,n_e):
    selfMPC={}
    for e in al:
        selfMPC[e]=getSelfMetaPathCount(e,al)
    simMatrix=np.zeros((n_e,n_e))
    for e1 in al:
        for e2 in al:
```

```
simMatrix[e1][e2]=2*getMetaPathCountBetween(e1,e2,al)\
                    /(selfMPC[e1]+selfMPC[e2])
return simMatrix
```

5.4.3 學習元路徑的權重：PER

PER 全名為 Personalized Entity Recommendation[14]，又名 HeteRec，是最基礎的以元路徑為基礎的推薦方式，提出於 2014 年。

首先作者定義了一個名為使用者偏好擴散 (User Preference Diffusion) 的概念，設推薦以元路徑為基礎的格式為使用者→物品→ * →物品，前半部分的使用者→物品是使用者與物品的歷史互動資料，可被理解為使用者偏好。後半部分物品→ * →物品表示物品與其他物品間的路徑相似度，可被理解為使用者互動過的物品在知識圖譜中沿著某條元路徑的偏好擴散。

假設要得到使用者 u，與物品 v 以某條元路徑 P 情況下為基礎的偏好擴散分數，則基礎的公式以下 [14]：

$$s(u,v \mid P) = \sum_{i}^{I|u} r(u,v_i) \times \text{PathSim}(v_i,v) \tag{5-27}$$

其中，PathSim(v_i,v) 是物品 v_i 和 v 之間的路徑相似度。$I \mid u$ 表示使用者 u 互動過的資料。$r(u,v_i)$ 表示使用者與該物品的互動情況，如果能判斷為喜愛，則 $r(u,v_i) = 1$，如果不喜愛，則 $r(u,v_i) = 0$。

例如在元路徑為使用者→電影→演員→電影的情況下，如圖 5-26 所示。

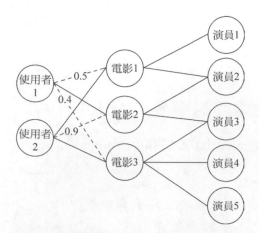

圖 5-26 中的虛線代表使用者與電影間的偏好擴散預測。例如在預測使用者 1 與電影 1 的偏好擴散分數時，可以觀察到在三部電影中，使用者 1 只有與電影 2 有正向互動，而電影 2 與電影 1 透過演員 2 互通。電影 1 透過演員有 2 條自回路徑，電影 2 也有 2 條自回路徑，所以電影 1 與電影 2 的路徑相似度是：

$$\text{PathSim}(\text{電影 } 1, \text{電影 } 2) = \frac{2 \times 1}{2 + 2} = 0.5$$

再將使用者與電影的互動資料代入公式 (5-27)，最終可得使用者 1 與電影 1 以元路徑使用者→電影→演員→電影為基礎的偏好擴散分數等於 0.5。

由於已經有方式得到某一條元路徑下的使用者偏好分數，所以之後可用標註資料將使用者針對某條元路徑的偏好權重學出來，公式以下 [14]：

$$r^{\text{pred}}(u, v) = \sum_{P}^{L} w_{P} s(u, v \mid P) \tag{5-28}$$

其中 L 代表所有元路徑，w_{P} 是元路徑 P 對應的權重。

值得一提的是，作者在論文中還提到可用矩陣分解的方法來分解每條元路徑下的使用者偏好擴散矩陣。所謂使用者偏好擴散矩陣指遍歷所有使用者用公式 (5-27) 計算得到在元路徑 P 下，它們對每個物品的偏好擴散分數。所有的擴散分數可形成一個使用者數量 × 物品數量維度的使用者偏好擴散矩陣，記作 M_P。

對 M_P 進行矩陣分解後，得到使用者隱向量矩陣 $U^P \in \mathbf{R}^{m \times d}$ 與物品隱向量矩陣 $V^P \in \mathbf{R}^{n \times d}$。其中 m 是使用者數量，n 是物品數量，d 是隱向量維度，則公式 (5-28) 可修改為 [14]

$$r^{\mathrm{pred}}(u,v) = \sum_{P}^{L} w_P U_u^P \cdot V_v^P \tag{5-29}$$

這麼做的好處是提高了模型的泛化能力。

接下來查看 PER 的程式，程式的位址為 recbyhand\chapter5\s43_per.py。

首先定義一種方法，將知識圖譜三元組事實資料按照關係分開，每種關係代表不同的元路徑類型，程式如下：

```
#recbyhand\chapter5\s43_per.py
# 將事實按照關係分開，代表不同的元路徑
def splitTriples(kgTriples, movie_set):
    '''
    :param kgTriples：知識圖譜三元組
    :param movie_set：包含所有電影的
    '''
    metapath_triples = {}
    for h, r, t in tqdm(kgTriples):
        if h in movie_set:
            h, r, t = int(h), int(r), int(t)
            if r not in metapath_triples:
                metapath_triples[ r ] = [ ]
```

```
        metapath_triples[ r ].append([ h, 1, t ])
    return metapath_triples
```

因為 PER 需要實體間的路徑相似度，為了避免記憶體溢位，所以可以用鄰接表代替實體鄰接矩陣，所以先用三元組資料組合成鄰接表，然後用鄰接表取得相似度矩陣。程式中的 s42_pathsim 是 5.4.3 節中路徑相似度的程式，具體的程式如下：

```
#recbyhand\chapter5\s43_per.py
from chapter5 import s42_pathSim
# 得到所有元路徑下的實體鄰接表
def getAdjacencyListOfAllRelations(metapath_triples):
    print(' 得到所有元路徑下的實體鄰接表 ...')
    r_al = {}
    for r in tqdm(metapath_triples):
        r_al[ r ] = s42_pathSim.getAdjacencyListByTriples(metapath_triples[ r ])
    return r_al


    # 得到所有元路徑下的電影實體相似度矩陣
    def getSimMatrixOfAllRelations(metapath_al, movie_set):
        print(' 計算實體相似度矩陣 ...')
        metapath_simMatrixs = { }
        for r in tqdm(metapath_al):
            metapath_simMatrixs[r]=\
                s42_pathSim.getSimMatrixFromAl(metapath_al[r], max(movie_set)+1)
        return metapath_simMatrixs
```

有了實體間的路徑相似度矩陣，就可以按照 PER 的方法計算使用者偏好擴散矩陣了。首先定義一個 PER 的類別，在 init() 方法中的程式如下：

```
#recbyhand\chapter5\s43_per.py
class PER(nn.Module):

    def __init__(self,kgTriples, user_set, movie_set, recTriples, dim=8):
```

```
        super(PER, self).__init__()
        # 以不同關係作為不同的元路徑切分知識圖譜三元組事實
        metapath_triples = splitTriples(kgTriples, movie_set)
        # 根據切分好的三元組資料得到各個元路徑下的鄰接表
        metapath_al = getAdjacencyListOfAllRelations(metapath_triples)
        # 根據鄰接表得到各個元路徑下的路徑相似度矩陣
        metapath_simMatrixs = getSimMatrixOfAllRelations(metapath_al, movie_set)

        print("計算使用者偏好擴散矩陣...")
        sortedUserItemSims, self.metapath_map = self.init_userItemSims(user_
set, recTriples, metapath_simMatrixs)

        print('初始化使用者物品在每個元路徑下的 Embedding...')
        self.Embeddings = self.init_Embedding(dim, sortedUserItemSims, self.
metapath_map)

        # 用一個線性層載入每個 metapath 所附帶的權重
        self.metapath_linear = nn.Linear(len(self.metapath_map), 1)
```

其中，計算使用者偏好擴散矩陣的 init_userItemSims() 方法傳入的是使用者集、推薦三元組資料及物品在每個元路徑下的路徑相似度矩陣。該方法除了可以得到使用者偏好擴散矩陣外，還可以順便得到元路徑索引的映射 map，具體的程式如下：

```
#recbyhand\chapter5\s43_per.py
# 初始化使用者偏好擴散矩陣
def init_userItemSims(self, user_set, recTriples, metapath_simMatrixs):
    # 根據推薦三元組資料得到使用者物品鄰接表
    userItemAl = s42_pathSim.getAdjacencyList(recTriples, r_col = 2)

    userItemSims = collections.defaultdict(dict)
    for metapath in metapath_simMatrixs:
        for u in userItemAl:
            userItemSims[metapath][u] = \
                np.sum(metapath_simMatrixs[metapath][[ i for i in
userItemAl[u] if userItemAl[u][i] == 1]], axis = 0)
```

```
    userItemSimMatrixs = { }
    for metapath in tqdm(userItemSims):
        userItemSimMatrix = []
        for u in user_set:
            userItemSimMatrix.append(userItemSims[metapath][int(u)].tolist())
        userItemSimMatrixs[metapath] = np.mat(userItemSimMatrix)

    metapath_map = { k:v for k, v in enumerate(sorted([metapath for metapath
in userItemSims])) }
    return userItemSimMatrixs, metapath_map
```

初始化使用者物品 Embedding 的方法的程式如下：

```
#recbyhand\chapter5\s43_per.py
# 初始化使用者物品在每個元路徑下的 Embedding
def init_Embedding(self, dim, sortedUserItemSims, metapath_map):
    Embeddings = collections.defaultdict(dict)
    for metapath in metapath_map:
        # 根據 NFM 矩陣分解的方式得到使用者特徵表示及物品特徵表示
user_vectors, item_vectors = \
            self.__init_one_pre_emd(sortedUserItemSims [metapath_map[metapath]
], dim)
        # 分別用先驗的使用者與物品的向量初始化每個元路徑下代表表示使用者及表示物品的
#Embedding 層
        Embeddings[ metapath ]['user'] = \
        nn.Embedding.from_pretrained(user_vectors,max_norm=1)
        Embeddings[ metapath ] ['item'] = \
        nn.Embedding.from_pretrained(item_vectors,max_norm=1)
    return Embeddings

# 根據 NFM 矩陣分解的方式得到使用者特徵表示及物品特徵表示
def __init_one_pre_emd(self, mat, dim):
u_vectors, i_vectors = getNFM(mat, dim)
    returntorch.FloatTensor(u_vectors),torch.FloatTensor(i_vectors)
```

其中 getNFM() 方法利用 Sklearn 函式庫中的 NFM() 方法做非負矩陣
分解，程式如下：

```
#recbyhand\chapter5\s43_per.py
from sklearn.decomposition import NMF

#NFM 矩陣分解
def getNFM(m, dim):
nmf = NMF(n_components = dim)
user_vectors = nmf.fit_transform(m)
item_vectors = nmf.components_
    return user_vectors,item_vectors.T
```

前向傳播 forward 的方法定義如下：

```
#recbyhand\chapter5\s43_per.py
def forward(self, u, v):
metapath_preds = [ ]
    for metapath in self.metapath_map:
        #[ batch_size, dim ]
        metapath_embs = self.Embeddings[ metapath ]
        #[ batch_size, 1 ]
        metapath_pred = \
            torch.sum(metapath_embs['user'](u) *
                    metapath_embs['item'](v),
                    dim=1, keepdim = True)
        metapath_preds.append(metapath_pred)
    #[ batch_size, metapath_number ]
    metapath_preds = torch.cat(metapath_preds, 1)
    #[ batch_size, 1 ]
    metapath_preds = self.metapath_linear(metapath_preds)
    #[ batch_size ]
    logit = torch.sigmoid(metapath_preds).squeeze()
    return logit
```

其餘外部呼叫該模型類如何訓練的程式在此就不列出了，是常規的
PyTorch 操作。若有興趣，則可到附帶程式中詳查。

可以發現主要訓練 Linear 層中的那幾個權重，而那幾個權重對應的便是每條元路徑的權重。其餘一大堆的操作全是為了利用知識圖譜資料生成使用者偏好矩陣作為 PER 模型先驗知識。

但是目前程式只訓練了元路徑在綜合情況下的權重，也就是說按現在的做法假設了每個使用者對所有元路徑的偏好權重都是一樣的，這顯然並不準確，所以需要給每個使用者分配一個不同的權重 w_P^u，但是在實際可統計的資料中，使用者與物品的互動資料呈冪律分佈，所以大部分使用者沒有足夠的資料去學習權重參數。為此需要先將使用者聚類，所以作者提出用矩陣分解得到使用者物品隱向量的真正用意其實是為了方便聚類。

對所有元路徑下的使用者隱向量利用餘弦相似度作為度量的 K-Means 演算法進行聚類。最終的推薦預估函式的公式以下 [14]：

$$r^{\text{pred}}(u,v) = \sum_{P}^{L} \sum_{k}^{C} \cos(C_k^P, u) w_k^P U_u^P \cdot V_u^P \tag{5-30}$$

其中，$\cos(C_k^P, u)$ 表示使用者 u 與該簇中心的餘弦相似度，這樣做的好處是不只考慮了使用者屬於的那個簇，而是整合了多個相關簇的資訊。

所以最終要學習的權重數量是聚類數量 × 路徑個數。比原來多出了聚類數量倍數的權重個數。這樣便具備了個性化推薦的效果，聚類的數量需要大家在實際工作中調參。

鑑於本節主要為了利用 PER 這個比較初級的以圖路徑為基礎的知識圖譜推薦演算法，來讓大家對利用知識圖譜路徑做推薦演算法有個初步的了解，所以本節程式沒有加入聚類之後的內容，否則會更複雜。大家有興趣可以自己實現一下。

5.4.4 異質圖的圖遊走演算法：MetaPath2Vec

在第 4 章中學習過同構圖的圖遊走演算法 DeepWalk 與 Node2vec，圖遊走演算法的任務是得到節點的向量表示，所以如果能夠對知識圖譜使用圖遊走演算法，則路徑提供的資訊處理起來就沒有那麼麻煩了，但是知識圖譜屬於異質圖，如果直接採用 DeepWalk，則在隨機遊走生成序列時，組成元路徑數量多的節點會被高機率提取出來，這會導致組成出現頻率低的元路徑節點沒有辦法充分學到，所以 MetaPath2Vec[15] 的演算法被提出。

MetaPath2Vec 是微軟研究中心在 2017 年提出的演算法，具體怎麼做呢？首先假設有一張圖資料，如圖 5-27 所示。

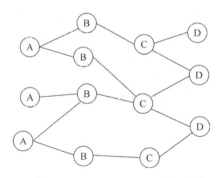

▲ 圖 5-27 MetaPath2Vec 演示圖

圖 5-27 中有 4 個節點類型，分別為 A、B、C、D，所以元路徑的類型可以定義為 ABA、ABCBA、CDC 等。與 DeepWalk 或 Node2vec 不同的是 MetaPath2Vec 需要限定遊走的序列在指定的元路徑類型內。

例如將元路徑指定為 ABA。則生成的序列可以是：[A1, B2, A3, B1, A2, B6]。因為 ABA 是對稱元路徑，所以在生成序列時可以無限迴圈下去。如果要指定非對稱元路徑，則該元路徑最好較長，因為非對稱元路徑無法首尾循環遊走，所以生成序列的最大長度是指定的元路徑長度，如果序列長度不夠長，則會影響後續 Word2Vec 生成的 Embedding 效果。

原理很簡單，但是一條元路徑的 MetaPath2Vec 的效果反而不如 DeepWalk，這裡需要指定多種元路徑生成不同的序列再將這些序列一起輸入 Word2Vec，以便生成 Embedding，這個操作被稱為 Multi-MetaPath2Vec。

下面來看程式，程式的位址為 recbyhand\chapter5\s44_MetaPath2Vec. py。在實戰中根據指定元路徑生成序列這一操作寫起來可能有點麻煩，本次程式會採用一種簡便方法，即根據元路徑生成不同的子圖，而某個子圖中只包含某種元路徑的節點，所以這樣一來後續的操作就跟 DeepWalk 一樣了，程式如下：

```python
#recbyhand\chapter5\s44_MetaPath2Vec.py
import networkx as nx

# 將事實按照關係分開，代表不同的元路徑
def splitTriples(kgTriples):
    '''
    :param kgTriples：知識圖譜三元組
    '''
    metapath_pairs = {}
    for h, r, t in tqdm(kgTriples):
        if r not in metapath_pairs:
            metapath_pairs[ r ] = [ ]
        metapath_pairs[ r ].append([ h, t ])
    return metapath_pairs

# 根據邊集生成 networkx 的有向圖圖
def get_graph(pairs):
    G = nx.Graph()
    G.add_edges_from(pairs)    # 透過邊集載入資料
    return G

def fromTriplesGeneralSubGraphSepByMetaPath(triples):
    '''
    :param triples：知識圖譜三元組資訊
    :return：各個元路徑的 networkx 子圖
```

```
    '''
    metapath_pairs = splitTriples(triples)
    graphs = []
    for metapath in metapath_pairs:
        graphs.append(get_graph(metapath_pairs[metapath]))
    return graphs
```

然後將 graphs 傳入 multi_metaPath2vec() 的函式中進行不同元路徑下
的隨機遊走，程式如下：

```
#recbyhand\chapter5\s44_MetaPath2Vec.py
def multi_metaPath2vec(graphs ,dim = 16, walk_length = 12, num_walks = 256,
min_count = 3):
    seqs = []
    for g in graphs:
        # 將不同元路徑隨機遊走生成的序列合併起來
        seqs.extend(getDeepwalkSeqs(g, walk_length, num_walks))
    model = word2vec.Word2Vec(seqs, size = dim, min_count = min_count)
    return model
```

其中 getDeepwalkSeqs() 函式是隨機遊走生成序列的函式，具體的程
式如下：

```
#recbyhand\chapter5\s44_MetaPath2Vec.py
# 隨機遊走生成序列
def getDeepwalkSeqs(g, walk_length, num_walks):
    seqs=[]
    for _ in tqdm(range(num_walks)):
        start_node = np.random.choice(g.nodes)
        w = walkOneTime(g,start_node, walk_length)
        seqs.append(w)
    return seqs

# 一次隨機遊走
def walkOneTime(g, start_node, walk_length):
    walk = [ str(start_node) ]                        # 初始化遊走序列
    for _ in range(walk_length) :                     # 最大長度範圍內進行採樣
```

```
        current_node = int(walk[-1])
        neighbors = list(g.neighbors(current_node))   # 獲取當前節點的鄰居
        if len(neighbors) > 0:
            next_node = np.random.choice(neighbors, 1)
            walk.extend([ str(n) for n in next_node ])
    return walk
```

外部呼叫的程式如下：

```
#recbyhand\chapter5\s44_MetaPath2Vec.py
if __name__ == '__main__':
    # 讀取知識圖譜資料
    _, _, triples = dataloader4kge.readKGData()
    graphs = fromTriplesGeneralSubGraphSepByMetaPath(triples)
    model = multi_metaPath2vec(graphs)
    print(model.wv.most_similar('259', topn = 3)) # 觀察與節點 259 最相近的 3 個節點
    model.wv.save_Word2Vec_format('e.emd') # 可以把 emd 儲存下來，以便下游任務使用
    model.save('m.model') # 可以把模型儲存下來，以便下游任務使用
```

　　本次程式寫到生成 Embedding 為止，利用這些 Embedding 可以進行多種多樣的後續任務。這些 Embedding 包含了知識圖譜路徑資訊，相比 PER 演算法，MetaPath2Vec 顯然更簡單。相比 KGE 系列的演算法，MetaPath2Vec 的劣勢是沒有學到邊或說關係的 Embedding，而優勢是對於實體 Embedding 生成的效果，MetaPath2Vec 的效果普遍來講高於簡單的 KGE。這是因為 MetaPath2Vec 是將知識圖譜當成異質圖來對待，具備了圖的優勢。一些複雜的 KGE 也許在某些場景效果會高於MetaPath2Vec，但是相對複雜 KGE 來講 MetaPath2Vec 的優勢又是簡單。

5.4.5 MetaPath2Vec 的擴充

　　MetaPath2Vec 會有一個很好的最佳化點，即在 Word2Vec 的負例採樣環節限定僅採取指定元路徑下的節點。因為預設的負例採樣會在全部的節點中擷取，這樣同樣會有不同元路徑節點出現頻率不平衡等問題。

將 Word2Vec 部分中負例採樣環節也限定在指定或與正例相匹配的元路徑下的做法被稱為 MetaPath2Vec++。這種做法的缺點是無法用現成的 Word2Vec 方法，必須自己實現，所以在實際工作中如果在技術可行性評估或模型選型等探索階段，則沒必要用 MetaPath2Vec++，MetaPath2Vec++ 可作為後續最佳化時的最佳化點。

5.5 知識圖譜嵌入結合圖路徑的推薦 RippLeNet

本節介紹 KGE 與圖路徑結合的知識圖譜推薦演算法，而 RippLeNet[16] 在這一類的推薦演算法中是最為典型且效果也非常優秀的。

5.5.1 RippLeNet 基礎概念

水波網路 (RippLeNet) 由中國上海交通大學和微軟亞洲在 2018 年提出。RippLeNet 有效地結合了知識圖譜嵌入與知識圖譜圖路徑提供的資訊。效果很好，模型可解釋性也很便於理解。該演算法現在是最熱門的知識圖譜推薦演算法之一。

它的基礎概念是利用物品的知識圖譜資料一層一層地往外擴散後提取節點，然後聚合 Embedding，每一層的物品會影響到在它之後的所有層，並且越往外對結果的影響就越小，就像水波一樣，如圖 5-28 所示。

這聽起來很像是一種圖採樣。雖然說 RippLeNet 的提出年份在 GCN 與 GraphSAGE 之後，但是從 RippLeNet 的論文中可以推理出，作者當時似乎並不是從圖神經網路的概念出發，所以 RippLeNet 相當於從側面碰撞到了圖神經網路。

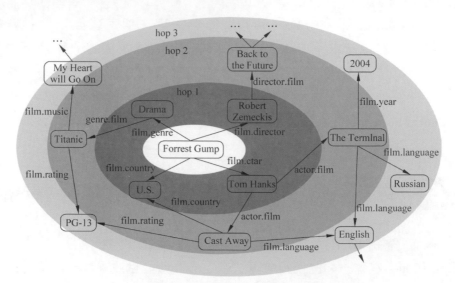

▲ 圖 5-28　RippLeNet 水波擴散示意圖 [16]

5.5.2　RippLeNet 計算過程

首先參見 RippLeNet 模型的計算總覽圖，如圖 5-29 所示。

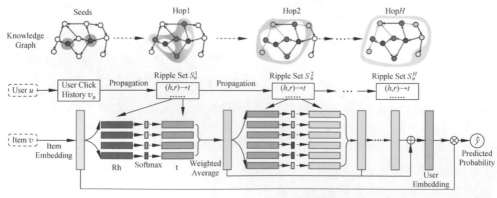

▲ 圖 5-29　RippLeNet 計算總覽圖 [16]

這張圖初看之下有點複雜，為了方便理解，先把注意力集中在 Item Embedding User Embedding 和 Predicted Probability 這三項中，所以先把其餘部分遮蓋掉，如圖 5-30 所示。

▲ 圖 5-30 RippLeNet 圖解 (1)[16]

將其餘部分先視作黑盒子。這樣一來可以視為，經過一番操作，最後將得到的 User Embedding 與 Item Embedding 做某種計算後預測出該 User 對該 Item 的喜愛程度。如何計算有很多方法，這裡就先用論文中舉出的最簡單的計算方式，其實是在最常用的求內積之後套個 Sigmoid，公式如下：

$$y = \sigma(U^{\mathrm{T}}V) \tag{5-31}$$

V 代表物品向量，隨機初始化即可，而使用者向量 U 的計算方式以下 [16]：

$$U = o_u^1 + o_u^2 + \cdots + o_u^H \tag{5-32}$$

公式中的 o_u^H 代表第 H 波的輸出向量。即圖 5-31 中用方框標記出來的長條所代表的向量。

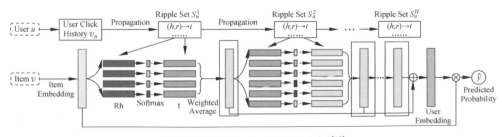

▲ 圖 5-31 RippLeNet 圖解 (2)[16]

所以關鍵是如何得到 *o* 向量，先説第 1 個 *o* 向量，參見以下公式組 [16]：

$$o_u^1 = \sum_{(h_i, R_i, t_i) \in S_u^1} p_i t_i$$

$$p_i = \text{Softmax}(V^T R_i h_i) = \frac{\exp(V^T R_i h_i)}{\sum_{(h_j, R_j, t_j) \in S_u^1} \exp(V^T R_j h_j)} \quad (5\text{-}33)$$

$$V, h, t \in \mathbf{R}^d \quad R \in \mathbf{R}^{d \times d}$$

V 是 Item 向量，*t* 是 Tail 向量，*h* 是 Head 向量，*r* 是 Relation 映射矩陣，這些都是模型要學的 Embedding。公式 (5-33) 表示的計算過程如圖 5-32 所示。

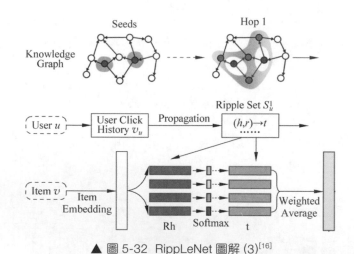

▲ 圖 5-32 RippLeNet 圖解 (3)[16]

公式 (5-33) 中的 S_u^1 代表 User 的第一層 Ripple Set (第一層水波集，在圖 5-32 中表示為 Hop 1)。首先取一定數量的使用者歷史互動 Item，然後由這些 Item 作為 Head 實體透過它們的關係 r 找到 Tail 實體，記作 $(h,r) \to t$，所以第二層水波 (在圖 5-29 中表示為 Hop 2) 是將第一層水波得到的 Tail 實體作為這一層的 Head 實體進而找到本層對應的 Tail 實體，依此類推。

公式所表達的含義相當於是對每個 Hop 的 Tail 做一個注意力操作，而權重由 Head 和 Relation 得到。

之後將上述步驟得到的 o 向量作為下一層水波的 V 向量，然後重複進行公式 (5-33) 的計算。重複 H 次後，就可以得到 H 個 o 向量，然後代入公式 (5-32) 得到使用者向量，最後透過與物品向量點積得到預測值。

5.5.3 水波圖採樣

在水波網路中所謂每一層向外擴散的操作，實際上每一次都會產生笛卡兒乘積數量級的新實體，所以實際操作時需要設定一個值來限定每一次擴散取得新實體的數量上限，假設這個值為 n_memory，若某層中 (尤其是初始層) 的實體數量不足 n_memory，則在候選實體中進行有傳回地重複採樣，以此補足 n_memory 個新實體。

水波採樣與 GraphSage 略有不同。最普通的 GraphSage 通常會限定每個節點採樣的鄰居數量，假設這個值為 n，則經過 3 層採樣，則總共擷取到的節點數量為 n^3，而水波網路限定的是每一層採樣的鄰居總數量為 n，即經過 3 層採樣後擷取到的節點數量為 $3 \times n$。對於利用物品圖譜作推薦的模型，水波採樣的方式有下幾點優勢：

(1) 統一了每一層中實體的數量，便於模型訓練時的 batch 計算。

(2) 在物品圖譜中不需要對每個節點平等對待，位於中心的物品節點及周圍的一階鄰居採樣被擷取的機率較高，而越外層的節點被擷取到的機率越低，這反而更合理。水波模型中心節點是該使用者歷史最近互動的物品實體，而越往外擴散自然應該像水波一般慢慢稀釋後續實體的權重。

水波採樣的實際操作還需注意的是，訓練時每一次迭代應該重新進行一次隨機採樣，增加訓練資料的覆蓋率。在做評估時同樣也需重新進

行一次隨機採樣，而非用訓練時已經採樣好的水波集作為評估時的水波集。

在做預測時，理論上講使用者的 Embedding 也會根據其歷史互動的正例物品透過隨機採樣的方式進行水波擴散而得到，所以預測時也有隨機因數，使用者相同的請求也會得到略有不同的推薦列表，但是如果不想有隨機因數，則可採取訓練時最後採樣得到的水波集聚合出的使用者 Embedding 直接用作後續計算。

另外水波採樣的層數也有講究，水波採樣的層數最好為最小對稱元路徑階數的倍數，下面來慢慢講解這句話。

元路徑的階數指的是元路徑包含的節點類型數量。例如：

元路徑為電影→演員→電影，則階數為 3。

元路徑為電影→角色→演員→角色→電影，則階數為 5。

水波採樣最好透過候選物品的知識圖譜擴散出去找到相關的其他目標物品，進而挖掘出推薦物品。假設目前知識圖譜的最小對稱元路徑是電影→演員→電影，即路徑階數為 3。如果水波採樣層數僅為 2，則代表每次迭代根本就沒有挖掘出其他電影，而僅擷取到演員，所以採樣的水波層數需要不小於最小對稱元路徑階數。

至於為什麼最好是最小對稱元路徑路徑階數的倍數倒也不是很關鍵，為倍數的優勢是因為這樣大機率能在最終一層的水波集節點停留在與候選物品同樣實體類型的實體上，實測後得知這對模型的訓練有正向影響，但更關鍵的是要保證水波採樣的層數要大於或等於最小對稱元路徑階數。

5.5.4 RippLeNet 實際操作時的注意事項與程式範例

本次程式的位址為 recbyhand\chapter5\dataloader4KGNN.py (負責與讀取資料相關的操作) 與 recbyhand\chapter5\s54_rippLeNet.py(RippLeNet 主腳本)。程式量有點多，所以此處就不全列出來了，大家去附帶程式中查看即可。在此介紹一下實際操作 RippLeNet 時應注意的事項及一些關鍵的程式。

(1) 使用者向量的得到除了計算過程中公式 (5-32) 的方式外，還有另一種方法，即直接取最後一層的輸出 *o*。後者的優勢是模型收斂得會更快，但是穩健性不如前者。

在程式中的表現如下：

```
#recbyhand\chapter5\s54_rippLeNet.py
def _get_user_Embeddings(self, o_list):
    '''
    :param o_list：每個 hop 得到的 o 向量集
    :return：使用者向量
    '''
    user_embs = o_list[-1]
    # 選擇是否使用全部的 o 向量相加作為使用者向量，否則僅用最後一層的 o 向量
    if self.using_all_hops:
        for i in range(self.n_hop- 1):
            user_embs += o_list[i]
    return user_embs
```

(2) 在實際操作中最後與使用者向量計算的 Item 向量也可以經過一些迭代更新，作者提出了以下 4 種更新方式。

replace：直接用新一波預測的物品向量 (*o* 向量) 替代，如果使用者向量獲取策略採取的是最後一層 *o* 向量，則此方法不適用。

plus：與 *t*-1 波次的物品向量對應位相加，如果使用者向量獲取
策略採取的是將所有 *o* 向量相加，則此方法不適用。

replace_transform：用一個映射矩陣將預測的物品向量映射一下。

plus_transform：用一個映射矩陣將預測的物品向量映射一下後
與 *t*-1 波次的物品向量對應位相加。

在程式中的表現如下：

```
$recbyhand\chapter5\s54_rippLeNet.py
# 迭代物品的向量
def _update_item_Embedding(self, item_Embeddings, o):
    '''
    :param item_Embeddings：上一個 hop 的物品向量 #[ batch_size, dim ]
    :param o：當前 hop 的 o 向量 #[ batch_size, dim ]
    :return：當前 hop 的物品向量 #[ batch_size, dim ]
    '''
    if self.item_update_mode == "replace":
        item_Embeddings = o
    elif self.item_update_mode == "plus":
        item_Embeddings = item_Embeddings + o
    elif self.item_update_mode == "replace_transform":
        item_Embeddings = self.transform_matrix(o)
    elif self.item_update_mode == "plus_transform":
        item_Embeddings = self.transform_matrix(item_Embeddings + o)
    else:
        raise Exception(" 位置物品更新 mode：" + self.item_update_mode)
    return item_Embeddings
```

(3) 因為每一層水波中都包含 (*h*,*r*) → *t* 的映射關係，所以訓練過程
中可利用這些資料使用一些知識圖譜嵌入 (KGE) 的方式產生一
個額外的損失函式與主模型中的損失函式相加後一起最佳化。

在程式中的表現如下：

```
$recbyhand\chapter5\s54_rippLeNet.py
# 生成 kge loss 來聯合訓練
def _get_kg_loss(self, h_emb_list, r_emb_list, t_emb_list):
    '''
    h_emb_list,r_emb_list,t_emb_list 是水波採樣的實體與關係集，三者間位置對應
    '''
    kge_loss = 0
    for hop in range(self.n_hop):
        #[batch size, n_memory, 1, dim]
        h_expanded = torch.unsqueeze(h_emb_list[hop], dim = 2)
        #[batch size, n_memory, dim, 1]
        t_expanded = torch.unsqueeze(t_emb_list[hop], dim = 3)
        #[batch size, n_memory, dim, dim]
        hRt = torch.squeeze(
            torch.matmul(torch.matmul(h_expanded, r_emb_list[ hop ]), t_
expanded))
        kge_loss += torch.sigmoid(hRt).mean()
    kge_loss = -self.kge_weight * kge_loss
    return kge_loss
```

本次程式中採用的 KGE 方法是 RESCAL，在上面倒數第二行的程式
中之所以加入負號實際上是一種技巧。因為省略掉了負例採樣，而單用
點乘後 Sigmoid 的值做評分是越高越好的，所以在聯合訓練時將點乘後
的結果減去自然表示點乘得到的值越高則損失函式會越低。為什麼說這
是一種技巧？因為如果推薦預測的損失函式的絕對值小於 KGE 損失函式
的絕對值，則整體的損失函式就會呈現負數，模型就無法收斂，所以為
了避免整體損失函式出現負數，kge_weight 實際上要設得足夠小，例如
0.01。

綜合來講，在聯合訓練中 KGE 的確可以省略負例採樣，而省略後的
注意事項是前段話中的那些內容。

如果大家已經具備圖神經網路的知識，則一定會發現本次 RippLeNet 的程式有很多可最佳化的部分，而範例程式之所以沒有寫得像圖神經網路那樣是為了盡可能與 RippLeNet 作者發表的原始程式相似，其實僅在原始程式的基礎上做了略微改進。這麼做的原因是因為一來比較原汁原味的 RippLeNet 能更加有助於大家理解知識圖譜的發展路線，進而能夠更進一步地往下理解後續知識圖譜與圖神經網路相結合的演算法；二來可以讓大家在自行搜尋原始程式比對學習時不至於太混亂。

5.6 圖神經網路與知識圖譜

終於到了講解圖神經網路結合知識圖譜的演算法了，圖神經網路的演算法用到知識圖譜推薦領域要注意的重點是要將知識圖譜的頭實體 (Head)、關係 (Relation) 和尾實體 (Tail) 一同考慮進去。尤其是 Relation，在圖論中是邊，在普通 GNN 演算法中不會給邊附加一個特徵向量，而如果忽略知識圖譜中邊對整個資料的影響，則知識圖譜也就退化成了一個普通圖，所以既然說要利用知識圖譜做推薦模型，則設計演算法時對於邊不容忽視。

5.6.1 最基礎的以圖神經網路為基礎的知識圖譜推薦演算法 KGCN

首先介紹 KGCN[17]，KGCN 是知識圖譜與圖神經網路結合的典型案例，也是最基礎的案例。提出於 2019 年，KGCN 的作者也是 RippLeNet 的作者。其中心概念是利用圖神經網路的訊息傳遞機制與基本推薦概念結合訓練。

雖然名字中有 GCN，但其實主要還是以計算注意力的方式進行訊息傳遞。這個注意力可被理解為該關係影響使用者行為的偏好程度。例如使用者是更喜歡透過相似演員還是更喜歡透過相似題材尋找喜歡的電影。

首先設使用者是 U，使用者向量表示為 u，物品為 V，物品向量表示為 v。若要計算使用者 U 對物品 V 的評分預測，最基礎的公式如下：

$$\hat{y}_{UV} = f(u, v) \tag{5-34}$$

其中，$f(\cdot)$ 是任意函式，例如求內積，即點乘，$\hat{y}$ 是預測的值。

假設圖 5-33 所示的是一次圖採樣得到的子圖。中間的節點指的是要預測的目標物品 V。N_i 表示 V 的鄰居。R_i 則表示關係。

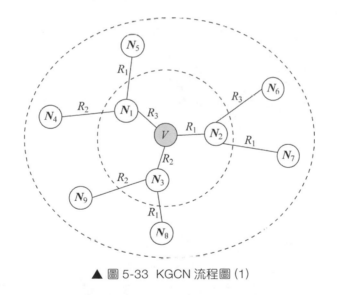

▲ 圖 5-33　KGCN 流程圖 (1)

直接將關係向量 r_i 用作訊息傳遞的權重可以嗎？可以是可以，但效果不如以下做法，詳見圖 5-34。

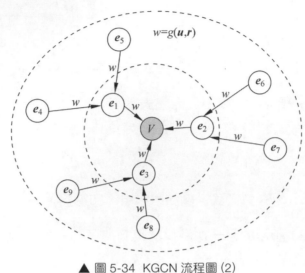

▲ 圖 5-34　KGCN 流程圖 (2)

如圖 5-34 所示，每條邊用一個權重 w 來表示，並令

$$w_{R_i}^{U} = g(\boldsymbol{u}, \boldsymbol{r}_i) \tag{5-35}$$

其中，$\boldsymbol{u}$ 是使用者的向量，$\boldsymbol{r}_i$ 是連接第 i 個鄰居的關係向量。$g(\cdot)$ 是任意函式，例如求內積。$w_{R_i}^{U}$ 表示目標使用者 U 對關係 R_i 的偏好程度，即經過 R_i 邊時訊息傳遞的權重。因為每次訊息傳遞都加入了使用者向量，所以結果自然比直接取關係向量 $\boldsymbol{r}_i$ 更能表現出使用者 U 的注意力。

與所有注意力機制一樣，接下來對 $w_{R_i}^{U}$ 做一次 Softmax 操作來歸一化。

$$\tilde{\boldsymbol{w}}_{R_i}^{U} = \mathrm{Softmax}_j(w_{R_i}^{U}) = \frac{\exp(w_{R_i}^{U})}{\sum\limits_{j \in N_{(V)}} \exp(w_{R_j}^{U})} \tag{5-36}$$

其中，$N_{(V)}$ 代表節點 V 的一階鄰居集，然後進行一次加權求和操作得到特徵向量 $\tilde{\boldsymbol{v}}$，公式以下 [17]：

$$\tilde{v} = \sum_{i \in N_{(V)}} \tilde{w}_{R_i}^U \cdot e_i \tag{5-37}$$

其中，e_i 代表第 i 個鄰居的特徵向量。根據圖採樣的概念，訊息傳遞是由外而內進行的，所以在將圖中的節點 e_4 和 e_5 傳遞到 e_1 時。則此時表示 e_1 的向量就相當於公式 (5-37) 中的 $\tilde{v}$。計算得到 e_1 訊息聚合後的特徵向量後。再將 e_1 代入公式 (5-37) 中 e_i 的位置，依此類推，最終傳遞給中心位置 V，得到中心節點 V 的特徵向量 $\tilde{v}$。

細心的讀者一定會發現，v 的頭上有一個波浪線。也就是説 $\tilde{v}$ 還不是最終代表目標物品 V 的特徵向量 v。因為 $\tilde{v}$ 到 v 其實還可以進行另一次訊息聚合，以及經一次或多次全連接層的操作。該過程的公式以下 [17]：

$$v = \sigma(W \cdot \text{agg}(\tilde{v}, e) + b) \tag{5-38}$$

其中，$\sigma(\cdot)$ 是非線性啟動函式，如 ReLU、Sigmoid 等。W 是線性變換矩陣，b 是偏置項。這些都是一個全連接層的基本元素，而 $\text{agg}(\tilde{v}, e)$ 表示對物品 V 再做一次訊息聚合 (Aggregator)，不附帶下標的字母 e 表示物品 V 初始的特徵向量，抑或是物品 V 在前一輪迭代更新產生的向量。作者在論文中提到了 3 種聚合方式。

(1) 求和聚合 (Sum)：即將 $\tilde{v}$ 與 e 對應的元素位元相加，公式以下 [17]：

$$\text{agg}_{\text{sum}}(\tilde{v}, e) = \tilde{v} + e \tag{5-39}$$

(2) 拼接聚合 (Concat)：即將向量 $\tilde{v}$ 與向量 e 拼接起來，如果原本它們的維度都為 F，則拼接後的向量維度是 2F，所以使用拼接聚合時要注意公式 (5-38) 中的線性變化矩陣 W 和偏置項 b 的維度也需對應地變化。拼接聚合的公式以下 [17]：

$$\text{agg}_{\text{concat}}(\tilde{v}, e) = \tilde{v} \parallel e \tag{5-40}$$

(3) 鄰居聚合 (Neighbor)：所謂鄰居聚合是直接採用 $\tilde{v}$ 當作本層輸出向量，之所以取名為鄰居聚合，是因為得到的 $\tilde{v}$ 的計算過程本身也能稱為鄰居聚合，具體公式以下 [17]：

$$\text{agg}_{\text{neighbor}}(\tilde{v}, e) = \tilde{v} \tag{5-41}$$

至此，將聚合好的向量代入公式 (5-38)，即可得到這一輪表示物品 V 的向量 v，然後代入公式 (5-34)，即可得到預測值 $\hat{y}_{UV}$，然後與真實值 y_{UV} 建立損失函式，公式如下：

$$\text{loss} = L(y_{UV}, \hat{y}_{UV}) \tag{5-42}$$

$L(\cdot)$ 表示一個損失函式，例如如果是 CTR 預估，則是 BCE 損失函式，如果是評分預測，則可以是平方差損失函式。

接下來看程式，本次程式的位址為 recbyhand\chapter5\s61_KGCN.py。書中直接從前向傳播方法切入，程式如下：

```
#recbyhand\chapter5\s61_KGCN.py
def forward(self, users, items, is_evaluate = False):
    user_Embeddings = self.user_Embedding(users)
    item_Embeddings = self.entity_Embedding(items)
    # 得到鄰居實體和連接它們關係的 Embedding
    neighbor_entitys, neighbor_Relations = self.get_neighbors(items)
    # 得到 v 波浪線
    neighbor_vectors = self.__get_neighbor_vectors(neighbor_entitys,
neighbor_Relations, user_Embeddings)
    # 聚合得到物品向量
    out_item_Embeddings = self.aggregator(item_Embeddings, neighbor_vectors,
is_evaluate)

    out = torch.sigmoid(torch.sum(user_Embeddings * out_item_Embeddings, dim
= -1))

    return out
```

傳入的 users 和 items 自然是一批次採樣的使用者與物品索引。is_evaluate 用於判斷是否是評估的 flag，主要是為了在訓練時某些位置採取 DropOut，而評估時則可取消 DropOut 的操作。前向傳播中的一些方法如 __get_neighbor_vectors() 是實現公式 (5-35) 到公式 (5-37) 的計算過程，aggregator() 方法是實現公式 (5-38) 到公式 (5-41) 的計算過程，這些就不在書中講解了。這裡重點要講解 get_neighbors() 方法，詳細程式如下：

```
#recbyhand\chapter5\s61_KGCN.py
# 得到鄰居的節點 Embedding 和關係 Embedding
    def get_neighbors(self, items):
    e_ids = [self.adj_entity[ item ] for item in items]
    r_ids = [ self.adj_Relation[ item ] for item in items ]
    e_ids = torch.LongTensor(e_ids)
    r_ids = torch.LongTensor(r_ids)
    neighbor_entities_embs = self.entity_Embedding(e_ids)
    neighbor_Relations_embs = self.Relation_Embedding(r_ids)
    return neighbor_entities_embs, neighbor_Relations_embs
```

這是一個透過物品 id 得到其鄰居及連接它們的關係的 id，然後透過鄰居和關係 id 得到鄰居實體與關係的 Embedding 的方法，而中間的 adj_entity 與 adj_Relation 分別是圖採樣後得到的指定度數的鄰接串列。資料的形式是二維串列，例如：[[1, 2, 3, 4, 5]，[2, 3, 4, 5, 6]…]，外層串列的索引對應的是實體索引。因為資料經處理後實體的所有索引是按從 0 到「實體數量 -1」的順序排列的整數 , 所以可直接用串列索引指代實體的索引。adj_Relation 是關係的鄰接串列，外層串列的索引同樣對應的是實體索引。假設 adj_entity=[[1,2,3]]，adj_relation=[[1,0,2]]，則實體與關係的排列如圖 5-35 所示。

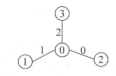

▲ 圖 5-35 KGCN 圖採樣說明圖

生成它們的方式的程式如下：

```
#recbyhand\chapter5\dataloader4KGNN.py
# 根據 kg 鄰接串列，得到實體鄰接串列和關係鄰接串列
def construct_adj(neighbor_sample_size, kg_indexes, entity_num):
    print('生成實體鄰接串列和關係鄰接串列')
    adj_entity = np.zeros([ entity_num, neighbor_sample_size ], dtype =
np.int64)
    adj_Relation = np.zeros([ entity_num, neighbor_sample_size ], dtype =
np.int64)
    for entity in range(entity_num):
        neighbors = kg_indexes[ str(entity) ]
        n_neighbors = len(neighbors)
        if n_neighbors>= neighbor_sample_size:
            sampled_indices = np.random.choice(list(range(n_neighbors)),
                              size = neighbor_sample_size, replace = False)
        else:
            sampled_indices = np.random.choice(list(range(n_neighbors)),
                              size = neighbor_sample_size, replace = True)
        adj_entity[ entity ] = np.array([ neighbors[i][0] for i in sampled_
indices ])
        adj_Relation[ entity]  = np.array([ neighbors[i][1] for i in sampled_
indices ])
    return adj_entity, adj_Relation
```

其中 **kg_indexes** 的資料形式是一個字典，生成的程式如下：

```
#recbyhand\chapter5\dataloader4KGNN.py
def getKgIndexsFromKgTriples(kg_triples):
    kg_indexs = collections.defaultdict(list)
    for h, r, t in kg_triples:
        kg_indexs[ str(h) ].append([ int(t), int(r) ])
    return kg_indexs
```

其中 **kg_triples** 是知識圖譜三元組資料，到這應該沒問題了，所以這一整串事情其實也是圖採樣的一種實現方式。程式的其餘部分相對來講比較簡單，大家可自行列附帶程式中對應的位置查看。

5.6.2 KGCN 的擴充 KGNN-LS

KGNN-LS[18] 是 KGCN 的作者在同年提出的對 KGCN 有效最佳化的方式。其中的 LS 表示標籤平滑正規化 (Label Smoothness Regularization)，主要是為了防止過擬合。

首先在資料前置處理的時候，用無監督的方式計算出原本無標註節點的標註，公式以下 [18]：

$$\hat{y}_{\text{UV}}^{\text{LS}} = \frac{1}{|N_{(V)}|U|} \sum_{i \in N_{(V)}|U} \tilde{w}_{R_{\text{Vi}}}^{U} y_{\text{Ui}} \tag{5-43}$$

其中，y_{Ui} 代表使用者 U 對節點 i 原來的標註。例如在一個電影推薦場景，節點 i 是一部電影，若使用者喜歡該電影，則 y_{Ui} 為 1，如果不喜歡，則為 0。$\hat{y}_{\text{UV}}^{\text{LS}}$ 是要預測的節點 V 的標註，可能節點 V 是使用者沒看過的一部電影，也可能是導演或演員等實體；上標 LS 代表是 LS 部分的預測標註，用以區分 KGCN 的預測。$N_{(V)}|U$ 代表與使用者 U 有互動的節點 V 的一階鄰居集，$|N_{(V)}|U|$ 代表節點 V 在這種情況下的鄰居數量，即度。$\tilde{w}_{R_{\text{Vi}}}^{U}$ 是連接節點 V 與節點 i 那條邊的權重，由公式 (5-36) 得到。

在訓練過程中，遍歷所有標註的節點，遮蓋住目標節點的標註，用它鄰居的標註預測出目標節點的標註，預測的方式如公式 (5-43) 所示，然後與它真實的節點建立損失函式。該過程的公式可描述為

$$\text{loss}_{\text{LS}} = L(y_{\text{UV}},\ \hat{y}_{\text{UV}}^{\text{LS}}) \tag{5-44}$$

其中，$L(\cdot)$ 表示一個損失函式，目標節點的鄰居節點標註是上文提到的在資料前置處理時無監督計算得到的標註，也有原本是真實的標註，注意計算 $\hat{y}_{\text{UV}}^{\text{LS}}$ 時僅需遮蓋目標節點自身的真實標註，無須遮蓋目標節點的鄰居節點的真實標註。

這是 LS 正規化部分損失函式的計算過程。如果用 $loss_{KGCN}$ 代表 KGCN 部分的損失函式，則整個 KGNN - LS 的損失函式的公式以下 [18]：

$$loss = loss_{KGCN} + \gamma \, loss_{LS} = L(y_{UV}, \hat{y}_{UV}) + \gamma \cdot L(y_{UV}, \hat{y}_{UV}^{LS}) \qquad (5\text{-}45)$$

其中，γ 是 LS 正規項的係數，加入 LS 正規項後，訓練的時間複雜度會提高很多，但是的確能提高 KGCN 的效果，雖然提高的效果相較提高的訓練時間而言顯得不是很划算，但是在實際工作中 KGNN-LS 也可作為需要精益求精場景的最佳化手段之一。

5.6.3 圖注意力網路在知識圖譜推薦演算法中的應用 KGAT

知識圖譜注意力網路 (Knowledge Graph Attention Network,KGAT)[19] 是由新加坡國立大學與中國科學技術大學於 2019 年提出。中心概念是利用圖注意力網路進行訊息傳遞，進而聚合出物品向量之後與使用者向量進行計算得到預測值。

這個演算法中注意力是由頭實體 h、關係 r 與尾實體 t 的 3 個向量計算而來，公式以下 [19]：

$$a(h,r,t) = \text{Softmax}((W_r e_t)^T \tanh(W_r e_h + e_r)) \qquad (5\text{-}46)$$

其中，e_h 和 e_t 是頭尾實體向量，假設維度是 e_dim，e_r 是關係向量，另一維度假設為 r_dim，W_r 是關係變換矩陣，則維度對應為 $e\_dim \times r\_dim$。關係變換矩陣的意義與 TransR 中的關係變換矩陣一樣，也是將頭尾實體向量映射到 r 向量空間後進行運算。其優勢是 TransH 中提到的優勢 (TransR 可視為 TransH 的簡化)。

然後在頭實體的位置初步聚合，公式以下 [19]：

$$e_{Nh} = \sum_{(h,r,t) \in Nh} a(h,r,t) \times e_t \qquad (5\text{-}47)$$

其中，$(h,r,t) \in$ Nh 指遍歷 h 實體的鄰居尾實體和連接它們的關係，而 h 在計算過程中將被廣播。

公式 (5-46) 與公式 (5-47) 的訊息傳遞過程如圖 5-36 所示。

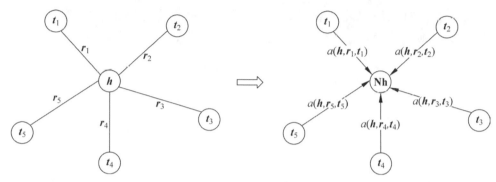

▲ 圖 5-36 KGAT 訊息傳遞示意圖

得到初步的聚合向量 e_{Nh} 後，有 3 種進一步聚合的方式，主要是 e_{Nh} 與原始頭實體的向量 e_h 以不同方式進行訊息聚合，分別以下 [19] 。

(1) 求和聚合 (Sum)：

$$\text{agg}_{sum} = \text{LeakyReLU}(W(e_h + e_{Nh})) \tag{5-48}$$

(2) 拼接聚合 (Concat)：

$$\text{agg}_{concat} = \text{LeakyReLU}(W(e_h \parallel e_{Nh})) \tag{5-49}$$

(3) 雙相互作用聚合 (Bi-Interaction)：

$$\text{agg}_{bi\text{-}interaction} = \text{LeakyReLU}(W_1(e_h + e_{Nh})) + \text{LeakyReLU}(W_2(e_h \odot e_{Nh})) \tag{5-50}$$

其中，W 是線性變換矩陣，在程式中可以直接宣告一個線性層來代替。注意輸入和輸出即可，輸入是根據頭實體向量與聚合向量對應的維度而來，輸出則要與使用者向量對應。因為下一步是與使用者向量進行計算得到預測值，物理意義是該使用者對該頭實體或某個物品的興趣程

度，當然一般的計算方式是一個點乘套 Sigmoid 即可，最後再與真實的標註建立損失函式。

本節範例程式的位址為 recbyhand\chapter5\s63_KGAT.py。

下面拆解來看 KGAT 的主要核心程式，首先初始化 KGAT 類別的程式如下：

```python
#recbyhand\chapter5\s63_KGAT.py
class KGAT(nn.Module):

    def __init__(self, n_users, n_entitys, n_Relations, e_dim, r_dim,
adj_entity, adj_Relation ,agg_method = 'Bi-Interaction'):
        super(KGAT, self).__init__()

        self.user_embs = nn.Embedding(n_users, e_dim, max_norm = 1)
        self.entity_embs = nn.Embedding(n_entitys, e_dim, max_norm = 1)
        self.Relation_embs = nn.Embedding(n_Relations, r_dim, max_norm = 1)

        self.adj_entity = adj_entity          # 節點的鄰接串列
        self.adj_Relation = adj_Relation      # 關係的鄰接串列

        self.agg_method = agg_method          # 聚合方法

        # 初始化計算注意力時的關係變換線性層
        self.Wr = nn.Linear(e_dim, r_dim)

        # 初始化最終聚合時所用的啟動函式
        self.leakyReLU = nn.LeakyReLU(negative_slope = 0.2)

        # 初始化各種聚合時所用的線性層
        if agg_method == 'concat':
            self.W_concat = nn.Linear(e_dim * 2, e_dim)
        else:
            self.W1 = nn.Linear(e_dim, e_dim)
            if agg_method == 'Bi-Interaction':
                self.W2 = nn.Linear(e_dim, e_dim)
```

訊息傳遞後，初步聚合的函式的程式如下：

```
#recbyhand\chapter5\s63_KGAT.py
#GAT 訊息傳遞
def GATMessagePass(self, h_embs, r_embs, t_embs):
    '''
    :param h_embs：頭實體向量 [ batch_size, e_dim ]
    :param r_embs：關係向量 [ batch_size, n_neibours, r_dim ]
    :param t_embs：尾實體向量 [ batch_size, n_neibours, e_dim ]
    '''
    # 將 h 張量廣播，維度擴散為 [ batch_size, n_neibours, e_dim ]
    h_broadcast_embs = torch.cat([ torch.unsqueeze(h_embs, 1) for _ in
range(t_embs.shape[ 1 ]) ], dim = 1)
    #[ batch_size, n_neibours, r_dim ]
    tr_embs = self.Wr(t_embs)
    #[ batch_size, n_neibours, r_dim ]
    hr_embs = self.Wr(h_broadcast_embs)
    #[ batch_size, n_neibours, r_dim ]
    hr_embs= torch.tanh(hr_embs + r_embs)
    #[ batch_size, n_neibours, 1 ]
    atten = torch.sum(hr_embs * tr_embs,dim = -1 ,keepdim=True)
    atten = torch.Softmax(atten, dim = -1)
    #[ batch_size, n_neibours, e_dim ]
    t_embs = t_embs * atten
    #[ batch_size, e_dim ]
    return  torch.sum(t_embs, dim = 1)
```

該函式傳回的是本節公式中的 e_{Nh}。

下面是用 e_{Nh} 與原始的頭實體向量 e_h 進行進一步聚合的函式，有 3 種聚合方法可供選擇，具體的程式如下：

```
#recbyhand\chapter5\s63_KGAT.py
# 訊息聚合
def aggregate(self, h_embs, Nh_embs, agg_method = 'Bi-Interaction'):
    '''
    :param h_embs：原始的頭實體向量 [ batch_size, e_dim ]
```

```
    :param Nh_embs：訊息傳遞後頭實體位置的向量 [ batch_size, e_dim ]
    :param agg_method：聚合方式，總共有 3 種 , 分別是 'Bi-Interaction'、'concat'、
'sum'
    '''
    if agg_method == 'Bi-Interaction':
        return self.leakyReLU(self.W1(h_embs + Nh_embs))\
            + self.leakyReLU(self.W2(h_embs * Nh_embs))
    elif agg_method == 'concat':
        return self.leakyReLU(self.W_concat(torch.cat([ h_embs,Nh_embs ], dim
= -1)))
    else : #sum
        return self.leakyReLU(self.W1(h_embs + Nh_embs))
```

模型的前向傳播方法，程式如下：

```
#recbyhand\chapter5\s63_KGAT.py
def forward(self, u, i):
    ##[ batch_size, n_neibours, e_dim ] and #[ batch_size, n_neibours, r_dim ]
    t_embs, r_embs = self.get_neighbors(i)
    ##[ batch_size, e_dim ]
    h_embs = self.entity_embs(i)
    ##[ batch_size, e_dim ]
    Nh_embs = self.GATMessagePass(h_embs, r_embs, t_embs)
    ##[ batch_size, e_dim ]
    item_embs = self.aggregate(h_embs, Nh_embs, self.agg_method)
    ##[ batch_size, e_dim ]
    user_embs = self.user_embs(u)
    ##[ batch_size ]
    logits = torch.sigmoid(torch.sum(user_embs * item_embs, dim =1))
    return logits
```

其中的 get_neighbors() 方法其實和 KGCN 程式中的 get_neighbors()
方法相同。圖採樣的方式也和 KGCN 程式中圖採樣的方式相同。其餘的
內容大家可到範例程式中詳查。

另外在實際工作中注意力的使用也可採取多頭注意力，以及與所有
知識圖譜推薦演算法一樣，可以與知識圖譜嵌入任務做聯合訓練。

5.6.4 GFM 與知識圖譜的結合 KGFM

又到了用所學的知識自己推演演算法的時候了，結合 4.4.3 節中 GFM 的想法，在知識圖譜的推薦演算法中可以將 FM 的操作插入某個位置來學實體交叉後的資訊，FM 這一步的計算公式如下：

$$e_{\text{Nh}} = (\sum_{i=1}^{n} x_i)^2 - \sum_{i=1}^{n} x_i^2 \qquad (5\text{-}51)$$

其中，n 的數量是實體 h 此次採樣總共得到的三元組數量。這表示與實體 h 相連的尾實體 t 有 n 個，關係 r 也有 n 條，所以 x_i 代表由第 i 組 h、r 和 t 得到的向量。x_i 的計算公式如下：

$$x_i = f_{\text{KGAT}}(h, r_i, t_i) = (W_r e_t^i) \odot \tanh(W_r e_h + e_r^i) \qquad (5\text{-}52)$$

這個公式是從 KGAT 在計算注意力權重中的公式推演而來，這種計算的意義主要還是參考了 TransR。這樣使 x_i 蘊含了第 i 組 h、r 和 t 三者的資訊。

然後將 x_i 代入公式 (5-51) 得到 e_{Nh}，e_{Nh} 再與頭實體原本的向量 e_h 進行進一步的聚合，聚合方式可參考 KGAT 的那 3 種聚合方式，分別是求和聚合 (Sum)、拼接聚合 (Concat) 與雙相互作用聚合 (Bi-Interaction)。

後面的操作就跟 KGAT 之後的操作一樣了，即將更新後的頭實體向量與使用者向量計算得到預測值，所以 KGFM 的程式僅需要在 KGAT 的基礎上改動一處，即將 GATMessagePass() 函式改為以下這個函式：

```
#recbyhand\chapter5\s64_KGFM.py
#KGAT 由來的 FM 訊息傳遞
def FMMessagePassFromKGAT(self, h_embs, r_embs, t_embs):
    '''
    :param h_embs:頭實體向量 [ batch_size, dim ]
    :param r_embs:關係向量 [ batch_size, n_neibours, dim ]
    :param t_embs:尾實體向量 [ batch_size, n_neibours, dim ]
```

```
    '''
    ## 將 h 張量廣播,維度擴散為 [ batch_size, n_neibours, dim ]
    h_broadcast_embs = torch.cat([ torch.unsqueeze(h_embs, 1) for _ in
range(t_embs.shape[ 1 ]) ], dim = 1)
    #[ batch_size, n_neibours, dim ]
    tr_embs = self.Wr(t_embs)
    #[ batch_size, n_neibours, dim ]
    hr_embs = self.Wr(h_broadcast_embs)
    #[ batch_size, n_neibours, dim ]
    hr_embs= torch.tanh(hr_embs + r_embs)
    #[ batch_size, n_neibours, dim ]
    hrt_embs = hr_embs * tr_embs
    #[ batch_size, dim ]
    square_of_sum = torch.sum(hrt_embs, dim=1) ** 2
    #[ batch_size, dim ]
    sum_of_square = torch.sum(hrt_embs ** 2, dim=1)
    #[ batch_size, dim ]
    output = square_of_sum - sum_of_square
    return output
```

還有需要注意的是,這次將頭尾實體向量與關係向量的維度設為一樣了,所以對應的 W_r 是一個正方形的變換矩陣。這麼做的目的是為了將 x_i 的維度與頭實體的維度一樣,這樣經 FM 的公式之後的 e_{Nh} 可以直接與頭實體向量 e_h 進行進一步聚合。當然也不是非要一樣,拼接聚合就不要求它們的維度一樣。抑或是在求和之前,再進行線性變化調整維度,但代價是增加模型參數了,但是學習用的範例程式還是簡單為妙,直接限定 h、r 和 t 的維度一樣即可。

再回過頭想一想 KGCN,KGCN 的注意力計算方式在大多數情況下比 KGAT 更加優秀,因為它計算的是使用者相對於指定關係的偏好權重並以此作為注意力權重,以 KGCN 形式計算的 x_i 的公式如下:

$$x_i = f_{\text{KGCN}}(\boldsymbol{u}, \boldsymbol{r}_i, \boldsymbol{t}_i) = \text{Sotfmax}(\boldsymbol{u}\boldsymbol{r}_i) \times \boldsymbol{t}_i \tag{5-53}$$

這樣計算之後的 x_i 實際上是經過注意力權重更新過後的尾實體向量，然後代入公式 (5-51) 進行 FM 聚合似乎更符合 FM 特徵交叉計算的本意。透過 KGCN 由來的 FM 訊息傳遞的程式如下：

```
#recbyhand\chapter5\s64_KGFM.py
#KGCN 由來的 FM 訊息聚合
def FMMessagePassFromKGCN(self, u_embs, r_embs, t_embs):
    '''
    :param u_embs：使用者向量 [ batch_size, dim ]
    :param r_embs：關係向量 [ batch_size, n_neibours, dim ]
    :param t_embs：尾實體向量 [ batch_size, n_neibours, dim ]
    '''
    # 將使用者張量廣播，維度擴散為 [ batch_size, n_neibours, dim ]
    u_broadcast_embs = torch.cat([ torch.unsqueeze(u_embs, 1) for _ in
range(t_embs.shape[ 1 ]) ], dim = 1)
    #[ batch_size, n_neighbor ]
    ur_embs = torch.sum(u_broadcast_embs * r_embs, dim = 2)
    #[ batch_size, n_neighbor ]
    ur_embs = torch.Softmax(ur_embs, dim=-1)
    #[ batch_size, n_neighbor, 1 ]
    ur_embs = torch.unsqueeze(ur_embs, 2)
    #[ batch_size, n_neighbor, dim ]
    t_embs = ur_embs * t_embs
    #[ batch_size, dim ]
    square_of_sum = torch.sum(t_embs, dim = 1) ** 2
    #[ batch_size, dim ]
    sum_of_square = torch.sum(t_embs ** 2, dim = 1)
    #[ batch_size, dim ]
    output = square_of_sum - sum_of_square
    return output
```

更多的內容可查看完整 KGFM 的範例程式。

5.7 本章總結

本章學習了知識圖譜嵌入的基礎知識，以及一些具有代表性的知識圖譜推薦演算法。最後一節介紹了與圖神經網路相結合的推薦演算法。可以發現作者在創造這些演算法時，是一個從原有演算法結合一些新的知識進而推演出演算法的過程。最後的 KGFM 相信應該能夠給大家累積些推演演算法的經驗。

當然對 KGFM 進行最佳化的空間還很大，例如加入與知識圖譜嵌入的聯合訓練，甚至還可以與序列推薦聯合訓練。例如將使用者的歷史互動物品序列同時輸入圖訊息傳遞層及序列神經網路層中，而圖本身也能最佳化，例如將使用者與物品的互動也作為知識圖譜中的三元組事實，它們之間的互動是它們的關係。

相比單純的以圖神經網路為基礎的推薦演算法，以知識圖譜為基礎的推薦演算法在工業界會更容易實踐。因為在實際工作中如果要將資料以圖結構的形式儲存，則通常以知識圖譜的形式。以圖神經網路為基礎的推薦演算法可以視為知識圖譜推薦演算法的基礎知識，或簡化。

注意是在知識圖譜的推薦演算法系統中加入圖神經網路的應用，而非在圖神經網路的推薦演算法系統中加入知識圖譜。知識圖譜推薦演算法的發展歷史遠長於圖神經網路，並且某些基礎知識 (例如知識圖譜嵌入和路徑相似度等) 至今仍然很實用。在基礎知識紮實的前提下融入新穎的圖神經網路，以此創造更有效的演算法，這是本書想帶給大家的想法。

推薦系統的建構

　　至此，對於推薦演算法的學習可以告一段落了，接下來更重要的是利用這些演算法建構推薦系統。推薦演算法各式各樣，推薦系統的做法也不存在固定的模式，不過大方向的脈絡還是能夠整理出來的。本章介紹主流的推薦系統所具備的一些要素，包括一些細節上的主流處理方式。

　　如果說學習推薦演算法並不是要去記住某個具體演算法的做法，而是透過學習主流的演算法進而領悟出屬於自己心目中建構演算法的範式，則學習推薦系統就應該透過學習主流的系統建構方式，領悟出屬於自己心目中建構推薦系統的範式。

6.1　推薦系統結構

一個完整的點對點推薦系統大致可分為以下 3 部分。

(1) 資料處理部分：負責處理資料，例如進行人物誌、特徵工程、整理訓練標註、快取互動資訊等。該模組的資料來源應是使用者

端、伺服器端即時產生的資料或存在於業務資料庫、埋點日誌等中的資料。

(2) 模型訓練部分：負責訓練各個模型，資料來源是資料處理模組產生的資料。

(3) 預測服務部分：負責提供推薦預測的服務，資料來源是前兩個模組事先訓練好的模型及快取資料等。通常服務接收的參數是使用者 id，傳回排好序的推薦列表。

所謂完整的點對點的推薦系統指的是已經成型且理論上不需要人工去干預的推薦系統，區別於整個推薦專案。整個推薦專案的生命週期不止這 3 部分，推薦系統可以視為整個推薦專案的成品，推薦演算法模型屬於推薦系統的核心部分，這三者的包含關係如圖 6-1 所示。

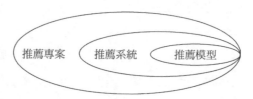

▲ 圖 6-1 推薦專案、推薦系統、推薦模型的包含關係

6.1.1 預測服務概覽

如果說推薦系統是整個推薦專案的成品，則預測服務部分是推薦系統的成品，所以本書先從該模組講起。

預測階段的基本流程如圖 6-2 所示。

▲ 圖 6-2 推薦系統的基本預測流程

(1) 目標使用者：指本次推薦請求所要服務的使用者物件。

(2) 召回層 (Match Layer)：召回層的目的是將千百萬級的候選物品減

少至千百級。例如一個短影片平臺有千千萬萬甚至上億個影片，將所有的影片輸入模型後預測使用者對每個影片的喜好程度，很顯然無論從時間還是從空間上來講，都是不可能做到的事情，所以在用模型預測前，需要盡可能地召回比較合適的候選物品。

(3) 排序層 (Rank Layer)：將召回的物品透過模型排序得到推薦清單，召回層和排序層本書會在後面幾個小節詳細介紹。

(4) 後處理：指進一步處理推薦列表，例如去除重複或營運手動增加一些需要曝光的物品等。

6.1.2 模型訓練概覽

模型訓練部分包含訓練召回模型與排序模型，需要注意的是模型訓練不要與推薦服務共用資源。因為推薦服務會直接影響客戶的使用，如果此時伺服器正在耗費算力進行模型訓練顯然不好。

在點對點的推薦系統中，模型的訓練通常是定時的任務，不同場景的模型會有不同的定時。訓練好的模型檔案需要存入與推薦預測伺服器同時都能存取的位置，例如某個雲端檔案儲存工具，或使用一些專業的模型訓練服務工具架設訓練環節的環境及檔案傳輸。預測端定時更新模型也有各式各樣的策略，可以在訓練端的模型上傳完成後馬上呼叫預測端的監聽，以便觸發預測端的模型更新，也可以預測端定時存取雲端倉庫發現有模型更新時更新所有或局部模型。

6.1.3 資料處理概覽

資料處理的部分主要是指將來源資料自動處理至模型訓練或預測服務所需資料的過程。

模型訓練所需的資料會根據不同的模型演算法整理不同的資料，例如 ALS 演算法僅需使用者與物品的互動三元組資料，知識圖譜推薦演算法則需要知識圖譜資料。此外，還有使用者或物品對應的特徵映射資料。

預測服務所需的資料主要是指一些統計類的資料，例如召回策略中有一路是熱門物品，則熱門物品的統計也會安排在資料處理部分完成。

所以資料處理部分也不可與推薦服務共用資源，但可以與模型訓練部分共用資源。

6.1.4 推薦系統結構概覽

對於一個成熟的點對點推薦系統而言，從來源資料包括每天新增的來源資料到處理後給模型訓練，再到預測端更新模型應該是全自動的過程，如圖 6-3 所示。

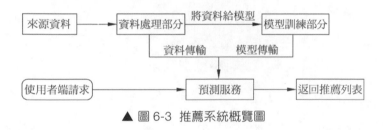

▲ 圖 6-3 推薦系統概覽圖

這是一個很大範圍的概覽圖，接下來一點一點地學習其中的細節。

6.2 預測服務部分

前文介紹了預測服務部分大概分為召回層、排序層和後處理 3 個階段，在這 3 個階段中重點是召回層與排序層，而這兩個階段不太好理解的應該是召回層。因為排序層其實是用模型預測出候選物品的興趣評分進而進行排序，絕大多數可產生排序的演算法模型能作為排序層模型。一個推薦系統也不一定只有一個排序層，可以先進行粗排序，之後進行最終的精排序，關於排序本書後文會詳細介紹。

但是召回層不一樣，召回層的模型或說做法需要很講究時間複雜度。因為它的重點可理解為「降維」，推薦系統中的召回層通常由多個召回策略組成，這被稱為多路召回。不同召回層的組合可以是平行處理的，也可以是串列的。

較為完整的預測服務的流程如圖 6-4 所示。

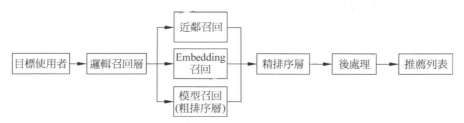

▲ 圖 6-4 預測服務階段較完整的概覽圖

召回層分為邏輯召回、近鄰召回、Embedding 召回及模型召回。可以看到它們之間有串列排列也有平行處理排列，但並不代表這幾個召回層一定如圖 6-4 所示排列，圖 6-4 僅是為了顯示出它們既可以串列又可以平行處理排列，所以將圖畫成那樣。

以模型為基礎的召回層也可稱為粗排序層，可以視為用可產生排序的模型先粗略排個序，之後取前 N 個作為候選物品，而為了區分粗排序層，最終的排序層通常被稱為精排序層。

接下來詳細介紹這些召回層，以及排序層的細節。

6.2.1 邏輯召回

邏輯召回可分為個性化邏輯召回與非個性化邏輯召回。

非個性化的邏輯召回指千人一面地尋找候選物品，例如：統計熱門物品、即時熱點、重要帳號最新發佈的內容等。

個性化的邏輯召回則指千人千面的邏輯推薦，例如：根據人物誌匹配物品、根據使用者興趣選擇篩選物品等。

邏輯召回比較簡單直接，雖然簡單，但也不能小看它的效果。甚至有些邏輯是必要的，例如一個應徵網站向求職者推薦職位，完全應該透過求職者的期望工作地點或目標給他篩選出對應地點的指定職位。甚至也可以根據他的目標薪資來匹配職位，若匹配他的目標職位不太多，則在求職者瀏覽後幾頁時再透過別的邏輯或演算法補充即可。

且一些精妙的邏輯設計不亞於演算法模型，例如一個自我調整做題的學習平臺，可以設計一個精妙而簡單的邏輯。如果當使用者做對題目，則在做下一題時向他推薦難度加 1 的題目，如果做錯，則推薦難度減 1 的題目，當然較上一題難度加 1 或減 1 一定不止一個題目，然後透過進一步的召回或排序篩選即可。

將好友喜愛的物品召回給自己，或將與自己相似使用者喜愛的物品召回，再或召回與自身喜愛物品的相似物品可以算是一種邏輯上的精妙召回，但也可以歸為近鄰召回的範圍。

6.2.2 近鄰召回

近鄰召回可分為以協作過濾為基礎的近鄰召回，和以內容相似度為基礎的近鄰召回。

對於協作過濾的近鄰召回，第 2 章講解得應該足夠詳細了。

至於以內容相似度近鄰召回為基礎顧名思義是透過近鄰演算法得到物品間內容的相似度，進而事先離線建立好每個物品的前 N 個相似物品，因為內容相似度區別於協作過濾相似度，物品的內容整體是不會改變的，所以完全可以事先離線建立好一個物品的相似度列表。如果輪到內容相似召回，則取目標使用者近期喜愛物品的相似物品召回即可。

還有一種做法是事先提取物品的關鍵字作為標籤，使用者方面透過統計的手法建立使用者的偏好標籤集。之後可以透過標籤直接建立出使用者與物品之間的以標籤為基礎的相似度進行召回候選物品。

協作過濾近鄰演算法與內容相似度近鄰演算法所用的指標都是相似度指標，其區別在於計算相似度的維度不同，前者透過行為資料定義樣本，後者則透過內容資料定義樣本。要說效果一定是協作過濾的近鄰召回效果更好，但是協作過濾的局限性是必須有充分的行為資料，如果一個系統中新使用者或非活躍使用者比重較高，則協作過濾就會很難做，所以內容相似度的召回在不少時候對於整個推薦系統而言可以提供很有效的幫助。

6.2.3 Embedding 召回

Embedding 召回是近鄰召回的延伸，例如要獲取一篇新聞與另一篇新聞的相似度，可以用自然語言處理的方式將整體新聞用 Embedding 表示，這個技術被稱為 Doc2Vec。有了 Embedding 之後，可以直接用 Cos 相似度算出 Embedding 之間的相似度，然後將相似度高的召回給使用者即可。

除此以外，採用 DeepWalk 這樣的 Graph Embedding 技巧也可以得到一張圖中各個節點的 Embedding，於是自然就有了物品與物品之間透過 Embedding 算出的相似度。當然如果將使用者作為圖節點也可獲取使用者的 Embedding，自然又可以直接得到使用者與物品之間的相似度。甚至如果用標註訓練一個 ALS 模型，則 ALS 迭代完成後原本隨機初始化的使用者與物品的 Embedding 已經具備協作過濾意義，所以也可計算彼此之間的相似度進行召回。

總而言之，獲取 Embedding 的方式有很多種，而只要有 Embedding 就可以求出 Embedding 之間的相似度，進而進行相似度近鄰召回的策略。

但是還有一個問題，如果不加一些特殊處理，純粹地計算所有物品間或所有使用者物品兩兩之間的 Embedding 相似度，之後再進行排序，那麼時間複雜度一定十分高。儘管這一過程在大多數情況下可以事先離線做好，但是若要追求推薦效果的即時性，離線模型訓練的時間複雜度也要盡可能地最佳化。何為即時性，假設所用的 Embedding 具備的是協作過濾屬性，則協作過濾自然會與使用者與物品的互動相關，而系統中使用者與物品的互動無時無刻都在發生變化，所以如此一來事先建立好的 Embedding 召回層模型的變化頻率也應該跟得上才行。綜上所述，加速 Embedding 的演算法不得不應運而生。

關於加速 Embedding 的演算法，有個最簡單的想法。假設給定的一串數字如下：

8	2	5	9	3	4	1	7	6

任務是要找出這串數字與查詢值 x 距離最近的數字，普通的做法是將 x 與以上數字一一做比較，則時間複雜度是 n。

如果將以上的數字有序地排列，則變成：

1	2	3	4	5	6	7	8	9

在做比較時可以先將 x 與中位數 5 比較，如果比 5 大，則可以省略與 5 左邊的 1、2、3、4 比較。依此類推，每次只與中位數比較即可。時間複雜度則降為 $\log 2n$。以此想法為基礎，後來發展出了 KDTree 演算法，KDTree 處理的不只是數字間的匹配，而是處理像 Embedding 這樣的多維向量。KDTree 的主要核心是將向量建立起樹狀結構，進而加速 Embedding 的匹配。

但如今有一個更簡單的 Embedding 加速匹配演算法，即 LSH（局部敏感雜湊）。本書會在本章的 6.3 節單獨詳細介紹 LSH。

6.2.4 以模型為基礎的召回：粗排序層

由 Embedding 匹配的想法繼續延伸就到了以模型為基礎的召回，又稱為粗排序層。粗排模型和精排模型的區別在於精排模型相比粗排模型較複雜。

例如 ALS 這種簡單且順便能產生使用者與物品向量表示的演算法很適合作為粗排模型，而序列推薦演算法系列則通常會作為精排模型。其實理論上講本書第 2~5 章的所有演算法模型都能作為粗排或精排模型。可以將具備多頭注意力層的 Transformer 模型作為精排模型，將單頭注意力層的 Transformer 模型作為粗排模型。粗排序層與精排序層模型的界限就在於時間複雜度的最佳化力度。

對於粗排模型有一種可以提高模型的表達能力，但不會增添預測時間複雜度的設計想法，即雙塔模型結構 [1]，如圖 6-5 所示。

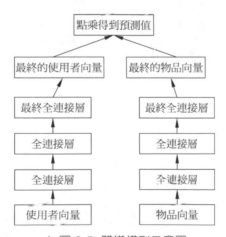

▲ 圖 6-5 雙塔模型示意圖

雙塔模型的重點在於使用者與物品的 Embedding 發生計算屬於模型的最終一步，此前使用者向量的傳播與物品向量的傳播互不干擾。進而模型訓練完畢後並不記錄使用者與物品最初層的 Embedding，而是記錄使

用者與物品最終層的 Embedding，所以預測時僅需計算最終一步，這樣可大大減小預測時間複雜度，而訓練時的「使用者塔」或「物品塔」可隨意調整，並且不會影響預測的速度。

這種想法也可用在圖型演算法中，無論中間的訊息傳遞再複雜，只要保證使用者與物品在中間過程中互不干涉，則只需記錄最終使用者與物品的 Embedding，如圖 6-6 所示。

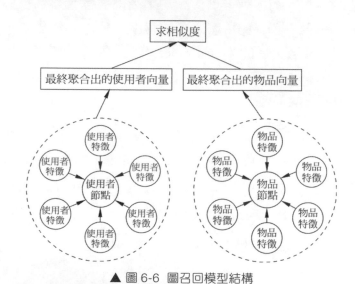

▲ 圖 6-6　圖召回模型結構

甚至序列模型也可以照此設計成召回模型，總之只要在最終計算前使用者與物品不要有接觸即可。像 FM 這樣的結構就無法避免接觸，因為 FM 需要事先將使用者與物品的特徵兩兩組合進行傳遞。

6.2.5　精排序層

經過各個召回階段層層地篩選，留給精排序層的候選物品已經所剩無幾了，所以精排層的模型應盡可能地保證推薦效果而非效率。只要將粗排了解清楚，相信大家對精排不會有困惑。在此再將粗排層與精排層的重要區分重複說明一下：

凡是模型預測時僅需使用使用者向量及物品向量做一個運算的模型均可當作粗排層模型使用。例如像 ALS 系列模型，包括雙塔模型，以及用 CNN、RNN 等手段聚合過使用者特徵及物品特徵的那些模型，最終預測試時直接可透過傳來的使用者索引，以及候選物品索引清單計算得分之後再進行快速排序。這包括部分簡單的圖神經網路，例如使用者圖與物品圖分開進行訊息傳遞的圖模型均有此效果。

而像 FM 系列模型，FM 本身兩兩交叉特徵的性質表示每次都需提取使用者與物品的特徵進行兩兩交叉計算後方可預測分數，所以預測的時間複雜度顯然不低，也就只能用作精排序層了。序列推薦模型、複雜的圖神經網路與知識圖譜模型同樣存在這個問題，但是它們都具備相同的優勢，即精確度高，理論上輪到精排序層計算的候選物品一定是在一次平行計算就能算完的量級，所以相對應的位於精排序層的模型完全可以選擇較複雜的推薦模型。

所謂一次平行計算指的是類似於訓練模型時以一個批次進行輸入的情況。例如給某個使用者推薦物品，輪到精排序層的候選物品有 64 個，此時無須一次一次地將該使用者分別與這 64 個物品的評分進行總計 64 次計算後再做比較，而是僅需將該使用者廣播成 64 個一樣的使用者，然後與 64 個物品一批次地輸入模型，進行一次平行計算，直接得到 64 個評分之後進行排序即可。

6.2.6 小節總結

圖 6-7 展示了本節 5 個重要模組的關係。兩個圓圈交界的地方代表它們的邊界有重疊。

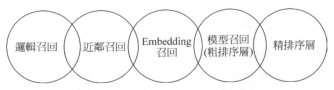

▲ 圖 6-7 預測服務階段的五大重要模組

重點還是那些召回手段的應用，召回層的演算法 (包括粗排序層) 都要把召回率放在首位。要盡可能充分地召回針對個性化使用者喜愛的物品。將精確率交給精排層即可，所以召回層的任務嚴格來講有以下兩個。

(1) 將千百萬級的資料減少至千百級。
(2) 提高整體推薦的召回率。

如果僅讓精排層從巨量的候選物品中去排序，則熱門的物品很大機率會被排在前排，所以系統整體的召回率不會很高，並且會發生長尾效應，即熱門的物品會更熱門，冷門的物品會更冷門，所以在精排序前透過各個召回模組的配合使用是建構一個優秀推薦系統預測端的重要手段。

6.3 LSH-Embedding 匹配的加速演算法

在 6.2.3 節提到過有一個非常簡單的演算法可以加速 Embedding 匹配，即局部敏感雜湊 (Locality Sensitive Hashing, LSH)[2]。該演算法非常經典，2004 年由史丹佛大學提出，一直沿用至今。

LSH 的中心概念是利用 And then Or 操作使查準的機率增大，使誤判的機率降低，進而使相似的樣本可以分到同一個雜湊桶。直接這樣講相信大家肯定還是一頭霧水，所以下面就以最入門的一種 LSH，即 Min-Hash 來入手，進而了解 And then Or 操作的意思。

6.3.1 Min-Hash

當兩個向量能求 Jaccard 相似度時可用 Min-Hash 的 LSH 演算法，Jaccard 相似度 = 交集 / 聯集。

假設使用者與物品的共現矩陣如表 6-1 所示。

表 6-1　共現矩陣

使用者	I_1	I_2	I_3	I_4	I_5	I_6
U_1	1	0	1	1	0	1
U_2	1	1	1	1	0	1
U_3	0	1	0	0	1	0
U_4	1	0	1	0	0	0

　　U_1、U_2……代表使用者，I_1、I_2……代表物品，此處的目的是要找到相似的使用者。目前就 4 個使用者而言，肉眼可以看到 U_1 和 U_2 是相似的，因為它們只有對物品 I_2 的互動表現上不同，其餘全部相同，所以接下來要透過 Min-Hash 的操作看一看是否能將 U_1 和 U_2 分到同一個雜湊桶。

1. 操作過程

　　第一步：首先將共現矩陣轉置，因為縱向的演示可觀性會好一點，轉置過後的共現矩陣如表 6-2 所示。

表 6-2　轉置過後的共現矩陣

物品	U_1	U_2	U_3	U_4
I_1	1	1	0	1
I_2	0	1	1	0
I_3	1	1	0	1
I_4	1	1	0	0
I_5	0	0	1	0
I_6	1	1	0	0

　　第二步：將矩陣按行隨機置換 t 次，然後記錄下每列第一次出現 1 的座標並作為「簽名」，組成 $t \times m$ 的簽名矩陣 (m 為使用者數量)，如圖 6-8 所示。

A

	U_1	U_2	U_3	U_4
I_5	0	0	1	0
I_4	1	1	0	0
I_3	1	1	0	1
I_2	0	1	1	0
I_1	1	1	0	1
I_6	1	1	1	0

B

	U_1	U_2	U_3	U_4
I_6	1	1	0	0
I_3	1	1	0	1
I_4	1	1	0	0
I_2	0	1	1	0
I_1	1	1	0	1
I_5	0	0	1	0

C

	U_1	U_2	U_3	U_4
I_1	1	1	0	1
I_2	0	1	1	0
I_3	1	1	0	1
I_4	1	1	0	0
I_5	0	0	1	0
I_6	1	1	0	0

D

	U_1	U_2	U_3	U_4
I_2	0	1	1	0
I_3	1	1	0	1
I_1	1	1	0	1
I_4	1	1	0	0
I_6	1	1	0	0
I_5	0	0	1	0

A	2	2	1	3
B	1	1	4	2
C	1	1	2	1
D	2	1	1	2

▲ 圖 6-8 Min-Hash 說明圖 - 隨即置換生成簽名矩陣

第三步：將簽名矩陣分成 b 份，b 是 Band 的簡寫，如圖 6-9 所示分成了兩份 Band。

第四步：比對每個 Band 中每一列的值，如果有相同的值，則可認為它們兩個相似，如圖 6-10 所示，可以認為 U_1 和 U_2 相似。

U_1	U_2	U_3	U_4
2	2	1	3
1	1	4	2
1	1	2	1
2	1	1	2

▲ 圖 6-9 Min-Hash 說明圖 - 將簽名矩陣分成 b 份

U_1	U_2	U_3	U_4
2	2	1	3
1	1	4	2
1	1	2	1
2	1	1	2

▲ 圖 6-10 Min-Hash 說明圖 - 比對每個 Band 中的列

2. 原理

Min-Hash 的操作步驟介紹完畢，最終的確將 U_1 和 U_2 判斷為相似使用者。先不論這麼操作是否比兩兩比對相似度更省時間複雜度，先來理解一下 Min-Hash 的原理，即為什麼 U_1 和 U_2 能夠被分在同一個雜湊桶中。

實際上每次置換後，每個使用者得到的簽名雜湊值相同的機率是它們兩者之間的 Jaccard 相似度，之後用 S 表示。

如圖 6-11 所示，假設經歷了 t 次置換，獲得了 $t \times m$ (m 為使用者數量) 的矩陣後，將其平均分為若干個 Band，每個 Band 有若干行 rows，之後 Band 的數量用 b 表示，rows 的數量用 r 表示。圖 6-11 中 bands 的數量為 3，rows 的數量為 4，t 是總的置換次數，所以是 $3 \times 4 = 12$。

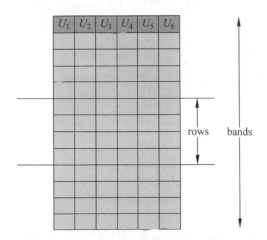

▲ 圖 6-11 Min-Hash 說明圖：rows 與 bands

所以既然樣本間每個簽名相同的機率為 S，則一個 Band 中所有 rows 的簽名雜湊都相同的機率為 S^r。也就是說它們在同一個 Band 中不相同的機率是 $1-S^r$，在所有 Band 中均不相同的機率則是 $(1-S^r)^b$，所以在所有 Band 中至少有一個相同的機率 $1-(1-S^r)^b$。此時即被稱為映射到同一個雜湊桶。

假設 $r = 4$，$b = 3$。

樣本 1 與樣本 2 的 $S=0.2$ 時，則被映射到同一個雜湊桶的機率為

$$1-(1-S^r)^b = 1-(1-0.2^4)^3 = 0.0047923$$

$S = 0.8$ 時兩個使用者被映射到同一個雜湊桶的機率為

$$1-(1-S^r)^b = 1-(1-0.8^4)^3 = 0.7942029$$

假設 $r = 5$，$b = 10$。

$S = 0.2$ 時兩個使用者被映射到同一個雜湊桶的機率為

$$1-(1-S^r)^b = 1-(1-0.2^5)^{10} = 0.0031953$$

$S = 0.8$ 時兩個使用者被映射到同一個雜湊桶的機率為

$$1-(1-S^r)^b = 1-(1-0.8^5)^{10} = 0.9811305$$

所以可以透過增加 r 來減少將原本相似度低的兩個使用者映射到同一個雜湊桶的機率。透過增加 b 來放大原本相似度高的使用者映射到同一個雜湊桶的機率。

這種方法是 And then or。

And 部分：r 越大，則兩個使用者簽名雜湊相同的機率則越小。

Or 部分：b 越大，則兩個使用者至少有一個雜湊相同的機率會越大。

3. 程式

Min-Hash 演算法的範例程式的位址為 recbyhand\chapter6\s31_min_hash.py。

　　書中挑一些重點程式講解一下，首先其中每一次置換得到一個簽名
的操作其實際程式如下：

```
#recbyhand\chapter6\s31_min_hash.py
# 一次簽名
def doSig(inputMatrix):
    '''
    :param inputMatrix：傳入共現矩陣
    :return：一次置換得到的簽名
    '''
    # 生成一個行 index 組成的串列
    seqSet = [ i for i in range(inputMatrix.shape[0]) ]
    # 生成一個長度為資料長度的值為 -1 的串列
    result = [ -1 for i in range(inputMatrix.shape[1]) ]
    count = 0

    while len(seqSet) > 0:
        randomSeq = random.choice(seqSet)          # 隨機選擇一個序號
        for i in range(inputMatrix.shape[1]):      # 遍歷所有資料在那一行的值
            # 如果那一行的值為 1，並且 result 串列中對應位置的值仍為 -1，則意為還沒賦過值
                if inputMatrix[randomSeq][i] != 0 and result[i] == -1:
                    # 將那一行的序號賦值給 result 串列中對應的位置
                    result[i] = randomSeq
                    count += 1

        # 當 count 數量等於資料長度後說明 result 中的值均不為 -1，
        # 表示均賦過值了，所以跳出迴圈
        if count == inputMatrix.shape[1]:
            break

        # 一輪下來，如果 result 串列沒收集出足夠的數值，則繼續迴圈，但不會再選擇剛才
那一行
        seqSet.remove(randomSeq)

    return result
```

取得整個簽名矩陣的程式如下：

```
#recbyhand\chapter6\s31_min_hash.py
import numpy as np

# 得到簽名矩陣
def getSigMatricx(input_matrix, n):
    result = []
    for i in range(n):
        sig = doSig(input_matrix)
result.append(sig)
    return np.array(result)
```

其中的 input_matrix 是共現矩陣，n 是置換次數，n=rows×bands，然後將簽名矩陣傳入以下這種方法去切分雜湊桶，程式如下：

```
#recbyhand\chapter6\s31_min_hash.py
# 得到 hash 字典
def getHashBuket(sigMatrix, r):
hashBuckets = { }
    begin = 0
    end = r
    b_index = 1 # 為了防止跨 Band 匹配

    while end <= sigMatrix.shape[0]:
        for colNum in range(sigMatrix.shape[1]):
            # 將 rows 個簽名與 band index 字串合併後取 md5 雜湊
            band = str(sigMatrix[ begin：end, colNum ]) + str(b_index)
            hashValue = getMd5Hash(band)
            if hashValue not in hashBuckets:
                hashBuckets[ hashValue ] = [ colNum ]
            elifcolNum not in hashBuckets[ hashValue ]:
                # 將雜湊值相同的分在同一個雜湊桶內
                hashBuckets[ hashValue ].append(colNum)
        begin += r
        end += r
        b_index += 1
    return hashBuckets
```

這段程式值得注意的是其中有個 b_index 變數，那是為了防止跨 Band 匹配。什麼意思呢？如圖 6-12 所示。

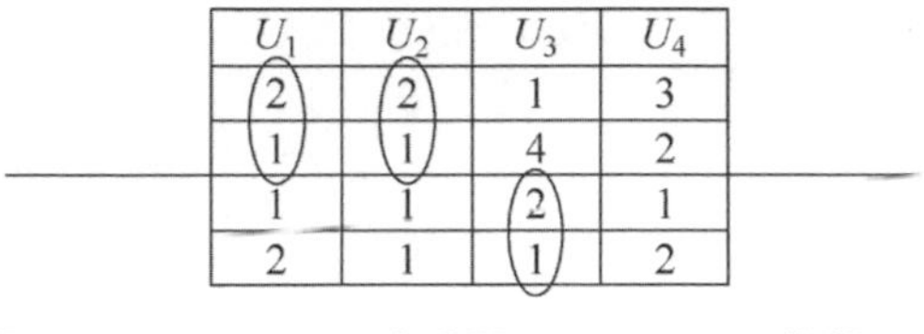

U_1	U_2	U_3	U_4
2	2	1	3
1	1	4	2
1	1	2	1
2	1	1	2

▲ 圖 6-12 Min-Hash 說明圖，不同 Band 的相同 rows

「2，1」這一段簽名在圖 6-12 中總共存在 3 個，而對應 U_3 的「2，1」與 U_1 和 U_2 的「2，1」不在同一個 Band 中，所以不應該將它們歸在同一個雜湊桶。如果僅用「2，1」生成雜湊，則無法限制這個邏輯，所以程式中加入了 b_index，即 Band 的序號一同與列簽名生成雜湊值，這樣就能防止跨 Band 的簽名匹配了。

在生成雜湊的操作範例程式中用了 md5() 函式，程式如下：

```
#recbyhand\chapter6\s31_min_hash.py
import hashlib
#取md5 hash
def getMd5Hash(band):
    hashobj = hashlib.md5()
    hashobj.update(band.encode())
    hashValue = hashobj.hexdigest()
    return hashValue
```

只要字串相同，生成的雜湊也相同，所以此處其實可以採取任何的雜湊演算法。

得到的雜湊字典 key 為雜湊值，value 為分到該雜湊桶的樣本清單。雜湊字典會有重複或子集包含關係，所以最後透過下列程式整理一下，具體的程式如下：

```
#recbyhand\chapter6\s31_min_hash.py
# 去除重複及去除子集
def __deleteCopy(group,copy,g1):
    for g2 in group:
        if g1 != g2:
            if set(g1) - set(g2) == set():
                copy.remove(g1)
                return


# 將相似 item 聚類起來
def sepGroup(hashBuket):
    group = set ()
    for v in hashBuket.values():
        group.add(tuple(v))
    copy = group.copy()
    for g1 in group:
        __deleteCopy(group,copy,g1)
    return copy
```

整個 Min-Hash 流程的程式如下：

```
#recbyhand\chapter6\s31_min_hash.py
def minhash(dataset, b, r):
    inputMatrix = np.array(dataset).T        # 將 dataset 轉置一下
    sigMatrix = getSigMatricx(inputMatrix, b*r)   # 得到簽名矩陣
    hashBuket = getHashBuket(sigMatrix, r)    # 得到 hash 字典
    groups = sepGroup(hashBuket)              # 將相似 item 聚類起來
    return groups
```

6.3.2 LSH

透過 Min-Hash 了解完 And then Or 的概念後，按下來學習更普遍的 LSH。Min-Hash 僅利用的是 Jaccard 相似度，但對於向量樣本而言該怎麼利用 And then Or 概念呢？

首先參見散點圖表，每個點就好比一個二維向量樣本，如圖 6-13 所示。

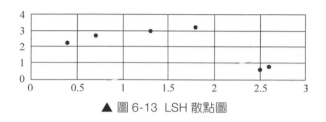

▲ 圖 6-13 LSH 散點圖

大家思考一下以下這個問題，如果將向量由高維空間投影到低維空間是否能保持原有距離？為了驗證這個問題，不妨在散點圖中畫直線來模擬將二維投影到一維的動作，如圖 6-14 所示。

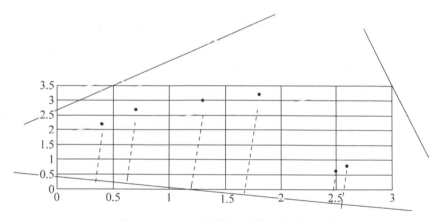

▲ 圖 6-14 LSH 說明圖 - 將散點投影到直線

透過多次比劃可以得出以下兩個結論：

(1) 在將高維空間中原本距離相近的點投影到低維空間時，仍然會保持相近。可用 Or 手段放大機率。
(2) 在將高維空間中原本距離較遠的點投影到低維空間時，大機率距離仍然會遠，但有小機率距離會變近。可用 And 手段減少誤判機率。

如此一來又可以使用 And then Or 的操作方式來使查準的機率增大，使誤判的機率降低。具體怎麼做呢？如圖 6-15 所示。

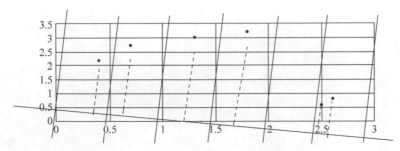

▲ 圖 6-15 LSH 說明圖 - 切分雜湊桶

步驟如下：

(1) 將直線分為 w 個等份 (或稱雜湊桶)，設兩個點被投影到同一等份的機率為 $\frac{S}{w}$。w 表示等份的數量越大，投影到同一等份的機率一定越低，S 是兩個點之間的相似度。該相似度可由兩個點之間的歐氏距離或夾角餘弦值計算而得，過程較為複雜，並且並不是重點，此處僅需用一個 S 代表兩個樣本間的相似度去理解後面具體的操作即可。

(2) **And** 部分：重複 r 次投影，兩個點之間每一次投影都投影到同一個等份的機率為 $\left(\frac{s}{w}\right)^r$。也就是說只要有一次不同的機率為 $1-\left(\frac{s}{w}\right)^r$。

(3) **Or** 部分：重複 b 次 And 部分的操作，兩個點進行每次 And 操作均不會投影到同一等份的機率為 $\left(1-\left(\frac{s}{w}\right)^r\right)^b$，所以至少有一次能投影到同一等份的機率為 $1-\left(1-\left(\frac{s}{w}\right)^r\right)^b$。

所以這就又到了熟悉的公式。所謂投影的操作在實際寫程式時該怎麼寫呢？其實投影操作是線性變化，假設被投影的向量為 x，長度為 k，

則可計算 x 與另一個隨機生成長度為 k 的向量 v 的內積。該內積可被認為向量 x 在一維空間的投影，記作 $x \cdot v$。

將 w 設為等份數量，通常還會生成一個在 $0\sim w$ 間的隨機變數 b。用來避免邊界固化，所以投影操作的公式以下 [2]：

$$h = \left\lfloor \frac{x \cdot v + b}{w} \right\rfloor \tag{6-1}$$

其中，$\lfloor \rfloor$ 代表向下取整數。公式 (6-1) 中的 h 代表這一次的簽名值。重複投影操作 rows×bands 次。將每一次得到的 h 組合起來生成簽名矩陣，將矩陣等分成 bands 份，每份有 rows 行。

後面的動作就和 Min-Hash 相同了，比對每個 Band 中每一列的值，如果有相同的值，則可認為它們表示的兩個樣本相似。

LSH 的範例程式的位址為 recbyhand\chapter6\s32_lsh.py。核心的程式如下：

```
#recbyhand\chapter6\s32_lsh.py
# 得到簽名矩陣
def getSigMatrics(self, x):
    '''
    :param x：輸入的向量 [ batch_size, dim ]
    :return：簽名矩陣 [ 簽名次數 (rows * bands), batch_size ]
    '''
    n = self.r * self.b
    # 直接生成一個簽名次數 * 向量維度的矩陣
    v = torch.rand((n, x.shape[1]))
    # 生成偏置項
    bias = torch.rand(n, 1) * self.w
    # 一步生成簽名矩陣
    sm = (torch.matmul(v, x.T) + bias) //self.w
    return sm
```

沒錯，實際上生成簽名的操作可以平行計算，這是為什麼 LSH 能讓 Embedding 匹配變得高速的真正原因。得到簽名矩陣後，後面的切分雜湊桶之類的程式與 Min-Hash 是一樣的，具體大家可查看更詳細的範例程式。

6.3.3 雙塔模型 +LSH 召回實戰

本節來撰寫雙塔模型 +LSH 配合使用的召回實戰程式，範例程式的位址為 recbyhand\chapter6\s33_dssm&lsh.py。

雙塔模型的主要程式如下：

```
#recbyhand\chapter6\s33_dssm&lsh.py
class DSSM(nn.Module):
    def __init__(self, n_users, n_items, dim):
        super(DSSM, self).__init__()
        '''
        :param n_users：使用者數量
        :param n_items：物品數量
        :param dim：向量維度
        '''
        self.dim = dim
        self.n_users = n_users
        self.n_items = n_items
        # 隨機初始化使用者的向量，將向量約束在 L2 範數為 1 以內
        self.users = nn.Embedding(n_users, dim, max_norm = 1)
        # 隨機初始化物品的向量，將向量約束在 L2 範數為 1 以內
        self.items = nn.Embedding(n_items, dim, max_norm = 1)
        self.user_tower = self.tower()
        self.item_tower = self.tower()

    def tower(self):
        return nn.Sequential(
            nn.Linear(self.dim, self.dim //2),
            nn.ReLU(),
            nn.Linear(self.dim //2, self.dim //3),
```

```
            nn.ReLU(),
            nn.Linear(self.dim //3, self.dim //4),
        )
    # 前向傳播
    def forward(self, u, v):
        '''
        :param u：使用者索引 id shape:[batch_size]
        :param i：使用者索引 id shape:[batch_size]
        :return：使用者向量與物品向量的內積 shape:[batch_size]
        '''
        u,v = self.towerForward(u,v)
        uv = torch.sum(u*v, axis = 1)
        logit = torch.sigmoid(uv)
        return logit


    # 「塔」的傳播
    def towerForward(self, u, v):
        u = self.users(u)
        u = self.user_tower(u)
        v = self.items(v)
        v = self.item_tower(v)
        return u, v


    # 該方法傳回的是「塔」最後一層的使用者物品 Embedding
    def getEmbeddings(self):
        u = torch.LongTensor(range(self.n_users))
        v = torch.LongTensor(range(self.n_items))
        u, v = self.towerForward(u, v)
        return u, v
```

　　首先可以看到該類別取名為 DSSM，DSSM 的全名為 Deep Structured
Semantic Models，叫作深度結構化語義模型 [1]。其實雙塔模型是由
DSSM 而來，有的文獻會把雙塔模型直接稱為 DSSM，其實這不嚴謹。
因為 DSSM 原本是自然語言處理方面的模型，推薦工程師只是參考了
DSSM 的雙塔結構而在 ALS 的基礎上加入了 MLP 的結構而已。實際上雙
塔模型本身也有許多種，範例程式的這種使用者塔與物品塔的結構算是
最基礎簡單的雙塔模型了。

　　另外大家可以看到程式中最後一種方法 getEmbeddings()，這種方法是為了在訓練完畢後得到最後一層的使用者與物品向量，而這些向量是之後要進行 LSH 雜湊分桶的向量。整個雙塔模型 +LSH 的流程如圖 6-16 所示。

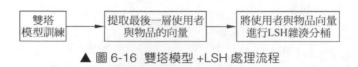

▲ 圖 6-16　雙塔模型 +LSH 處理流程

　　該流程的程式如下：

```
#recbyhand\chapter6\s33_dssm&lsh.py
from chapter6 import s32_lsh as lsh

def doRecall():
    # 訓練模型
    net = train()
    # 得到最後一層的使用者，物品向量
    user_embs, item_embs = net.getEmbeddings()
    # 初始化 LSH 模型
    lsh_net = lsh.LSH(w = 4, rows = 32, bands = 6)
    # 傳入使用者物品向量進行雜湊分桶
    recall_dict = lsh_net.getRecalls(user_embs, item_embs)
    return recall_dict
```

　　雙塔模型訓練的過程程式就不在書中展示了，而其中的 LSH 模型是 6.3.2 節的程式檔案，將使用者和物品向量都傳入 LSH 模型的 getRecalls() 方法中，該方法具體的程式如下：

```
#recbyhand\chapter6\s33_dssm&lsh.py
def getRecalls(self, u, x):
    # 將使用者與物品向量拼起來
    ux = torch.cat([ u, x ], dim = 0)
    # 將拼起來的向量一同得到簽名矩陣
    sm = self.getSigMatrics(ux)
```

```
# 根據簽名矩陣進行雜湊分桶
hb = self.getHashBuket(sm, self.r)
# 將相似向量聚類起來
group = self.sepGroup(hb)
# 得到使用者數量
u_number = u.shape[0]
# 傳入使用者數量與聚類的分組得到最終給每個使用者召回的物品集
recall_dict = self.doRecall(group, u_number)
return recall_dict
```

該方法中大家不了解的應該是最後一個 doRecall() 方法，doRecall()
方法傳入的是分好組的向量索引及使用者數量。因為在使用者與物品向
量拼接時，使用者的向量在前，物品向量在後，所以可以透過索引是否
在使用者數量範圍內來區分使用者還是物品向量。doRecall() 方法的具體
的程式如下：

```
#recbyhand\chapter6\s33_dssm&lsh.py
# 傳入使用者數量與聚類的分組得到最終給每個使用者召回的物品集
def doRecall(self, group, u_number):
    recall_dict = collections.defaultdict(set)
    # 得到使用者索引集
    us = set(range(u_number))
    for i in group:
        i = set(i)
        ius = i&us
        if len(ius) > 0 :# 如分組中有使用者索引，則進行處理
            for u in ius:
                # 給每個使用者記錄召回的物品索引
                recall_dict[u] |= (i - ius)
    return recall_dict
```

這樣一來最終可以得到 key 為使用者索引，value 為物品索引集合的
召回字典集。其餘的程式大家可去附帶程式中詳細查看。大家也可嘗試
著調整 LSH 模型的 w、rows 和 bands 參數來控制召回得到的物品數量。

透過 LSH 召回有一個缺點，即召回數量不穩定，有些使用者可能召回很多物品，而有些使用者則召回的物品數量為 0。通常這種情況的最佳化邏輯是放寬分桶的限制，例如調大 bands 參數，然後在已經召回過一輪的物品集中再進行與使用者 Embedding 的 Embedding 相似度排序。也可以選擇不放寬分桶限制，而對召回物品數量為 0 的再進行別的策略的召回補充。總之具體場景都可具體去操作。LSH 雖不穩定，但其速度實在很快，對於設計召回層而言應該是要掌握的技能。

6.4　模型訓練部分

模型訓練的部分佔據了推薦系統中最核心的地位，但比預測服務部分要好理解許多，因為是常規訓練模型的過程。在實際專案中要考慮的無非是資源利用及資料傳輸等問題。

根據訓練是否在原有模型中做更新，可劃分為全量訓練與增量訓練。

根據訓練是否佔用預測端資源，可劃分為離線訓練與線上訓練。

根據訓練頻次的即時性，可劃分為定時訓練與即時訓練。

6.4.1　全量訓練與增量訓練

先來理解全量訓練與增量訓練的區別。全量訓練可被理解為用所有的資料進行模型訓練，而增量訓練是利用新增的資料在原有模型的基礎上做遷移學習訓練。

但是這樣理解並不嚴謹，全量訓練並非一定要用全部資料，並且採取全部資料做訓練是一個很不妥的策略。推薦系統的模型訓練並非一勞永逸，而是日復一日地定期更新，所以如果單純設計一個採取全部資

料的訓練腳本去日復一日地執行，它所獲取的資料量會呈現永增狀態，這不是一個可持續的模型訓練方案。且使用者的習慣日益改變，老舊的資料對於推薦的影響會越來越低，以至於沒有必要費力去計算其影響因數，所以即使是全量訓練，資料也並非全量，而是某一段期間內的資料。

實際上全量訓練與增量訓練基本的差異在於增量訓練是用上一次訓練完成的模型參數初始化這一次的訓練。增量二字型現在並不拋棄舊資料的資訊，而是在舊資料已經訓練好的模型的基礎上用新資料繼續迭代更新模型需要學習的參數，而全量訓練則使用資料重新訓練一次模型。

例如可以設計以下一種定期更新模型的方式，每天用當天新增的資料進行一次增量訓練，而每 10 天用 20 天內的資料進行一次全量訓練。因為增量訓練的優勢在於不會剔除舊資料的影響，所以可以將訓練頻率設計得很高，但如果永遠採取增量訓練而不用全量訓練更新一下模型參數，則久而久之增量訓練在迭代時很有可能落在局部最佳解而出不來，所以增量與全量應該配合著使用。

全量訓練與增量訓練的區別總結詳見表 6-3。

表 6-3 全量訓練與增量訓練的區別總結

訓練類型態	資料的量級	資料的獲取方式	如何初始化模型參數	優勢	劣勢
全量訓練	實際無明顯限定，但根據訓練性質的不同，大多數情況下全量訓練要求的資料量更多	獲取一段時間內的資料	隨機初始化或特定邏輯初始化，模型參數與上一次訓練無關	可得到全域最佳解及消除累計誤差	每次訓練的資料量要求較大，單次訓練時長較長
增量訓練		獲取新增的資料	採取上一次模型的參數作為本次的初始	每次訓練的資料量要求較小，故可提高訓練頻次，減少單次訓練時長	有機率落入局部最佳解且會累積誤差

6.4.2 定時訓練與即時訓練

定時訓練很好理解,根據時間定期地進行全量或增量的訓練,而即時訓練指的是根據即時資料觸發的訓練,與定時任務不同的是,定時任務是由時間驅動的,而即時訓練是由資料驅動的。什麼是資料驅動,例如可以設計一個邏輯,當增量資料累積到某個量級時開始訓練模型。既然即時訓練是由資料驅動的,那就儘量不要安排用即時訓練的方式進行全量訓練。

雖然定時任務可以透過將間隔時間設定得更短,觸發頻率更高等來提高即時性,但這樣並不穩定,因為高峰時期與低峰時期產生的資料的量級差別很大。對於一個模型能穩定更新的關鍵是資料而非時間,如果定時任務設定得過於高頻,則在低峰時期產生的資料量可能對於本次更新毫無意義,而下一次又不會來載入已經訓練過的資料,這樣就會使推薦模型的預測效果下降,所以定時訓練一般不要設定得很高頻,如有高頻更新模型的需求,則採用即時訓練的方式更為合適。

定時訓練與即時訓練的區別總結詳見表 6-4。

表 6-4 定時訓練與即時訓練的區別總結

訓練類型	訓練觸發方式	是否適合全量訓練	是否適合增量訓練	優勢	劣勢
定時訓練	定時腳本觸發	是	是	簡單,便於管理	每次增量的資料量不穩定,做不到高頻更新
即時訓練	即時資料流觸發	否	是	每次增量的資料量穩定,可做到高頻更新,提高即時性	需維護資料流程,容錯率低

6.4.3 離線訓練與線上訓練

從原則上講，訓練模型的過程都應該離線訓練，因為模型訓練會大量佔據記憶體與 CPU 的或 GPU 的使用率。在傳統推薦系統中涉及模型的部分清一色全部採用離線的方式完成，預測端僅負責利用模型進行預測或一些邏輯的處理。為了保持內容的即時性，預測端寧願設計精妙的召回邏輯也不太可能進行線上的模型訓練。離線訓練的整個流程很簡單，需要考慮的是原始資料的讀取及將訓練好的模型傳輸給預測端，另外也可以觀察記憶體與 CPU 使用率的情況來平衡兩者的關係，以便增加訓練效率。

隨著推薦系統技術及硬體的發展，目前各大公司也開始對線上訓練進行研究。其實線上訓練進行的往往是很局部的更新，例如絕大多數模型參數是固定不變的，僅利用增量資料對某幾個參數進行少量幾次迭代，甚至還可用使用者端進行訓練。線上訓練的策略很多，但是所謂精妙的召回邏輯其中門道也很多，對於新手來講，筆者並不建議大家將精力耗費在線上訓練這一塊。本身需要線上訓練的場景幾乎沒有，即使有也是推薦系統在後期最佳化時的可選方案之一而已。

另外 6.4.2 節所講的即時訓練不等於線上訓練，離線訓練一樣能即時更新模型。僅需要將預測端產生的即時資料與訓練端的資料流程打通。

離線訓練與線上訓練的區別總結詳見表 6-5。

表 6-5 離線訓練與線上訓練的區別總結

訓練類型	佔用預測服務器端資源	適合全量訓練	適合增量訓練	適合定時訓練	適合實時訓練	優勢	劣勢
離線訓練	否	是	是	是	是	不佔用資源，簡單，訓練方式不需要太講究	與預測端會有 io 傳輸消耗
線上訓練	是	否	是	否	是	快	佔用資源，訓練方式不可太複雜

6.4.4 小節總結

其實模型訓練部分歸根到底是要解決資源與即時性的衝突，推薦任務比起自然語言處理或影像辨識任務難就難在即時性上。

本身透過模型去預測資料就不是一個有即時性的事情。數學建模用於統計歷史資料並以此尋找規律進而做出預測的行為，所以一定是資料越多模型的效果越好，而即時性與模型更新的頻次成正比，只有模型經常更新，新的資料才會被考慮進模型中，所以無論是增量訓練、線上訓練還是離線即時訓練等其實都是在用不同的邏輯增加即時性。

但是推薦系統也並非一定要透過模型訓練去增加即時性。可以在預測端設計精妙的召回邏輯，或離線的模型輔助召回邏輯。例如在一個短影片推薦平臺，先離線訓練好物品內容相似度的模型，而線上的召回層透過使用者最近觀看並且完成率較高的 5 個影片去取與它們內容上最相似的若干個影片再進行排序即可。就算此時排序模型還只是表現使用者昨天的習慣，但只要召回的候選物品有即時性也沒有太大關係。

所以推薦系統的訓練部分還是需要優先保證模型能夠穩定地訓練、穩定地更新，以及穩定地傳輸。

6.5 資料處理部分

推薦系統中的資料處理部分區別於整個推薦專案中的資料處理，推薦專案的資料處理會被分為資料篩選、清洗、過濾、標註等一系列的動作，此部分內容將在第 8 章詳細介紹。推薦系統的資料處理是指點對點的資料流程，需要自動地將來源資料進行整理、索引、標註等，然後傳至訓練端或預測端，也包含了預測端即時產生的資料重新流回資料端，如圖 6-17 所示。

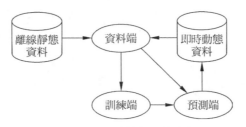

▲ 圖 6-17 資料處理總覽圖

資料端處理資料的整條鏈路整體上如圖 6-18 所示。

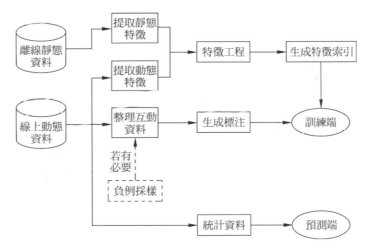

▲ 圖 6-18 資料處理鏈路概圖

接下來一個一個了解各個細節。

6.5.1 特徵工程資料流程

特徵工程資料流程指的是執行中推薦系統自動進行特徵工程的過程，而特徵工程簡單地說是指處理使用者及物品特徵的過程。

特徵工程本身也是一門大學科，在以前機器學習年代，輸入模型之前的資料會經過大量的特徵工程。其中還包括一些演算法類的操作，例

如 PCA 降維，One-Hot 編碼，以及紅極一時的在 GBDT+LR 演算法中利用 GBDT 進行的特徵工程。

雖然說現在深度學習年代不太需要太複雜的特徵工程，但一些邏輯類的操作還是很有必要。

首先是對離散值的處理，深度學習的背景下離散值僅需強制寫入，即直接用正整數依序表示特徵，例如所有的特徵為 [A, B, C, D]，強制寫入後是 [A:0, B:1, C:2, D:3]。機器學習年代 One-Hot 佔據著主導地位，但 One-Hot 編碼總會伴隨著稀疏矩陣的問題，所以後續還需各種降維演算法輔助，而對於點對點的深度學習，是由特徵向量，即 Embedding 來表示一個特徵，所以前期給離散值的特徵做編碼僅需使用強制寫入的策略，相當於將強制寫入當作映射特徵向量的索引。

而對於連續值，因為本身是數位類特徵，所以可以直接將數字輸入模型，但最好對數字進行歸一化等操作，如果數字呈冪次分佈，則對值化 (取 log) 是個很好的操作。因為盡可能地將數值本身呈正態分佈會更有利於模型學習。當然，有時為了區分數值間微妙的差異，也可將數值取平方來擴大差異，或將目標數值當作自然對數 e 的指數計算其值，通常機率類的數值會進行上述操作。

將連續值變為離散值的方式叫作分箱，簡單地說是將數值範圍區間作為一個離散值特徵。例如將年齡 10~20 歲的數值都歸為「10~20 歲」這樣一個離散特徵中，然後將「10~20 歲」再進行強制寫入。可先進行連續值加工後再進行分箱，並且若特徵不足，一個連續值也可透過取對數或取平方等操作去擴充特徵。

對於時間類特徵可將其擴散出很多特徵，例如一個時間戳記，可以單取年、月、日、時、分、秒、週幾、當月第幾週、當年第幾週、季節、月上中下旬、上中下午、白天晚間等。

另外，特定的特徵還有特定的處理方式，例如一個 Email 位址，可以只取 @ 之後的內容，電話號碼只取前三位，姓名僅取姓，甚至姓名取名字中有含義的字作為關鍵字等。關於姓名的事情還專門有人研究姓名與性格的關係，例如名字中有「風」的人會偏隨性一點，名字中有「強」的人會好強一點等。這當然會對推薦有幫助，舉這個例子主要是為了説明在實際工作中特徵工程的調整空間很大，也非常靈活。

以上還僅是對靜態特徵的處理，工作中還能根據使用者即時的互動資料統計出動態特徵，這個就放到 6.5.2 節人物誌再講了。總之特徵工程會一直伴隨著系統的生命週期，以至於大後期最佳化系統時還會進行特徵工程。

推薦系統架設起來後，前文中所講的強制寫入、分箱、擴散時間戳記等操作都需要自動進行。最終輸送給訓練端的特徵資料應是數字形式的索引，而索引對應的則是模型中的向量表示。

6.5.2 人物誌與產品畫像

人物誌與產品畫像也是在特徵工程中要做的。所謂人物誌指的是使用者的特徵，產品畫像自然是指產品的特徵。這個特徵包含靜態特徵與動態特徵，靜態特徵指的是使用者年齡、性別、職業等基本資訊特徵，而動態特徵則是在使用者與物品的即時互動過程中動態生成的，例如使用者偏好的產品類型，以及使用者偏好的題材等。

所以建構使用者與產品畫像更多是指透過統計的手段統計出使用者與產品的動態特徵。以短影片推薦系統為例，首先影片本身會根據內容分類，建立標籤，甚至聚類。最簡單的做法是統計出使用者觀看的前 3 個最高頻率的影片標籤，以此作為使用者的偏好標籤特徵。對於產品畫像而言，可以統計觀看影片的使用者群特徵並以此作為影片的動態特

徵。這些特徵跟普通的靜態特徵一樣會經過進一步的編碼處理，同樣作為使用者或產品的特徵輸入模型。

對於線上推薦系統而言，人物誌與產品畫像需要自動建構出，之後再進行特徵工程資料流程。最後輸入模型的一定是索引化之後的數字。

如果是一個以圖為基礎的推薦系統，則需要建構使用者圖與物品圖，以靜態特徵為基礎的圖譜的更新頻率不會太高，相對容易維護，而動態圖，例如使用者物品互動圖，則需要動態建構，這也是資料端需要設計的資料流程之一。

6.5.3 生成標註

使用者與物品的特徵索引準備好後，需要知道它們之間發生互動的歷史真實記錄後方能進行模型訓練，所以從歷史記錄生成標註的過程也是資料端需要負責的資料流程式。

以影片平臺為例，可以將給某使用者曝光並點擊過的影片標註為 1，將曝光但未點擊的影片標註為 0。以此標註建構的模型是 CTR 預估模型，即點擊率預估。當然也可以再統計出完播率、播讚率 (按讚與播放的比例)、廣告轉換率等作為進階標註進行模型的聯合訓練。線上的推薦系統需從埋點日誌中獲取資料並生成標註的資料流程。

但是如果僅將點擊過的影片標註為 1，將曝光但未點擊的影片標註為 0，則似乎無法表現使用者點擊過影片的次數，有時某個使用者特別喜歡某個影片，他也許會反覆觀看。針對這種情況，有一個很好的公式，如下：

$$y = \frac{\ln{(1 + n_{ui})}}{\sqrt{\ln(1 + n_u) \times \ln(1 + n_i)}} \tag{6-2}$$

其中，n_{ui} 指使用者 u 與物品 i 的正向互動次數，n_u 指使用者自身出現的正向頻次，n_i 指物品自身出現的正向頻次。之所以不直接將點擊次數作為標註，是因為點擊次數容易產生冪次分佈，實際上任何使用者與物品互動的頻次數都呈冪次分佈。針對冪次分佈，取對數是很好的解決方案，加上 1 是為了防止出現 ln(0) 無法計算的情況。分母的意義是為了衰減活躍使用者本身帶來高交易次數的分數增益，以及熱門物品本身的分數增益。

這是老生常談的問題了，如果使用者 A 對每個影片的平均點擊次數為 100，他對物品 I 的點擊次數為 80，而使用者 B 平均點擊次數為 1，但他對物品 I 的點擊次數為 10，很顯然相對於使用者 A，模型可以更有把握認為使用者 B 對物品 I 的喜愛程度更高，雖然使用者 A 對物品 I 的點擊次數高於使用者 B 對物品 I 的點擊次數，但是使用者 B 的平均點擊次數很少，所以這就表示使用者 B 點擊物品 I 的次數在他所有點擊次數中比重很高。物品也是同理，與某使用者高頻互動的熱門物品顯然不及與該使用者高頻互動的冷門物品更讓他喜愛。

6.5.4 負例採樣

推薦系統上線後一定需要設計負例的擷取方式，如果一個機器學習的訓練只有正例而沒有負例，則此模型會將一切預測為正。線上的推薦系統可以透過埋點收集負例，例如可以將曝光但未點擊當作 CTR 預估的負例。點擊未轉化，可以當作 CVR(點擊轉換率) 預估的負例。

但是模型未上線或在系統冷啟動時期只有正例而沒有負例時該怎麼辦呢？這種情況並不少見，尤其是在新專案啟動時期，例如一個賣化妝品的商家委託做一個推薦化妝品的推薦系統，而它提供的資料只有現有使用者買過化妝品的記錄，並沒有什麼埋點記錄可以表示使用者不喜歡某個化妝品。

對於僅有正例而無負例的情況，最直接的辦法自然是隨機負例採樣。即從所有除使用者正例以外的其餘物品中隨機等機率地選取指定個數的樣本作為負例，一般該指定個數可以等於正例的數量，讓負例與正例數量保持平衡能夠幫助模型訓練。數學上可表達為

$$\text{neg}_u = \text{choice}\left(i \in (\text{all} - \text{pos}_u) \mid p = \frac{1}{\mid \text{all} - \text{pos}_u \mid}, \mid \text{pos}_u \mid\right) \tag{6-3}$$

其中，all 代表全部的候選物品，posu 代表使用者 u 的正例物品集，$i \mid p = \frac{1}{\mid \text{all-pos}_u \mid}$ 是指物品 i 有 $\frac{1}{\mid \text{all-pos}_u \mid}$ 的機率被取出，分母是除使用者正例以外的其餘物品數量，$\text{choice}(i \in C \mid p_i, k)$ 函式代表從候選集 C 中取出 k 個樣本 i，每個樣本取出的機率是 p_i。

隨機負例採樣自然有機率擷取到使用者本應喜歡但沒互動過的正例樣本，有一種辦法可以減小該機率，即流行度負例採樣。

使越熱門的物品以越高的機率被取出作為負例，因為熱門物品如果沒出現在某使用者的正向互動物品記錄中，則該使用者不喜歡該物品的機率更大。數學上可表達為

$$\text{neg}_u = \text{choice}\left(i \in (\text{all} - \text{pos}_u) \mid p = \frac{\ln(1 + N_{(i)})}{\sum_{j \in (\text{all-pos}_u)} \ln(1 + N_{(j)})}, \mid \text{pos}_u \mid\right) \tag{6-4}$$

其中，$N_{(i)}$ 代表物品 i 的互動頻率，可以認為是與物品 i 互動過的使用者總人數。又是老生常談的問題，所有自然互動類的資料一定呈冪次分佈，所以取對數可讓資料更平滑，加 1 是為了讓防止 $\ln(0)$ 無法計算。

一般負例採樣僅會出現在推薦系統冷啟動時期，因為推薦系統上線後自然可以由埋點資料來產生負例，而在系統執行初期，也許會有一段過渡時間，所以線上的推薦系統可能也需要讓負例採樣作為資料端的資料流程式自動執行著。

6.5.5 統計類資料流程

統計類的資料就很好理解了，最典型的是統計熱門的物品或統計最新上傳的物品用作一路召回。總之這一類資料流程僅需將即時性與時間複雜度的關係設計清楚就行，當然也不太容易，因為使用者與物品的互動資料是即時產生的，所謂熱門物品一定即時在變化，所以更新熱門物品的資料流程邏輯最好設計成流式處理。

6.5.6 批次處理與串流處理

既然提到串流處理，就在此闡明一下資料處理的兩個基本形態，即批次處理與串流處理。

(1) 批次處理指的是有界的資料流程，有界表示有明確的開始與結束，可以視為一批次有起點與終點的資料集。類似於訓練模型時批次載入資料的意思，一批次的資料可以整體進行運算。

(2) 串流處理指的是無界的資料流程，無界表示沒有明顯邊界，有開始但並無結束。它是由事件驅動進行計算或統計，通俗地講是來一個資料進行一次統計。

除了在訓練模型時採用批次處理以外，其餘資料統計且有即時性要求的統計類工作都不如用串流處理更好。可能大家會認為串流處理來一個資料就統計一次的形式會很低效，但事實並非如此，只要統計的程式寫得清楚合理，串流處理在絕大多數情況下比批次處理高效。

例如統計熱門物品，首先假設熱門物品的定義是「互動人數多的物品」。批次處理的統計邏輯是獲取所有物品與使用者的互動資料，之後以物品為索引統計與每個物品互動的人數，再根據人數進行排序。下一批擷取新增的物品與使用者的互動資料，同樣統計一下與每個物品互動的人數，之後與對應的原物品計量值相加得到更新的計量值，然後進行排序。

以事件驅動的串流處理則是在每次發生使用者與物品互動事件時，在對應物品 (以下稱為物品 A) 的「互動人數」一欄上增加 1，至於排序方面僅需將物品 A 與排名在它之前一位的物品 B 做一次比較，若物品 A 的當前計量值大於物品 B 的當前計量值，則使它們交換位置，之後 A 繼續與排名在它前一位的物品比較直到不大於為止。

按照上述邏輯，串流處理每次更新熱門物品列表所做的計算是 1 次加法與大機率是 1 次的數值比較。且能夠保證即時性一定是最新的，而批次處理的邏輯就算 1s 更新一次熱門物品列表，則計算的量是 1s 內互動資料的量及一次避免不了的全資料排序。

所以綜上所述，有即時性要求的統計類資料流通常採用串流處理更有優勢。

另外不管是批次處理還是串流處理，其實有些計算過程可以設計成多處理程序平行處理。例如在計算那一次加法時，不同物品的計量增加互不干涉，則能多處理程序並行計算。當然這樣程式寫起來似乎很麻煩，但不用擔心，關於資料流程的處理其實有現成工具可用。

6.5.7 巨量資料處理工具簡介：Spark

相信了解巨量資料推薦的讀者應該聽說過 Spark[3]。Spark 算是眼下最熱門的巨量資料處理工具了，可以很方便地撰寫分散式平行處理的計算程式，有大量方便資料統計的 API。大大簡化了能夠高效處理巨量資料的程式撰寫難度，且可以很方便地部署在各類叢集上進行較大規模資料的處理。

Spark 是 Hadoop 的改進，而 Hadoop 是 MapReduce 的升級，從 MapReduce 到 Hadoop 再到 Spark 也伴隨了很多對應工具的產生，形成了一個生態圈。關於這些知識本書的篇幅不夠，但是關於 Spark 的書籍有很多，大家若有興趣，則可自行了解。

但有一點可能需要提一下，巨量資料處理的生態多以 Java 和 Scala 等程式語言為主，而目前做演算法則以 Python 為主，其實大公司內巨量資料統計與推薦演算法職位屬於不同的兩個工作，但是中小型公司並不區分，並且一個完整的推薦系統離不開巨量資料統計或資料流程處理這樣的環節，並且資料流程屬於模型訓練的前段程式，所以即使想專注成為推薦演算法工程師的讀者，也該對巨量資料處理有個基本的了解。

但對於僅會 Python 語言的讀者來講也不用擔心，Spark 具備 PySpark 這個以 Python 語言為基礎的 Spark API 框架，其目的是連接 Spark 生態與 Python 生態，所以如果覺得沒必要深度地使用 Spark，則 PySpark 完全已經足夠。

6.5.8 巨量資料處理工具簡介：Flink

比 Spark 更前端的巨量資料處理工具是 Flink[4]，Flink 同樣具備巨量資料工具該具備的能力，如高效、快速、分散式、平行計算等，而 Flink 與 Spark 的最大的不同在於 Flink 是以串流處理為基礎的工具，而 Spark 是以批次處理為基礎的工具。

批次處理與串流處理在前文中已經介紹過，實際上 Spark 也可進行串流處理，為此 Spark 生態中還專門產生了一個框架，即 SparkStreaming，然而 SparkStreaming 的串流處理與 Flink 的串流處理有本質上的區別。前者的串流處理實際上是由無限小的小量資料組成，而 Flink 才是真正意義上由事件觸發的資料流程，因此 Flink 在串流處理上的效率遠勝於 Spark，所以如果是即時性的資料處理任務，則選擇 Flink 會更合適。

Flink 的基礎開發語言同樣是 Java 與 Scala，當然 Flink 也具備 PyFlink 這個連接 Python 生態的框架。只是相比已經較為成熟的 PySpark 而言，PyFlink 略顯粗糙，當然 PyFlink 每一天都在完善，可能到成書之日 PyFlink 也已經是很成熟的框架了。

6.5.9 小節總結

在本節中先介紹了資料處理的部分任務需求，之後簡略地介紹了巨量資料處理工具 Spark 與 Flink。之所以將巨量資料處理工具放在後面講解，是因為要提醒大家巨量資料處理不等於使用工具，學習巨量資料處理時要學習 Spark 諸如此類的說法並不正確。工具僅是工具，從 MapReduce 到 Hadoop，再到 Spark，最後到最前端的 Flink，工具經常在變化，但是巨量資料處理的本質內容卻沒怎麼變，說穿了是寫程式統計資料。

所以大家需要了解該統計些什麼，其次是去思考如何高效率地統計，如何保證即時性，如何最佳化程式的時空複雜度，如何利用電腦甚至叢集的性能進行分散式平行計算。有了這些思考之後，再接觸到巨量資料處理的工具時才會發現原來這些工具的確大大地簡化了程式的撰寫難度。這樣的學習順序可能是更簡單且更合理的。

6.6 冷啟動

冷啟動指的是在沒有互動資料時給使用者推薦物品的情況。在協作過濾及機器學習盛行的今天，利用模型給使用者推薦物品的確能造成很好的效果，但是如果某個使用者或某個產品毫無互動記錄該怎麼辦呢？

沒有互動資料，表示無法用模型演算法，甚至無法用統計的方法針對其做數學分析，也就無法有針對性地預測。例如一名新註冊的使用者毫無歷史互動記錄，但系統給他推薦的第一批物品又很關鍵，因為這直接會影響該名使用者的留存，所以此時就需要給該名使用者設計冷啟動的策略。

冷啟動按照冷啟動物件的不同可分為使用者冷啟動、物品冷啟動和系統冷啟動。

6.6.1 使用者冷啟動

使用者冷啟動針對的是從未與系統內的物品發生過互動的新使用者。首先最簡單的辦法是透過千人一面的推薦進行第一推，例如推薦熱門的物品、推薦新物品、推薦最優質物品等。

只要使用者對第一推的物品產生互動，就可以透過他所互動的物品召回對應的物品。例如以物品內容間相似度為基礎的召回，或以 ItemCF 為基礎的召回。

排序方面還可以採取統計類的指標排序，例如物品熱門度。也可以透過與目標使用者當前互動物品的內容相似度或 ItemCF 相似度排序，或與目標使用者互動的多個物品的平均 Embedding 的相似度排序等。或者預先訓練並不需要使用者標識的排序模型，例如序列模型可以使用使用者互動的物品序列作為當前時刻的使用者。

如果考慮到使用者特徵，其實可以透過特徵泛化的方式進行冷啟動。訓練模型時可避免使用使用者的標識，僅使用使用者的特徵。因為新舊使用者的特徵應該是有交叉的，尤其是靜態特徵，例如性別、年齡、職業等註冊資訊，所以可以用舊使用者的資料訓練出每個使用者特徵的向量表示。「男，20~30 歲，老師」「女，30~40 歲，員警」這兩種特徵群組合出的使用者對於推薦系統而言並不會區分他們是新使用者還是舊使用者，所以也就談不上區別對待了。

特徵泛化冷啟動看似很好，但是有局限性，僅能用靜態特徵泛化，因為新使用者沒有動態特徵，這就表示靜態特徵的品質是有要求的，而現實情況是絕大多數系統並沒有使用者註冊資訊，就算有也非常少。必

須考慮到用這些少量且品質不是很高的靜態特徵訓練出的模型效果不會太好，所以還需要結合邏輯型的冷啟動方法來給新使用者冷啟動。

使用者冷啟動還可以借助外部資訊，例如可以購買外部產品的資料，現在很多 App 用手機號進行註冊，而手機號可作為物理世界的唯一標識，所以不同的手機號在不同 App 內產生的行為資料可以認為是同一個人的行為資料。即使沒有手機號，還有裝置 id 可以作為物理世界的唯一標識，至少可以大機率認為同一個裝置 (裝置指手機、Pad、電腦等) 總是被同一個人在使用。其實如果考慮到外部資料，也談不上冷啟動了，除非是從來沒有上過網的人。

總結一下，使用者冷啟動整體分為 3 種方式：

(1) 千人一面地進行第一推，如推薦熱門物品。之後召回與使用者剛才互動的物品相關性高的物品推薦給使用者，此時的排序可用統計資料排序，例如物品熱門度。

(2) 特徵泛化，利用舊使用者的資料取消使用者標識與動態特徵，僅訓練與新使用者能夠共用的靜態特徵，進而建構模型向新使用者推薦。

(3) 借助外部資料幫助冷啟動。

6.6.2 物品冷啟動

物品冷啟動指的是處理沒有互動資料的新物品被推薦出來的過程。從資料角度看，物品與使用者是對稱的，但是從業務角度去思考，使用者冷啟動與物品冷啟動截然不同。使用者冷啟動面臨的問題是無法給沒有互動資料的新使用者好的推薦，而物品冷啟動面臨的問題是無法極佳地推薦沒有互動資料的物品。

假設僅考慮協作過濾，一個沒有互動資料的物品不會被訓練進任何模型中，所以永遠不會被推薦出來。也就是說如果不加處理，新物品就永遠成了新物品。

至於物品如何冷啟動，最簡單的方式是安排一路召回層，其邏輯是取出今天新生成的物品作為候選推薦。另外物品一定會有靜態內容特徵，所以總可以透過內容相似推薦來召回，並且透過特徵泛化的模型來排序。

以較簡單的場景為例，例如一個電影推薦網站。對於電影推薦網站而言，新電影有兩種，一種是現實中剛在網路上映的最新電影，另一種是在現有資源中補充的老電影。如不考慮外部資料的情況，則這兩種系統認為的新電影都是沒有互動記錄的，所以都需要冷啟動。前者因為是現實中的新電影，使用者往往會對目前的新電影感興趣，所以可以直接進行千人一面的推薦，即「最新電影推薦」，可以在頁面上呈現一個單獨的板塊。即使沒有單獨的板塊，例如僅考慮翻頁推薦那種形式的系統，則「最新電影推薦」也可作為一路召回增加召回的候選電影。

至於對現有資源補充的老電影，也可以透過召回策略「系統新增電影」來召回，但是大機率使用者對這路召回的電影不會有什麼偏好，所以取消這個召回策略也是可行的。因為電影總會有靜態內容特徵，所以可以透過相似電影推薦的召回層來召回，當然現實生活中的新電影也可進行「相似電影召回」。「相似電影召回」是指透過使用者已有的互動記錄取若干個使用者喜愛的電影，並透過這些電影召回相似電影的策略。

最後的排序層也可利用靜態特徵訓練的排序模型進行排序。正如前文中所講，取消物品標識，僅考慮靜態特徵系統是不會區分新物品還是舊物品的，而且物品的靜態特徵比起系統內使用者的靜態特徵會容易提取很多，就拿電影來講，電影本身就在系統內，可以將電影每一幀畫面的每個像素當作資訊輸入系統，所以無論如何都會有內容資訊代表電影。

使用者不一樣，因為不可能提取到使用者的每個細胞或每個 DNA 去代表使用者，僅能透過使用者註冊的資訊來定義一個無行為的新使用者，而用註冊資訊定義使用者甚至都不會比單用電影標題定義電影來得有效果，更不用説無使用者註冊資訊才是常態。

再回到電影冷啟動，以上所講的過程大概如圖 6-19 所示。

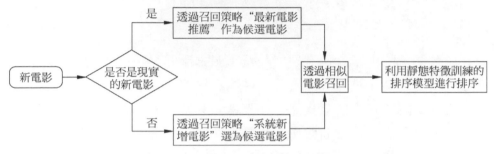

▲ 圖 6-19　電影推薦系統中電影冷啟動過程

只要透過冷啟動產生了一定的互動資料，就可以正常訓練它的特徵表示了，之後就與老電影的推薦形式沒有區別了。

6.6.3　物品冷啟動到沉寂的生命週期

電影推薦系統相對簡單，因為作為物品的電影不會沉寂。什麼是沉寂物品，是系統認為不應該推薦給使用者的物品。例如新聞推薦平臺，每筆新聞都會經歷從冷啟動到普遍推薦再到沉寂的生命週期。因為新聞是有時效性的，太舊的新聞不會受到使用者的注意。即使不做任何處理，舊新聞也會因為經常不被使用者點擊而淪為模型訓練中的負例，因此會變得越來越難推薦出來，但是儘管推薦出來的機率不大，系統也會去計算這個機率，所以可以透過先驗知識確認大機率舊新聞不會被使用者關注，則僅需直接拋棄掉它們被推薦出來的可能性就能省略很多算力，這種被拋棄的狀態稱為「沉寂」。討論此類推薦系統的物品冷啟動過程，實際上是討論物品的生命週期。

與新聞推薦平臺有著很相似屬性的是短影片平臺，下面以短影片平臺為例來討論一下短影片從冷啟動到沉寂的生命週期。這個過程中的關鍵概念是「流量池」。

流量池是指透過限定一個物品的可被曝光的總量來控制物品是否沉寂。例如某個短影片版主上傳了一個短影片，系統首先分配給該短影片1000 個曝光量，即該短影片會出現在 1000 個使用者的推薦列表中。之後統計這 1000 個使用者對該短影片的點擊率，如果點擊率沒有滿足一定設定值，例如 10%，則該影片直接被沉寂。否則可繼續分配 10000 個曝光量，依此類推。

該過程中的設定值通常需要設計成動態遞增，即越來越嚴苛，到最後剩餘千萬曝光量的都是高點擊影片。當然也不一定用點擊率來篩選影片，可以綜合考慮完播率、播讚率等業務性評估指標來篩選影片。

每一次的流量分配都是一輪推薦，而每一輪的推薦效果從理論上講會越來越好，因為互動資料越來越多，而影片對於系統推薦效果的需求度卻越來越低，因為如果過不了前幾輪的流量篩選，也談不上後面的大曝光，尤其是第一推，假設筆者發佈了一個演算法教學的影片，第一推僅有 1000 人能看到筆者發佈的影片，而這 1000 人是由系統胡亂選擇的，例如每次選擇的這 1000 個人全是美術系、音樂系的學生，則筆者的高品質演算法教學影片一定會出師未捷身先死，所以系統需要將流量分配給最高機率點擊筆者影片的使用者，若無互動資料，則可採用冷啟動的方式或內容相似匹配等。在目前這個場景，還可增加冷啟動的策略是讓關注筆者的使用者增加被推薦出的權重。

6.6.4 系統冷啟動

推薦系統初期幾乎沒有任何資料可以利用，針對此時做的推薦並慢慢調整至後續協作過濾推薦的過程是系統冷啟動。

對於一個全新的系統，沒有一個真實使用者，也沒有一個物品，更不用說有使用者與物品互動的資料，甚至連熱門物品都無法統計。一開始只能透過非協作過濾的形式向使用者推薦物品。

對於物品而言，物品一定具備內容資訊，所以仍然可以訓練出物品內容相似度的模型及根據內容進行物品分類、聚類等一系列的操作，也可設定一些簡單的評分規則給物品內容進行評分，進而進行「優質物品召回」這個策略。

有了針對物品的準備工作，當新使用者進入系統後，要做的是透過使用者冷啟動的想法對使用者進行推薦。例如首推「優質物品」，然後透過互動的情況推薦使用者點擊物品的相似物品，當越來越多的使用者進來後，會與物品發生越來越多的互動，產生越來越多的互動資料，之後便可訓練協作過濾的模型，進而進行模型的推薦。如此推薦系統便可以執行起來。

所以系統冷啟動更注重的是設計記錄互動資料的邏輯，以便後續得到資料進行模型訓練。

CHAPTER

07

推薦系統的評估

本章將徹底並系統地講解推薦系統的評估指標及線上對比測試的方法。

評估指標整體分為以下三類。

(1) 最基礎的機器學習模型評測指標，該類評估指標是所有機器學習模型的通用指標，自然也包含用來評估推薦的模型。

(2) TopK 推薦評測指標，該類評估指標是專門針對 TopK 推薦列表而設計的評估指標，TopK 推薦列表指的是排名前 K 個推薦物品的列表，所以在該類評估指標的設計上，有很多專門針對評測排序的指標。

(3) 業務性評測指標，該類評估指標是從業務理解的角度去評估推薦系統，最簡單的例子是點擊率，而這類評估指標也是非專業人士比較好理解的指標，所以是他們特別看重的指標。

7.1 基礎機器學習模型評測指標

早在 2.4 節中,筆者已經介紹了準確率、精確率、召回率等基礎的機器學習評測指標,所以本節對於以上 3 個指標就簡單總結一下,然後詳細介紹 F1、AUC 等。

首先仍然需先定義以下概念。

(1) P (Positive):正例數。

(2) N (Negative):負例數。

(3) TP (True Positive 真正例):將正例預測為正例數。

(4) FN (False Negative 假負例):將正例預測為負例數。

(5) FP (False Positive 假正例):將負例預測為正例數。

(6) TN (True Negative 真負例):將負例預測為負例數。

7.1.1 準確率

準確率是所有預測準確的樣本在所有樣本中的比例,是最直觀也是最直接評估模型的指標。公式如下:

$$Accuracy = \frac{TP+TN}{P+N} \tag{7-1}$$

7.1.2 精確率

精確率是預測準確的正例樣本在所有預測為正例樣本中的比例,公式如下:

$$Precision = \frac{TP}{TP+FP} \tag{7-2}$$

計算精確率時，原本將負例預測為正例的樣本將減小精確率的值，所以精確率的意義是評估模型對於預測正例的精確程度。在推薦系統中，精確率表現的是推薦物品是否精確地符合使用者的興趣。

7.1.3 召回率

召回率是預測準確的正例樣本在所有真正例樣本中的比例，公式如下：

$$\text{Recall} = \frac{\text{TP}}{P} = \frac{\text{TP}}{\text{TP+FN}} \tag{7-3}$$

計算召回率時，原本將正例預測為負例的樣本將減小召回率的值，所以召回率的意義是評估模型是否充分挖掘出真正例。在推薦系統中，召回率表現的是推薦系統是否充分地挖掘出使用者感興趣的物品。

7.1.4 *F*1-Score

*F*1-Score[1] 是精確度與召回率的調和平均數，如果交換和平均數不甚了解，大家可直接認為 *F*1 分數是綜合考慮精確度與召回率的評價指標，公式以下 [1]：

$$F1 = \frac{2 \times \text{Precision} \times \text{Recall}}{\text{Precision+Recall}} \tag{7-4}$$

基礎知識——調和數列與調和平均數

調和數列 **(Harmonic Series)**：

如果一個數列各項取倒數後成等差數列，則原數列就稱為調和數列，即和諧的一列數。例如：$\frac{1}{2}$、$\frac{1}{3}$、$\frac{1}{4}$ 各項取倒數後得 2、3、4 顯然是等差數列，所以原數列 $\frac{1}{2}$、$\frac{1}{3}$、$\frac{1}{4}$ 是調和數列。

調和數列有著古老的歷史，有文獻指出是畢達哥拉斯學派從琴弦長度的研究上發現的一種數量關係，他們發現和諧的聲音與拉長琴弦長度的比例有關，而該比例是調和數列。

調和平均數 (Harmonic Mean)：
調和平均數是數列取倒數之後算術平均數的倒數，其計算公式如下：

$$H = \frac{1}{\frac{1}{n}\sum_{i=1}^{n}\frac{1}{x_i}} = \frac{n}{\sum_{i=1}^{n}\frac{1}{x_i}} \tag{7-5}$$

例如：$\frac{1}{2}$、$\frac{1}{3}$、$\frac{1}{4}$ 這個數列套入公式後可得它們的調和平均數是 $\frac{1}{3}$。可以發現該調和平均數是該調和數列的中位數。

推理 1：若一個數列滿足調和數列，並且數列的項數為奇數，則它的調和平均數一定是中位數。

推理 2：P 和 Q 兩個數字的調和平均數 H 與自身組成的數列如 P,H,Q 或 Q,H,P 一定是調和數列。

以上兩個推理如果換成等差數列與算術平均數相信一定會很好理解。推理 1 相當於若一個數列滿足奇項數等差數列，則它的算術平均數一定是中位數。推理 2 相當於 P 和 Q 兩個數字的算術平均數 M 若與自身組成 P,M,Q 或 Q,M,P 的數列，則一定是等差數列。

算術平均數表現的是該數列的綜合期望資訊，但如果該數列的每個數字的設定值為在 0~1 的機率性數字，則調和平均數更能表現其綜合期望資訊。

　　精確率與召回率都是設定值範圍在 0~1 的機率性數字，所以調和平均數比起它們的算術平均數更能表現其綜合期望資訊。

　　將精確率 Precision 與召回率 Recall 代入調和平均數的公式可以推導出 F1-Score 的計算公式，推導過程如下：

$$H = \frac{2}{\dfrac{1}{\text{Precision}} + \dfrac{1}{\text{Recall}}} = \frac{2}{\dfrac{\text{Recall} + \text{Precision}}{\text{Precision} \times \text{Recall}}} = \frac{2 \times \text{Precision} \times \text{Recall}}{\text{Precision} + \text{Recall}} \qquad (7\text{-}6)$$

7.1.5 ROC 曲線

　　ROC 曲線 (Receiver Operating Characteristic Curve)[2] 為接收者操作特徵曲線，以曲線的形式評估二分類模型的好壞。組成該曲線的點的橫垂直座標分別是不同設定值下的 FPR 和 TPR。

　　FPR(False Positive Rate) 是負例樣本中分類錯誤的樣本比例，計算公式如下：

$$\text{FPR} = \frac{\text{FP}}{N} = \frac{\text{FP}}{\text{FP+TN}} \qquad (7\text{-}7)$$

　　TPR(True Positive Rate) 是正例樣本中分類正確的樣本比例 (TPR 與召回率完全等效)，計算公式如下：

$$\text{TPR} = \frac{\text{TP}}{P} = \frac{\text{TP}}{\text{TP+FN}} \qquad (7\text{-}8)$$

　　所謂不同的設定值指的是切分預測分數中的正負例，例如預測值 >0.5 的算作正例，反之算作負例，則設定值此時為 0.5；如果預測值 >0.9 的算作正例，反之為負例，則設定值此時為 0.9。之前一直簡單地將 0.5 作為設定值去切分預測分數，而 ROC 的評估方式則綜合考慮了所有設定值的情況，可以避免因設定值切分不均衡而造成的評估不準確問題。

　　ROC 曲線應該如何判斷是好是壞呢？首先 TPR 這個指標是召回率，一定是越高越好，而 FPR 指的是原本是負例卻被預測為正例的比例，自

然應該是越小越好，所以一個好 ROC 曲線上座標點的水平座標 (FPR) 應盡可能地偏向 0，垂直座標 (TPR) 應盡可能地偏向 1。

　　圖 7-1 展示了一個 ROC 曲線座標圖。圖中的 Diagonal 指的是參考對角線，圖中 ROC 曲線的點位大多數分佈在對角線的左上部分，即大多數的座標點在偏向 [0, 1] 而非 [1, 0]，這就屬於好的評估表現。

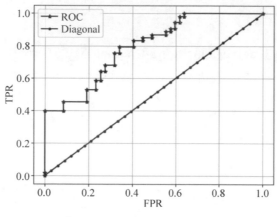

▲ 圖 7-1　ROC 曲線座標示意圖 (1)

　　圖 7-2 中的 ROC 曲線均勻分佈在對角線周圍，說明這個模型幾乎在純粹地隨機預測，因為是二分類，所以隨機預測總有 50% 的準確率。

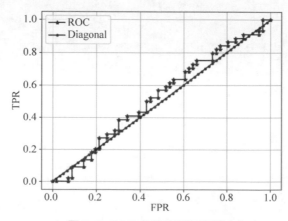

▲ 圖 7-2　ROC 曲線座標示意圖 (2)

　　圖 7-3 的 ROC 曲線分佈在對角線的右下角，說明這個模型還不如隨機預測。

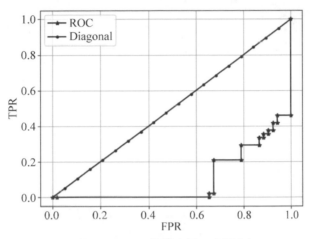

▲ 圖 7-3　ROC 曲線座標示意圖 (3)

　　可以發現，ROC 曲線總是由 (0, 0) 開始，至 (1, 1) 結束，這是因為當切分權重為 100% 時，座標點一定是 (0, 0)，因為預測分數需高於 1 才能算作正例，但是預測分數的設定值是 0~1，所以此時一個預測的正例都沒有，表示不管是真正例的數量還是假正例的數量都為 0，即 FPR 與 TPR 都為 0。當權重為 0 時，座標點一定是 (1, 1)，因為此時所有的預測都是正例，這就代表真正例將等於全部正例的數量，假正例將等於全部負例的數量，所以 FPR 與 TPR 自然都為 1。

　　附帶程式中有用 Python 實現的 ROC 曲線，可以幫助大家理解，程式的位址為 recbyhand\chapter7\s15_roc.py，以下是核心的程式：

```
#recbyhand\chapter7\s15_roc.py
import numpy as np
def getRocCurve(t, p):
    '''
    :param t：真實標註
    :param p：預測分數
```

```
:return：TPR 串列與 FPR 串列
'''
# 將所有預測分數從大到小排序後作為設定值集
thresholds = sorted(p, reverse = True)
# 在首位加入一個高設定值是為了產生一個 (0, 0) 座標的點
thresholds.insert(0, 1 + thresholds[ 0 ])
tprs, fprs = [ ],[ ]
for th in thresholds:
    # 根據設定值將預測分數切分成 0 或 1 的串列
    preds = __sepPreds(p, th)
    FPR = __getFPR(t, preds)
    TPR = __getTPR(t, preds)
    fprs.append(FPR)
    tprs.append(TPR)
return fprs, tprs
```

這段程式權重的選取是由預測的分數由大到小排列，當然也可以簡單地將權重設定為 [100%,90%, 80%…20%, 10%, 0] 諸如此類的等差數列。前者的好處是可以避免重複計算及可以最大限度地獲取最多樣的座標點。

Sklearn 中也有現成的 API，可以傳回由不同設定值下的 TPR 與 FPR 形成的串列，下面程式中的 thresholds 則是設定值集，是由預測分數從大到小排序後作為的設定值集。

```
#recbyhand\chapter7\s15_roc.py
from sklearn.metrics import roc_curve
fprs, tprs, thresholds = roc_curve(True s, preds)
```

將 fprs 與 tprs 傳入下面這段程式中即可畫出 ROC 曲線的圖。

```
#recbyhand\chapter7\s15_roc.py
import matplotlib.pyplot as plt
def drawRoc(fprs, tprs):
    plt.figure()
    plt.plot(fprs, tprs, 'r')
```

```
# 中間藍線的座標
middle_x = np.linspace(0, 1, len(fprs))
middle_y = np.linspace(0, 1, len(fprs))
plt.plot(middle_x, middle_y, 'b')
plt.xlabel("FPR")
plt.ylabel("TPR")
plt.grid()
plt.show()
```

7.1.6 AUC

AUC (Area Under Curve)[3] 是 ROC 曲線與座標軸圍成的面積，根據 ROC 的定義可以得出曲線上的點分佈越偏向左上角則代表 ROC 曲線越好的結論。這就說明 ROC 曲線與座標軸圍成的面積越大，則效果越好，所以可以將該面積的值作為一個評價指標來數位化地展示根據 ROC 曲線的評估意義所評價出模型的好壞程度。且因為 ROC 曲線上的點的橫垂直座標的設定值範圍均在 0~1，AUC 的設定值範圍也自然在 0~1（越高越好），所以這樣的設定值很適合作為評價指標。

AUC 的計算公式可表達為求 ROC 曲線的積分形式，公式如下：

$$\text{AUC} = \int_0^1 f(\text{ROC})\,\mathrm{d}x \tag{7-9}$$

其中的 $f(\text{ROC})$ 可以認為是代表 ROC 曲線的函式，不過在實際工作中總是先得到各個設定值下的座標點，然後由這些座標點畫出 ROC 曲線。既然如此，所以實際上可以直接採取這些座標點來計算 AUC，計算公式可表達為

$$\text{AUC} = \sum_{i=1}^n (x_i - x_{i-1}) \times y_i \tag{7-10}$$

其中，x_i 與 y_i 是第 i 個座標點的座標，結合圖 7-4 理解就很簡單了，折線是 ROC 曲線，AUC 是 ROC 曲線下的面積，即透過座標點分成的一

塊一塊矩形面積的和，則 $x_i - x_i - 1$ 是第 i 區塊矩形的長，y_i 是第 i 區塊矩形的高。將這些矩形的面積一一算出來後再全部加起來就是 AUC 的值。

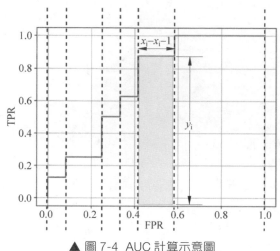

▲ 圖 7-4 AUC 計算示意圖

本節程式的位址為 recbyhand\chapter7\s16_auc.py。

透過 FPR 與 TPR 的串列獲取 AUC 的程式很簡單，只有兩步，具體的程式如下：

```
#recbyhand\chapter7\s16_auc.py
import numpy as np
# 根據 fprs 和 tprs 獲得 auc
def getAuc(fprs, tprs):
    dx = np.diff(fprs)
    auc = sum(dx * tprs[1:])
    return auc
```

np.diff(L) 函式傳回的是串列中元素相鄰位的差值，所以是一次性獲得了所有矩形的長，矩形的數量實際上等於座標點數量 -1 個，下面在與 y 座標的值計算時去掉最前面的 y 值，不僅為了保持長度且第 1 個 y 值一定是 0，計不計算都不影響求和。

Sklearn 當中也有 auc 的 API，同樣需傳入 FPR 與 TPR 的串列，程式如下：

```
#recbyhand\chapter7\s16_auc.py
from sklearn.metrics import auc
print(auc(fprs, tprs))
```

也可以直接採用 roc_auc_score() 函式，傳入真實標註與預測分數後可直接得到 AUC 的值。實際上它先透過 ROC 的函式計算出了 FPR 與 TPR 的串列，然後傳入 auc() 函式，具體的程式如下：

```
#recbyhand\chapter7\s16_auc.py
from sklearn.metrics import roc_auc_score
print(roc_auc_score(True s, preds))
```

7.1.7 Log Loss

本節介紹一下分類模型中的損失函式評測指標 Log Loss[4]。

LogLoss 是交叉熵損失函式，公式如下：

$$\text{LogLoss}_{\text{multi}} = -\frac{1}{N}\sum_{i=i}^{N}\sum_{j=1}^{M} y_{ij}\log(p_{ij}) \tag{7-11}$$

其中，N 是樣本數，M 為類別數。y_{ij} 是第 i 個樣本為第 j 個類別的真實標註，如果第 i 個樣本是類別 j，則 y_{ij} 為 1，否則為 0。p_{ij} 用於預測第 i 個樣本是否為第 j 個類別的機率。

以上是多分類模型的 Logloss，二分類的 Logloss 自然為二分類的交叉熵損失函式，可將公式展開表示：

$$\text{LogLoss}_{\text{binary}} = -\frac{1}{N}\sum_{i=i}^{N}\sum_{j=1}^{2} y_{ij}\log(p_{ij}) = -\frac{1}{N}\sum_{i=i}^{N} y_{i}\log(p_{i}) + (1-y_{i})\log(1-p_{i})$$

$$\tag{7-12}$$

損失函式的評測指標自然是值越小越好。損失函式的好處就在於可以很清晰地看到預測值與真實值之間的差距。

本節程式的位址為 recbyhand\chapter7\s17_logloss.py。

sklearn.metrics 的函式庫中也有 logloss 的 API。如果是二分類模型的評估，則傳入真實樣本標註集與每個樣本預測為正例的機率便可得到 logloss，程式如下：

```
#recbyhand\chapter7\s17_logloss.py
from sklearn.metrics import log_loss
True s = [ 1, 0, 1 ]
preds = [ 0.7, 0.1, 0.5 ]
logloss = log_loss(True s, preds)
```

對於多分類模型的評估傳入的參數是每個樣本真實的類別標註集，與樣本屬於每個類別的機率組成的二維串列，程式如下：

```
#recbyhand\chapter7\s17_logloss.py
from sklearn.metrics import log_loss
True s = [ 1, 2, 0 ]
preds = [ [ 0.1, 0.9, 0.2 ], [ 0.1, 0.3, 0.9 ], [ 0.7, 0.1, 0.2 ] ]
logloss = log_loss(True s, preds)
```

7.1.8 MSE、RMSE、MAE

這些指標在 2.6.5 節中有詳細的介紹，所以這裡只列出公式，簡單地說明一下。

(1) MSE 均方誤差 Mean Squared Error：

$$\text{MSE} = \frac{1}{|A|} \sum_{(u,i) \in A} (r_{ui} - \hat{r}_{ui})^{\wedge}2 \tag{7-13}$$

其中，A 代表所有樣本組，r_{ui} 代表使用者 u 與物品 i 的真實互動評分。$\hat{r}_{ui}$ 代表使用者 u 與物品 i 的預測互動評分。

(2) RMSE 均方根誤差 Root Mean Squared Error：

$$\text{RMSE} = \sqrt{\text{MSE}} \qquad (7\text{-}14)$$

(3) MAE 平均絕對誤差 Mean Absolute Error：

$$\text{MAE} = \frac{1}{|A|} \sum_{(u,i) \in A} |r_{ui} - \hat{r}_{ui}| \qquad (7\text{-}15)$$

綜合來講 MSE、RMSE、MAE 都是平方差損失函式的變形，與 Log Loss 一樣也屬於將損失函式用作評測指標。不同的是 Log Loss 用作分類預測評估，而 MSE、RMSE、MAE 用作回歸預測評估。

7.2 TopK 推薦評測指標

TopK 指的是排序在前 K 個的預測樣本，TopK 評測是在得到推薦列表後，對整個推薦列表進行評估，所以 TopK 評測的不僅是模型，而且是直接評估推薦列表，這個推薦列表也許是綜合了召回層與排序模型所得到的，所以 TopK 評測專門用來評測整個推薦系統。

至於 TopK 的精確率與召回率早在 2.4.3 節中就介紹了，所以本節只簡單概述一下。首先仍然需先定義以下概念。

pos_u：使用者 u 互動記錄中喜歡的物品集。

neg_u：使用者 u 互動記錄中不喜歡的物品集。

$\text{preds}_u@\text{K}$：排序在前 K 個給使用者 u 推薦的物品列表。

7.2.1 TopK 精確率與召回率

$$精確率(\text{Precision}_u@K) = \frac{|\text{preds}_u@K \cap \text{pos}_u|}{|\text{preds}_u@K \cap \text{pos}_u| + |\text{preds}_u@K \cap \text{neg}_u|} \quad (7\text{-}16)$$

$$全負精確率(\text{Precision}_u^{\text{full}}@K) = \frac{|\text{preds}_u@K \cap \text{pos}_u|}{|\text{preds}_u@K|} \quad (7\text{-}17)$$

$$召回率(\text{Recall}_u@K) = \frac{|\text{preds}_u@K \cap \text{pos}_u|}{|\text{pos}_u|} \quad (7\text{-}18)$$

公式很簡單，部分可參考 2.4.3 節，但在 2.4.3 節中從無排序的推薦
列表的角度切入，並沒有涉及 TopK 的概念。因為之前為了測試近鄰協
作過濾的表現，在近鄰協作過濾產生的推薦列表中物品是有限且無排序
的，並不需要且無法計算前 K 個物品的排序表現。涉及 TopK 後，就有在
前 K 個排序的概念，接下來就詳細講解 TopK 與普通模型測試的區別。

7.2.2 TopK 測試與普通模型測試的區別

TopK 測試與普通模型測試最大的區別在於前者候選樣本的範圍更
大。針對普通的模型測試，僅需從資料樣本對中切分出測試集，也就是
說每個樣本對都有標註，但是真正的推薦系統在對某個使用者進行推薦
時，並不僅從所謂的測試集樣本中候選物品，而是候選所有系統中存在
的物品。普通的評估方式無法評估無標註的樣本，所以才有了 TopK 系列
的評測方式。

假設測試樣本集如表 7-1 所示。

表 7-1 測試樣本集

資料名稱	資料內容									
使用者 id	1	1	1	1	1	2	2	2	2	2
物品 id	1	2	3	4	5	3	4	5	6	7
標註	1	1	0	0	1	1	0	1	1	0

若採用普通的模型評估方式，則可以透過模型預測使用者 1 與物品 1、2、3、4、5 的分數，但並不會去預測使用者 1 與物品 6 和物品 7 的分數。因為即使預測了使用者 1 與物品 6 和物品 7 的分數，也沒有真實標註用以評估。

但是推薦系統在準備推薦物品時，假設沒有召回層，排序層的模型自然需要計算使用者 1 與所有物品的分數，進而進行評分，然後取排名前 K 個的物品推薦給使用者 1，所以在當前測試環境中，自然就包含了物品 6 和物品 7，並且真實的候選集只會更多，所以全負精確率與召回率一定會遠低於普通評分時的精確率與召回率。這很好理解，因為在評估全負精確率與召回率時，未標註的樣本全部被當作負例去計算，而實際上未標註的物品未必都是負例。

而一般普通的 TopK 精確率其實並不會太低，並且通常會高於普通的模型精確率，這是因為實際上它僅考慮了有標註的樣本對，而之所以會高於普通模型精確率是因為普通精確率等於 TopK 精確率的 K 為很大的情況，而 K 越大代表排序後的物品越會被推薦，若模型是正確的，則 K 越大自然負例會大機率地出現在推薦列表中。現如今業內不太會去測試普通的 TopK 精確率，而是直接將全負精確率稱為精確率並以此評估模型，所以大家若在別的文獻中看到如 Precision@K 這樣的指標，並且測出的值很低，則它指的其實是本書中介紹的全負精確率，即標註正例以外的所有樣本均算作負例去計算的精確度。

大家一定對「很低」這種詞語沒什麼概念，所以下面將使用 ml100k 的資料分別簡單訓練 AFM、FNN、DeepFM 這 3 個排序模型來評估一下精確率和召回率等。它們普通的模型精確率、召回率、AUC 如表 7-2 所示。

表 7-2 AFM、FNN、DeepFM 的模型精確率、召回率、AUC

模型	精確率	召回率	AUC
AFM	0.6413	0.7325	0.6208
FNN	0.6402	0.7711	0.6340
DeepFM	0.6254	0.7106	0.5868

這 3 個模型的 TopK 精確率、全負精確率、召回率如圖 7-5 所示。

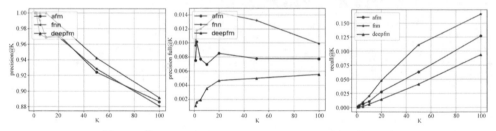

▲ 圖 7-5 AFM、FNN、DeepFM 的 TopK 精確率及召回率等

這些表的水平座標指的是 K 的值，垂直座標是各項指標的表現分，所以透過對比模型評估指標可以發現，採用 TopK 的測量方式得到的評估指標除了普通的 TopK 精確率數值較高外，全負精確率與召回率是相當低的，並且其程度根據這些圖表可以很直觀地看到。

評估 Topk 精確率與召回率的程式可在附帶程式中找到，位址為 recbyhand\chapter7\s22_topKEva.py。TopK 評估函式整理腳本的位址為 recbyhand\utils\topKevaluate.py。

7.2.3 Mean Average Precision (MAP)

MAP 可以視為對順序敏感的召回率，首先看 AP 的計算公式 [5]：

$$AP_u@K = \frac{1}{|\operatorname{pos}_u|} \sum_{i \in \operatorname{pred}_u@K} \frac{p_i^{(\operatorname{pred}_u@k \cap \operatorname{pos})}}{p_i^{\operatorname{pred}_u}} \tag{7-19}$$

其中，$p_i^{\operatorname{pred}_u}$ 表示物品 i 在預測列表中的位置。$p_i^{(\operatorname{pred}_u@k \cap \operatorname{pos})}$ 表示物品 i 在真正例集中的位置，但倘若物品 i 不是真正例，則傳回 0。

MAP 指所有的使用者 AP 得分後取平均值。公式以下 [5]：

$$MAP@K = \frac{\sum_{u \in U} AP_u@K}{|U|} \tag{7-20}$$

其中，U 代表所有使用者集，公式的意義是將每個使用者的 AP 求平均值。

用以下數值來輔助理解 AP 的公式。

設真實正例集為 {a, b, c, d, e}，預測集為 [a, f, e, b]。將這些數字代入 AP 公式，首先 |pos$_u$| 是真實正例的個數，這很簡單，此處是 5，然後 $i \in \operatorname{pred}_u@K$ 指的是遍歷預測集，$p_i^{\operatorname{pred}_u}$ 的值對應 [a, f, e, b] 分別是 [1, 2, 3, 4]。按照目前的資料，真正例是 [a, e, b]，分子上 $p_i^{(\operatorname{pred}_u@k \cap \operatorname{pos})}$ 的值對應 [a, e, b] 分別為 [1, 2, 3]。全於 f 並不是真正例，所以在計算 f 時，分子可取 0。推薦列表 [a, f, e, b] 的 AP 為 $\frac{1}{5} \times \left(\frac{1}{1} + \frac{0}{2} + \frac{2}{3} + \frac{3}{4} \right) \approx 0.483$。

其實從 AP 的計算公式中可以發現，AP 的設定值範圍的最大值為召回率的值。

AP 與 MAP 的程式如下：

```
#recbyhand\utils\topKevaluate.py
#Average Precision
def AP(pred, pos):
    hits = 0
    sum_precs = 0
    for n in range(len(pred)):
        if pred[n] in pos:
            hits += 1
            sum_precs += hits / (n + 1.0)
    return sum_precs / len(pos)

#Mean Average Precision
def MAP(preds, poss):
    ap = 0
    for pred, pos in zip(preds, poss):
        ap += AP(pred, pos)
    return ap / len(preds)
```

7.2.4 Hit Ratio (HR)

Hit Ratio 指擊中的機率，所謂擊中即預測到的真正例，所以 HR 是真正例的數量對所有樣本數量的比例，實際上還是召回率，但是目前一般 HR 也不完全等於召回率，因為 HR 分兩種，一種是 Item HR，另一種是 User HR。

首先看 Item HR，計算公式如下：

$$\mathrm{HR}_{\mathrm{item}}@K = \frac{|\bigcup_{u \in U}\mathrm{preds}_u@K \bigcap \mathrm{pos}_{\mathrm{all}}|}{|\mathrm{pos}_{\mathrm{all}}|} \tag{7-21}$$

其中，$\bigcup_{u \in U}\mathrm{preds}_u@K$ 代表所有使用者 TopK 預測集的聯集，其實是所有預測集，posall 代表所有的正例，所有的預測集與所有的正例取交集自然是所有的真正例，所以 Item HR 計算的是所有物品的召回率。區別

於普通的召回率，因為普通召回率計算的是每個使用者的召回率，之後將所有使用者的召回率取平均值。

Item HR 的程式很簡單，程式如下：

```
#recbyhand\utils\topKevaluate.py
def hit_ratio_for_item(all_preds, all_pos):
    '''
    :param all_preds：全部的預測集
    :param all_pos： 全部的正例集
    '''
    return len(all_preds&all_pos)/len(all_pos)
```

User HR 指的是被擊中使用者的比例，什麼是被擊中的使用者呢？定義是這樣的，如果使用者 u 的 TopK 推薦列表中有被擊中的物品，則使用者 u 為被擊中的使用者。User HR 的公式如下：

$$\text{HR}_{\text{user}}@K = \frac{1}{|U|} \sum_{u \in U} |\text{ preds}_u@K \bigcap \text{pos}_u | > 0 \qquad (7\text{-}22)$$

如果某個使用者的預測集中至少有一個真正例，則該使用者是被擊中的使用者，所以 User HR 很容易獲得高分。當然也可以設定使用者預測集中至少兩個或 n 個真正例才算是 Hit User（被擊中的使用者），則公式可以寫成：

$$\text{HR}_{\text{user}}@K@n = \frac{1}{|U|} \sum_{u \in U} |\text{ preds}_u@K \bigcap \text{pos}_u | \geqslant n \qquad (7\text{-}23)$$

普通的 User HR 的程式如下：

```
#recbyhand\utils\topKevaluate.py
def hit_ratio_for_user(pred, pos):
    '''
    :param pred：單一使用者的預測集
    :param pos： 單一使用者的正例集
```

```
    '''
    return 1 if len(set(pred)&set(pos)) > 0 else0
```

7.2.5 Mean Reciprocal Rank (MRR)

MRR 可以視為對順序敏感的 User HR，計算公式以下 [6]：

$$MRR = \frac{1}{|U|} \sum_{u \in U} \frac{1}{rank_u} \tag{7-24}$$

其中，U 代表所有使用者，$u \in U$ 代表遍歷所有使用者，ranku 代表在使用者 u 的推薦列表中第 1 個真正例所在的位置。MRR 相對 MAP 就簡單多了，如無法從公式上理解，則可以透過以下程式來理解。

MRR 的程式如下：

```python
#recbyhand\utils\topKevaluate.py
#Reciprocal Rank
def RR(pred, pos):
    for n in range(len(pred)):
        if pred[n] in pos:
            return 1/(n + 1)
    else:
        return 0

#Mean Reciprocal Rank
def MRR(preds, poss):
    rr = 0
    for pred, pos in zip(preds, poss):
        rr += RR(pred, pos)
    return rr / len(preds)
```

可以發現 MRR 的設定值範圍的最大值為 User HR 的值。

7.2.6 Normalized Discounted Cumulative Gain (NDCG)

歸一化折損累計增益 (Normalized Discounted Cumulative Gain, NDCG)[7] 可以視為對順序敏感的精確率,首先看 DCG,即折損累計增益的公式以下 [7]:

$$\mathrm{DCG}@K = \sum_{i}^{K} \frac{r(i)}{\log_2 (i+1)} \tag{7-25}$$

G:$r(i)$ 表示第 i 個物品的相關性分數,即 NDCG 名字中的 G (Gain, 增益),其實在二分類預測中是 1 和 0 的區別,預測準確即為 1,否則為 0。

C:K 表示預測集的數量,將這 K 個分數累加起來,表示 NDCG 名字中的 C (Cumulative 累加)。

D:累加過程中,除以分母中的 $\log_2(i+1)$ 是 NDCG 名字中的 D (Discounted, 折損),即排名越靠後的物品所折損的分數更多,以此來表現排序的好壞。

N:NDCG 名字中的 N 是 Normalized 的字首,即歸一化的意思,目前看來 DCG 的設定值並不是在 0~1。要做到歸一化,首先需定義一個單位 DCG,用 IDCG 來表示,公式以下 [7]:

$$\mathrm{IDCG}@K = \sum_{i}^{K} \frac{1}{\log_2 (i+1)} \tag{7-26}$$

實際上 IDCG 計算的意義是將推薦列表中所有的物品都當作真正例去計算 DCG。最後,歸一化後的 NDCG 計算以下 [7]:

$$\mathrm{NDCG}@K = \frac{\mathrm{DCG}@K}{\mathrm{IDCG}@K} \tag{7-27}$$

DCG 與 NDCG 的程式如下：

```
#recbyhand\utils\topKevaluate.py
#Discounted Cumulative Gain
def DCG(scores):
    return np.sum(
        np.divide(np.array(scores),
                    np.log2(np.arange (len(scores)) + 2)))
#Normalized Discounted Cumulative Gain
def NDCG(pred, pos):
    dcg = DCG([ 1 if i in pos else 0  for i in pred ])
    idcg = DCG([ 1 for _ in pred ])
    return dcg / idcg
```

7.2.7 小節總結

以上是比較常用的 TopK 評估指標，範例程式中有一個範例，程式的位址為 recbyhand\chapter7\s27_topkEvaAll.py。其中核心的方法是 doTopKEva()，該方法需要傳的參數如下：

```
#recbyhand\chapter7\s27_topkEvaAll.py
from utils import topKevaluate as tke
# 進行 TopK 評估
def doTopKEva(model_paths = model_paths,
    ks = [ 1, 2, 5, 10, 20, 50, 100 ],
    evaMethods = [tke.EvaTarget.precision,
    tke.EvaTarget.precision_full,
    tke.EvaTarget.recall,
    tke.EvaTarget.map,
    tke.EvaTarget.mrr,
    tke.EvaTarget.ndcg,
    tke.EvaTarget.user_hr,
    tke.EvaTarget.item_hr],
    needPrint = True,
    needDraw = True):
    '''
```

:param model_paths：要評估的模型位址字典，儲存形式是 { 模型名稱：模型檔案位址 }

:param ks：要評估的 K 值串列

:param evaMethods：要評估的指標，預設是全部

:param needPrint：是否要列印出指標

:param needDraw：是否要畫圖

:return all_dict：包含所有評估指標的字典，儲存形式是 { 模型名稱：{ 指標名稱：[對應 k 值的評估分數 ...]...}...}

'''

這種方法不僅能傳出包含所有評估指標的字典，還能順便畫出各個指標的模型間對比的折線圖，範例折線圖如圖 7-6 所示。

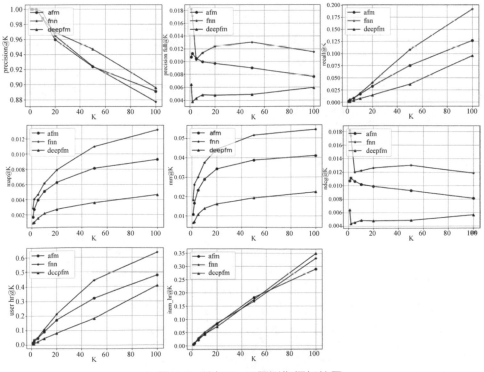

▲ 圖 7-6 所有 TopK 評測指標折線圖

大家屆時可結合程式動手學習並理解各個指標。

7.3 業務性評測指標

業務性的評測指標理解起來很容易，顧名思義，這部分指標是從業務出發所設計的對推薦系統的評估。對不同的產品和不同的場景能設計出很多指標，本書就介紹幾個推薦系統較通用的指標。

7.3.1 點擊率 CTR (Click Through Rate)

$$CTR = \frac{\sum_{u \in U} | \text{Clicks}_u |}{\sum_{u \in U} | \text{Exposures}_u |} \tag{7-28}$$

其中，clicksu 是指定時間內使用者 u 點擊過的物品集，exposuresu 是指定時間內給使用者 u 曝光過的物品集，點擊率是點擊量除以曝光量，算是最直觀也是最簡單的能夠表現推薦系統好壞的評估指標。

7.3.2 轉換率 CVR (Conversion Rate)

$$CVR = \frac{\sum_{u \in U} | \text{Conversions}_u |}{\sum_{u \in U} | \text{Clicks}_u |} \tag{7-29}$$

其中，Conversionsu 指使用者 u 的轉化次數，Clicksu 是指定時間內使用者 u 點擊過的物品集。轉化出自於廣告推薦的某種定義，是指最終的購買行為次數或購買量，通常對轉換率的理解是每一次行動轉化為收益的機率。如果一個系統的點擊率很高，但轉換率很低，這表示這個推薦系統並不能增長實際收益，所以最佳化轉換率也是非常重要的環節，轉換率與點擊率也可以進行聯合訓練。

另外，除了轉換率，其實還有很多指標，舉例來說，點擊完播率 (完播量 / 點擊量)、按讚率 (按讚量 / 點擊量)、轉發率 (轉發量 / 點擊量) 等這些指標都可以進行聯合訓練。這些指標從營運的角度去理解有著各式各樣的定義，但其實對演算法工程師而言屬於同一大類，都是將某個使用者與產品的互動量除以另一個互動量，所以處理起來都差不多。

7.3.3 覆蓋率 (Coverage)

覆蓋率評測的是推薦出的物品在所有物品中的覆蓋情況，公式如下：

$$\text{Coverage} = \frac{|\bigcup_{u \in U} \text{Exposures}_u|}{|\text{Items}|} \tag{7-30}$$

其中，分母是所有物品的數量，分子是所有使用者曝光物品的聯集數量。覆蓋率實際上與召回率和 Item HR 有同樣的意義，公式與 Item HR 其實是一樣的。只不過 Item HR 是測試集的所有物品，而業務上理解的覆蓋率自然是計算推薦出的物品佔系統中所有物品的比例。

該指標與點擊率的最佳化想法方向不同，如果一味地追求點擊率或點擊率系列的那些轉換率等，則推薦系統就一定會落入經常推薦熱門物品的處境。如果系統採用的是使用者生成內容 (User Generated Content, UGC)，則使用者生成的新內容自然會比熱門物品曝光的機率小，這樣會打擊使用者生成內容的積極性，這對推薦系統來講並不是一個可持續發展的現象。

一個好的推薦系統，除了追求點擊率以外，自然也要追求覆蓋率，以及後面幾節要介紹的多樣性和新穎度等也許是與點擊率衝突的指標。

7.3.4 多樣性 (Diversity)

多樣性，顧名思義是檢測推薦出的物品是否多樣，評估方式並不固定，最基礎最簡單的方式如下：

$$\text{Diversity}_{\text{base}} = \frac{|\bigcup_{u \in U} \text{Exposures}_u|}{\sum\limits_{u \in U} |\text{Exposure}_u|} \qquad (7\text{-}31)$$

其中，分子是所有使用者曝光物品的聯集，分母是所有使用者曝光數量的和。只有千人千面的系統，多樣性才會越好。

如果針對某一個使用者，希望向使用者推薦的列表中包含的物品是多種多樣的，該怎麼評估呢？首先此時需要算出每兩兩物品的相似度，然後透過計算這個推薦列表中兩兩物品的相似度來確定是否多樣，公式如下：

$$\text{Diversity}_{\text{sm}}(E_u) = 1 - \left(\frac{2}{n(n-1)} \sum_{i=}^{|E_u|} \sum_{j=i+}^{|E_u|} \text{sim}(i,j) \right) \qquad (7\text{-}32)$$

其中，E_u 代表給使用者 u 的推薦列表，$\text{sim}(i,j)$ 代表第 i 個物品與第 j 個物品的相似度，公式表達的意思是求得兩兩間的相似度之後全部累加，然後除以計算相似度的次數進行歸一化，所得的結果是該推薦列表中所有物品兩兩間相似度的期望值，相似度對於多樣性而言自然是越低越好，所以最後用 1 減去相似度期望得到的值，最終得到的值越大表示使用者 u 推薦列表的多樣性越好。透過這種方式得到一個使用者推薦清單的多樣性後可以將所有使用者的多樣性取平均值，作為整個推薦系統以某種相似度測量方式為基礎的多樣性分值，公式可表達為

$$\text{Diversity}_{\text{allsim}} = \frac{1}{|U|} \sum_{u \in U} \text{Diversity}_u^{\text{sim}} \qquad (7\text{-}33)$$

如果每個使用者的多樣性的確很高，Diversityallsim 自然會很高，但是如果系統給每個使用者推薦的物品都是那幾樣物品，Diversityallsim 就不能代表推薦系統的多樣性所以以相似度評測多樣性為基礎的公式與第 1 個公式結合可得：

$$\text{Diversity}_{\text{hybr d}} = \frac{\text{Diversity}_{\text{s m}}\left(\bigcup\limits_{u \in U} \text{Exposure}_u\right)}{\sum\limits_{u \in U} |\text{Exposure}_u|} \tag{7-34}$$

用相結合的方法可以綜合考慮推薦列表本身的多樣性，以及系統按千人千面的方式進行推薦的多樣性。

7.3.5 資訊熵 (Entropy)

資訊熵是很古老的概念，早在 1948 年，資訊理論之父 C.E.Shannon 參考了熱力學中熵的概念提出了資訊熵 (Entropy)[8]，並舉出了資訊熵的數學運算式 [8]。

$$\text{Entropy} = -\sum_{i=1}^{n} p_i \log p_i \tag{7-35}$$

其中，n 代表全部的樣本列舉數，p_i 表示第 i 個樣本被選中的機率，實際上是樣本 i 值的數量佔全部樣本數的比例。例如某個電影推薦系統，給某個使用者推薦的電影列表的類別如下：

喜劇	動作	喜劇	愛情	愛情	動作	喜劇	喜劇	動作	喜劇

樣本列舉是：喜劇、動作、愛情。全部樣本數是 10。喜劇、動作、愛情分別對應的樣本數量是 5、3、2，所以喜劇、動作、愛情被選中的機率分別是 $\frac{5}{10}$、$\frac{3}{10}$、$\frac{2}{10}$。代入資訊熵的公式可得 Entropy = 0.5+0.521+0.464 = 1.485。

資訊熵代表資訊的混亂程度，資訊量越大則資訊會越混亂，即資訊熵會越大，所以評估推薦清單資訊熵的評估方式實際上也屬於評估多樣性的一種方式。只是避免了時間複雜度很高的兩兩相似度計算，但是測量資訊熵並不是將推薦出的物品本身當作樣本去計算，如果單計算物品，則每個使用者推薦列表的資訊熵都是一樣的，因為推薦列表中物品並不會出現重複的現象，所以它們被選中的機率彼此都完全相同。

應該用物品的類別標籤，或透過某種聚類方式得到的聚類類別，或透過 LSH 雜湊分桶後的雜湊桶當作樣本去計算資訊熵。

7.3.6 新穎度 (Novelty)

新穎度檢測的是推薦系統推薦出新物品的能力，公式表達得比較簡單，公式如下：

$$\text{Novelty} = \frac{|\text{items}_{\text{new}}|}{|\text{Items}|} \tag{7-36}$$

公式 (7-36) 表示新物品的數量與所有物品數量的比例。通常新物品的定義是設定某一個時間 (例如今天) 新產生的物品是新物品。

7.3.7 驚喜度 (Surprise)

驚喜度需要一套公式組來計算，具體如下：

$$\begin{cases} \text{ppl}_i = \ln(1 + N_{(i)}) \\ \text{normalize}(\text{ppl}_i) = \dfrac{\text{ppl}_i}{\max(\text{ppl})} \\ \text{sup}_i = 1 - \text{normalize}(\text{ppl}_i) \\ \text{Surprise} = \dfrac{1}{|U|} \sum_{u \in U} \dfrac{\sum\limits_{i \in \text{pred}_u} \text{sup}_i}{|\text{pred}_u|} \end{cases} \tag{7-37}$$

第 1 個公式中的 $N_{(i)}$ 代表的是物品 i 被互動的次數，取 ln 是為了讓資料更平滑一些，+1 是為了防止出現 ln(0) 無法運算的情況，所以第 1 個公式的 ppl_i 代表的是物品 i 的流行度；第 2 個公式則是歸一化；第 3 個公式的 sup_i 是用 1 減去歸一化後的流行度得到的 , 這個 sup_i 可以認為是物品 i 的驚喜度；第 4 個公式是將所有推薦列表中物品的驚喜度求平均值，並將此值作為整個推薦系統的驚喜度。

所以驚喜度是流行度的反義，最佳化驚喜度的意義是防止推薦物品時總是推熱門物品。

其實驚喜度和新穎度的計算方式並不固定，有的文獻描述的新穎度是本書描述的驚喜度的演算法。怎麼去稱呼某個計算並不重要，重要的是那個計算本身。在評價推薦系統時，新穎度與驚喜度都是很值得評估的指標，因為它們都與點擊率的最佳化想法不同。

7.3.8 小節總結

以上是本書介紹的業務性評測指標，當然業務性的評測指標一定遠遠不止這些，7.3.2 節的 CVR 系列能展開很多，還包括一些諸如留存、使用時長等很偏營運的指標，而且根據不同的業務場景，也能定義出專門針對某項業務的評估指標。

推薦專案初期往往特別重點擊率，確實點擊率是能夠反映出推薦系統好壞的最直觀的指標，但是一味地追求點擊率而忽略多樣性、新穎度等並不是一個可持續且健康的推薦系統，所以作為專業的推薦演算法工程師，大家要有意識地多用一些評估指標評估系統。

7.4 線上對比測試

　　線上對比測試會有兩個不同的使用時期。第 1 個時期是初期,透過對比實驗證明推薦系統是有效的。第 2 個時期是在更新最佳化推薦系統後此時可對比一下新舊模型或邏輯的優劣。

　　時期一,初期對比檢測推薦模型是否有效。光看評估指標並不能有效判斷推薦系統是好還是壞,尤其是業務性的指標。例如評估後得到目前推薦系統的點擊率為 10%,如果沒有任何參考對比是無法知道這 10% 的點擊率代表好還是壞,而所謂預設值通常是隨機推薦或熱門物品推薦產生的評估指標。如果做了演算法模型後得到的推薦系統的點擊率還不如隨機推薦,則一定不合格。甚至該比熱門物品推薦的點擊率高,並且熱門物品推薦策略除了點擊率會比較可觀外,其餘的指標 (例如多樣性、覆蓋率等) 一定相當差,所以透過模型的推薦系統在各項指標上要超過熱門物品推薦策略的表現應該易如反掌,如果模型推薦不如熱門推薦那就代表不合格。

　　時期二:最佳化期對比檢測新舊模型的優劣。到了最佳化期就不需要與隨機推薦與熱門推薦做對比了,而是將更新後的模型與更新前的舊模型做對比實驗。或更新了某個推薦的邏輯後,將新舊邏輯做對比實驗。

　　線上對比測試重點檢測的是那些業務性的指標,基礎的機器學習指標及 TopK 推薦評測指標是可以進行離線模擬測試的,而業務性的指標不但只檢驗模型,還檢驗整個推薦系統,所以線上對比測試就顯得更有意義了。

　　線上對比測試根據對比樣本的切分方式的不同,主要有兩種方法,一種是 A/B 測試,另一種叫作交叉測試。

7.4.1　A/B 測試

A/B 測試指的是將系統內的使用者分為兩部分，一部分呼叫 A 推薦介面，另一部分呼叫 B 推薦介面，進而分別對測量評估資料進行比對。當然也可以分成三部分、四部分或説 N 部分使用者，反正這種透過切分使用者呼叫不同的介面進行測試的方式都被稱為 A/B 測試。

7.4.2　交叉測試

交叉測試指的是同一部分使用者呼叫不同的介面進行推薦，進而分別記錄由不同介面產生的互動資料進行對比評估測試。同一部分使用者呼叫不同介面的實現方式很簡單，可在呼叫前進行一次隨機分配，分配到哪個介面就呼叫哪個介面，或按照順序交替呼叫不同的介面。需要注意的是互動資料要能夠回溯到特定的介面。

7.4.3　A/B 測試與交叉測試的優劣勢

以 A/B 測試切分使用者時會有一定的風險，即 A 部分使用者與 B 部分使用者的品質可能會有差異，例如恰巧 A 部分使用者絕大多數是活躍使用者，而 B 部分使用者都是些新註冊的使用者。如此很大機率 A 推薦介面產生的評估指標會更好，但是很顯然這不一定是因為 A 的推薦策略更好，而是因為 A 的使用者品質高。

交叉測試的重點在於它的資料是由同一部分使用者產生的，所以這就很有效地避免了不同的使用者品質對評估指標造成的干擾因素，但交叉測試的劣勢是不同推薦介面若差異較大，則可能會造成不同使用者摸不清推薦規則而對系統反感。

交叉測試的優劣勢註定了它在對比評估存在微妙差異的模型時會更合適。若要對比評估存在較大差異的推薦邏輯，則採取 A/B 測試較好。

推薦專案的生命週期

自此已經完整地學習了推薦系統的所有要素，如推薦演算法、系統結構、評估方式等。本章會介紹一下整個推薦專案的生命週期。推薦專案是很大範圍的事情，具體的推薦專案一定要結合具體的場景，甚至結合具體的工作環境去進行。本書只是用簡單的方式籠統地介紹大概的流程，讓大家對此有個大概的了解。

8.1 了解資料與推薦目的

首先要明確目的是什麼，做所有的事情都是這個原則。分析現有的資源是什麼，達到該目的需要哪些條件，手上的資源可以帶來什麼。這樣一頭一尾往中間靠近，如果接上了，則事情就可以開始進行了。圖 8-1 可以完整地表達上述這段話的含義。

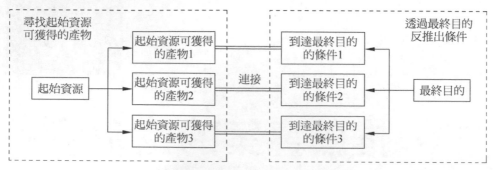

▲ 圖 8-1 起始資源與最終目的連接

對於推薦系統而言，起始的資源是可支配的資料，最終的目的為達到某個推薦業務的需求，如圖 8-2 所示。

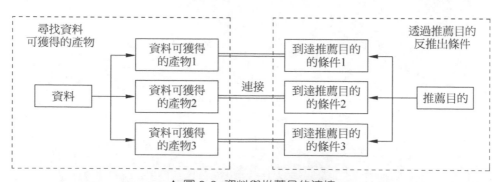

▲ 圖 8-2 資料與推薦目的連接

舉個簡單的例子，例如眼前有一個電子商務平臺，推薦的目的是給使用者推薦商品，根據這個目的可以反推出為了極佳地滿足這一推薦需要召回層、排序層等。可在該電子商務平臺獲得的資料是使用者已購買過的商品清單，所以可以用這些資料訓練出來各種協作過濾模型後用作召回層或排序層等，而如果初期沒有任何資料，則需要設計系統冷啟動的方略。

8.2 初期的特徵篩選

如果資料特別多，則需要進行資料篩選工作。照理對於機器學習而言，資料應該是多多益善。

的確如此，但是對於推薦系統最重要的是使用者與物品的互動資料，如果互動資料不多，而別的資料 (諸如使用者特徵、物品特徵等) 極多，則並不一定學得出來。因為使用者物品互動資料在推薦模型的訓練中被用作標註，在標註不多的情況下，模型要學習的參數若太多則很容易過擬合，所以推薦專案初期需要對特徵資料進行篩選。

此處介紹幾個簡單的特徵篩選方法。

8.2.1 去除空值太多的特徵類目

這個很好理解，假如某個使用者特徵類目僅有幾個使用者具備，而總使用者數有幾萬個，這表示與該類使用者特徵對應的標註資料一定會很少，所以會很難學出有效的向量表示。即使真學得出，在推薦初期花精力在此也不值得，這應該放於後期的最佳化專案中進行。

8.2.2 去除單一值太多的特徵類目

與空值的問題一樣，例如某個系統內絕大多數使用者的國籍為台灣，僅有幾個國籍為外國的使用者。如此分佈的那幾個外國國籍的向量表示很難學出效果，所以乾脆捨棄為妙。

8.2.3 去除一一映射關係的特徵

什麼是一一映射關係特徵？例如資料庫內有一個使用者特徵為使用者國籍，還有一個特徵為使用者國籍的簡稱，很顯然使用者國籍的簡稱

與使用者國籍在物理上表示的是一回事,所以這兩個特徵僅保留一個特徵即可。當然在實際工作中不需要這樣一個一個地透過業務進行判斷,僅需去尋找特徵與特徵間是否存在一對一映射的關係。

實際寫程式時有一個簡單快速的演算法可以使用,設 A 與 B 是兩個不同的特徵類目,若 A 與 B 滿足以下公式,則可捨棄 A 或 B,公式如下:

$$|\{A\}| = |\{B\}| = |\{(A,B)\}| \tag{8-1}$$

其中 $\{A\}$ 代表 A 特徵值的集合,同理 $\{B\}$ 代表 B 特徵值的集合,$\{(A,B)\}$ 則代表將 AB 看作一個組合特徵時的集合。這 3 個集合的長度若相等,則代表 A 和 B 集合是一一映射關係。

8.2.4 計算資訊增益比篩選特徵

在 7.3.5 節中介紹過資訊熵的概念,在了解資訊增益比前,先來了解一下什麼是條件資訊熵。本節內容在附帶程式中有範例程式,程式的位址為 recbyhand\chapter8\s24_entropy.py。大家可自行查看程式以配合理解。

先來回顧一下資訊熵公式:

$$H(X) = -\sum_{i=1}^{n} p(x_i) \log p(x_i) \tag{8-2}$$

條件資訊熵的公式如下:

$$H(X \mid Y) = \sum_{y \in Y} p(y) H(X^{(Y=y)}) \tag{8-3}$$

$p(y)$ 代表條件 Y 取 y 值的機率,其實也是 y 值的數量比 Y 的總數量。其中 $X(Y=y)$ 代表 X 數列中當條件 Y 的值為 y 時的值組成的數列,公式的意義代表遍歷所有條件 Y 的所有可能的值,算出每個 y 時的資訊熵,然後加權累加。

資訊增益的含義是附加了某個條件過後資訊熵的變化量，僅需做個減法，公式如下：

$$G(X|Y) = H(X) - H(X|Y) \tag{8-4}$$

其中 $G(X|Y)$ 表示 X 數列的資訊熵在附加了 Y 條件後的變化量。資訊熵越小代表資料越有規律，附加條件後的資訊熵總會小於原資訊熵，所以是原資訊熵減去條件資訊熵，但是這個差值的設定值範圍並不是 0~1，所以並無法透過數值直觀地判斷該條件的資訊增益究竟有多大，在此種情況下，需將資訊增益的量除以原資訊熵得到資訊增益比。資訊增益比的公式為[1]

$$GR(X|Y) = \frac{H(X) - H(X|Y)}{H(X)} \tag{8-5}$$

如此，資訊增益比的設定值範圍就為 0~1 了，越靠近 1 代表該條件的資訊增益越多，否則資訊增益很少。

接下來結合表 8-1 中的資料舉例說明。

表 8-1 資訊增益說明資料

資料類目	資料內容									
性別	男	女	男	女	女	男	男	女	男	女
職業	學生	藍領程式設計師	教師	學生	藍領程式設計師	學生	藍領程式設計師	學生	藍領程式設計師	教師
類型	喜劇	科幻	愛情	科幻	科幻	喜劇	科幻	喜劇	科幻	愛情

假設這是個電影推薦系統，第四行的類型指被推薦電影的類型。首先計算一下電影類型的資訊熵，得

$$H(\text{電影類型}) = 1.49$$

如果以性別切分電影的類型，則資料切分後如表 8-2 所示。

表 8-2 以性別切分後電影類型的分佈資料

性別	男					女				
類型	喜劇	愛情	喜劇	科幻	科幻	科幻	科幻	科幻	喜劇	愛情

從肉眼看似乎也能發現被性別切分後並沒什麼規律。接下來分別測得性別為男時，電影類型數列的資訊熵為 1.52。性別為女時，電影類型數列的資訊熵為 1.37，而性別為男的數量所佔總性別數量的 50%，性別為女的數量同樣佔比 50%。加權累加後可得

$$H\ (\text{電影類型} \mid \text{性別}) = 1.52 \times 0.5 + 1.37 \times 0.5 = 1.445$$

最後用該值與 $H\ (\text{電影類型})$ 的值計算資訊增益比可得

$$GR\ (\text{電影類型} \mid \text{性別}) = (1.49 - 1.445) \div 1.49 = 0.03$$

另一方面再來看被職業切分後的情況，見表 8-3。

表 8-3 以職業切分後電影類型的分佈資料

職業	學生				藍領程式設計師				教師	
類型	喜劇	科幻	喜劇	喜劇	科幻	科幻	科幻	科幻	愛情	愛情

此時肉眼可見電影類型的分佈相當有規律，如全部藍領程式設計師都只對應科幻片，全部教師只對應愛情片。省略中間的計算過程，計算在條件為職業的情況下，原本電影類型數列的資訊增益比約為

$$GR\ (\text{電影類型} \mid \text{性別}) = 0.78$$

所以結果顯而易見，性別這種對資訊增益毫無影響的特徵完全可以捨棄，但是需要注意的是，有時一個對結果沒有資訊增益的特徵與別的特徵組合後可能對結果能夠產生資訊增益，所以嚴謹一點可以計算按組合特徵切分後的資訊增益比後再做判斷，但是這可能就有點麻煩了，前

期做這個可能會有點費力，還不如直接訓練 FM 模型，然後觀察特徵組合產生的權重來判斷需不需要捨棄某個特徵，所以計算單一特徵的資訊增益比僅是作為特徵篩選的參考手段之一。

8.2.5 計算皮爾森相關係數篩選特徵

在 2.2.4 節中詳細介紹過皮爾森相關係數，在此計算公式就不重複講解了。皮爾森相關係數是檢驗兩個數列間線性相關性的指標，所以當特徵表現為連續值時，使用皮爾森相關係數篩選特徵會比使用資訊增益比更合適。

8.2.6 透過 L1 正規過濾特徵

給損失函式加上正規項來防止過擬合是機器學習的基礎，而正規項最基礎的兩種是 L1 正規與 L2 正規。L1 正規計算的是訓練參數的絕對值，L2 正規計算的是訓練參數的平方。簡單來說是在原損失函式的基礎上增加訓練參數自身的大小值，取絕對值或取平方皆是為了去除負號。只有當各個參數都足夠小時，才表示它們之間的絕對差距也足夠小，所以能夠減輕過擬合。

當然過擬合的問題不是本節的重點，本節的重點是透過運用 L1 正規順便造成過濾特徵的作用 [2]。可以先用所有特徵與標註訓練一個簡單的邏輯回歸模型，並在計算損失函式時加上 L1 正規項，這樣 L1 正規項會將特徵權重盡可能地變小，原本就不重要的特徵權重會隨著迭代次數的增加越來越小，直到 0，最後要做的是去除這些變為 0 的特徵類目即可。

雖然 L2 正規同樣具備將特徵權重變小的功能，但並不容易直接變為 0。圖 8-3 和圖 8-4 有助理解這一原理。

L2 正規公式如下：

$$w_1^2 + w_2^2 = r \tag{8-6}$$

L2 正規函式如圖 8-3 所示。

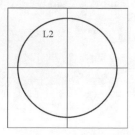

▲ 圖 8-3 L2 正規函式

L1 正規公式如下：

$$|w_1| + |w_2| = r \tag{8-7}$$

L1 正規函式如圖 8-4 所示。

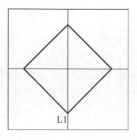

▲ 圖 8-4 L1 正規函式

根據這兩張圖不難發現，L2 正規更圓潤，而 L1 正規更有稜角，所以實際上 L2 正規對於權重的處理是盡可能地趨近於 0，但較難變為 0，而 L1 正規會使權重更往兩端靠近，要嘛取最大，要嘛取最小，即 0。

所以 L1 正規項的這一特點就使它可以造成降維的作用，以及在推薦專案前期可以造成過濾特徵的作用。

8.2.7 透過業務知識篩選特徵

業務知識對於機器學習而言可是先驗知識，對於篩選特徵而言肯定有幫助，思考一下業務知識也可提高演算法工作的可解釋性。

但是有利也有弊，因為太信業務知識會陷入經驗的誤區，使用數學方式得到的結果也許反常識，但如果計算過程中的方式完全正確，則結果即使再反常識也一定是對的，但如果演算法工程師自認為很了解業務知識，則或多或少會被經驗主義誤導。

所以透過業務知識篩選特徵這一方法的使用人員最好與使用數學方式篩選特徵的人員是不同的兩個人，這樣可互相橫向對比檢驗。

8.3　推薦系統結構設計

把資料與推薦任務的目的弄清楚後，接下來就可整體地設計推薦系統的結構了。為何推薦系統的結構設計放在特徵篩選之後進行會更有利呢？因為假設團隊只有一人的情況下，在做特徵篩選時最好不要太了解業務，尤其不要針對每個特徵去了解其物理含義，否則很容易陷入經驗主義的誤區。僅透過數學方式，例如資訊增益比或皮爾森相關係數等手段篩選出的特徵往往會更客觀，而之後可從業務知識的角度去理解每個特徵的物理含義，進而進行驗證，並思考其為何被過濾或為何被選出的意義，方為一個好的工作方式。

而在設計推薦系統結構時，要在營運的角度去思考，所以此時對於業務知識的了解是越詳細越好。例如目前系統的產品屬性，像新聞類系統則一定是快消品，對即時性的要求非常高，這代表召回層可能需要進行高效率地召回物品。再例如書籍推薦系統，因為書籍不會變化得很快，使用者的需求通常也不會變化得很快，所以這類系統往往更注重推

薦物品的精確性,即時性並不是很重要,也就是説此時可設計召回層 + 粗排層 + 精排層的推薦系統結構。

初步設計好後,後續也可最佳化調整,但整體方向最好把握住,因 為推薦系統進行結構性更改往往會影響很多。

8.4 模型研發

接下來是模型的研發過程,這裡的模型研發並不是指學術上的研發 模型,而是結合具體的業務場景研發出適合目前任務的模型,所以一開 始應明確推薦需求及推薦系統結構,在現成的模型中選擇要參考的模型 演算法,這一過程通常被稱為模型的選型。

模型的選型首選需考慮推薦系統的結構,具體可參考 6.2 節,尤其是 其中的粗排序層與精排序層部分。之後則可結合資料與業務場景綜合考 慮,大概來講模型選型前需對使用者與物品的互動資料做幾個統計。例 如統計一下活躍使用者的分佈情況,以及熱門物品的分佈情況等。大致 的方向是模型的參數量與每個使用者互動物品數成正比,這很好理解, 互動資料越稠密就越能學出東西,而如果互動資料不是很稠密,模型參 數多則極易過擬合。

模型選型好之後則可結合目前的實際情況做調整,然後輸入資料開 始訓練,然後評估模型,再不斷地調參,再評估。

模型研發階段不需要太講究程式規範或程式可讀性的問題,因為在 此過程中程式的修改量會很大。當模型第一階段研發完成後再去整理程 式也不遲。

8.5　架設推薦系統

架設系統首先要做的是建立資料流程，資料流程具體可參考 6.5 節。如果是團隊協作，則架設資料流程可與模型研發非同步平行處理進行。架設資料流程主要用到的是巨量資料處理工具的使用知識，而研發模型用到的則是演算法知識，這個性質本身也比較適合由不同的兩組人分開進行。

等到模型研發完成後，再架設點對點的訓練服務系統，以及如何將模型部署到預測端。

還要設計一些埋點表，以便得到可對系統進行評估的資料，待到推薦系統上線後便可立即開始評估模型。

總之推薦專案到這一步是集結之前做的事情，進而建構出完整的推薦系統，透過基礎的測試後即可上線收集埋點資料。

8.6　最佳化推薦系統

對於推薦專案而言最佳化系統才是重點，通常推薦系統的架設工作短到幾週，多則只需幾個月即可完成，而最佳化推薦系統則永無止境，且機器學習演算法也只有到最佳化階段才會真正造成作用。這是因為在推薦系統沒有真正執行起來前，並沒有最適合的真實資料用以訓練模型。只有上線後，方能收集因為推薦系統產生的使用者物品互動資料。

在這個過程中首先可透過 A/B 測試將推薦系統與隨機推薦及僅熱門物品推薦策略做比較，統計出在第 7 章中介紹的評估指標，然後制定最佳化策略，接下來不斷進行 A/B 測試或交叉測試，進而最佳化系統。

可以最佳化的點包括以下幾點。

1. 推薦模型的最佳化

模型最佳化自然是最佳化階段的重中之重,而如何最佳化模型的重點則靠演算法工程師的數學技巧,本書絕大多數的篇幅均在介紹一些熱門的模型演算法,以及模型推演的方式。只要能掌握模型的推演方式則在最佳化模型這一部分便能得心應手。

2. 特徵工程的最佳化

初期的特徵工程沒有必要做得很細,因為初期應該講究一個最小可執行策略,以便快速上線去收集真實資料。到了最佳化期,特徵工程是能夠持續最佳化的點。特徵工程這一部分的內容相當多,本書 6.5 節中簡單介紹了一些內容。具體可參閱專門針對特徵工程做介紹的書籍或文獻。順便一提,現階段的特徵工程正在結合圖神經網路發展,可能成系統的書籍還未面世,但是大家不妨結合圖神經網路的知識及本書第 4 章與第 5 章的內容思考一下圖特徵工程該怎麼做。

3. 推薦策略的最佳化

策略性的最佳化當然也屬於一個最佳化的點,並且策略的改變往往會比模型影響更大,所以更要進行對比測試觀察評估指標的變化。需要注意的是,做對比測試時一定要控制變數,每次僅測試一種修改,否則無法確認評估指標的變化是以何種修改為基礎。

順便一提,一般性的評估指標 (例如點擊率),不太會延遲變化,意思是說推薦策略或推薦模型發生改變後,通常評估指標的變化應該是立竿見影的,短則部署後幾分鐘即可看出變化,長則 1 天內總會有變化,所以沒必要去等待,指標沒有變化就說明該策略沒有影響。具體的時長主要是與時間內的互動資料量有關。

　　有人可能會對此有異議，認為太短時間內的評價指標變化置信度不夠，認為環境因素有很多的影響，其實這種環境因素具體還是指時間上的，例如週日與週一的表現也許不同，但是如果按照這個想法，那麼春天與夏天的表現自然也會不同，甚至今年與明年的表現一定也會有不同，所以難不成我們更換了策略，就要等待經年累月去觀察評價指標的變化才有置信度嗎？當然不需要，合格的演算法工程師應該可以就變化的趨勢推斷出新模型或新策略帶來的影響，且例如週日與週一，春天與夏天這些影響因數應該是在模型研發階段就計算進去的因素。如果春天的點擊率很高，夏天的點擊率很低，很可能是系統在夏天時也推薦了春天的東西，則這個系統本身就有問題，而不應該得出夏天的點擊率比春天的點擊率低的結論。即使短期內點擊率無法最佳化到穩定狀態，但是可以將例如每週日、每週一，春天或夏天等環境因素產生的點擊率期望值記錄下來，所以僅需與該期望值作比較。總而言之，有很多辦法可以增加短時間內評價指標變化的置信度，以此來提高工作效率。

4. 資料流程的最佳化

　　資料流程主要會影響推薦的即時性，但不限於此，還要保證系統的穩定安全。另外，時間、空間複雜度也可不斷最佳化。不僅可最佳化推薦預測的效率，模型訓練的效率也是最佳化點之一。

　　不要小看 0.1% 的轉換率增長，例如淘寶在雙十一時能夠有著幾千億元的日成交額。就拿一千億元為例，轉換率提高 0.1% 就是一億元了，一年就是 365 億元。這是推薦系統的價值，所以最佳化推薦系統的確是永無止境的，並且需要精益求精地進行最佳化。AI 演算法也在不斷地發展，數學本身也在發展，還有很多推薦的數學技巧有待開發。

結語

　　本書的內容已經全部講解完畢，但正式的學習才剛剛開始。正如本書的第 1 章所講，推薦演算法的範圍極廣且極其靈活。本書中所涉及的演算法類別雖廣，但也只是每個類別中比較入門的演算法。接下來的修行要靠大家自己。

　　做推薦演算法是透過數學去尋找各個物件之間的隱藏關係。目的非常單一，但做法相當多。這就像是圍棋，相較象棋、軍棋等棋種，圍棋的規則非常簡單，即將對方圍住，而象棋與軍棋等還得去理解每個棋子的功能，但是圍棋的下法可能性卻遠高於象棋與軍棋等，甚至比整個宇宙中的原子數量還多。推薦演算法的數量同樣非常多。

　　對於圍棋的學習而言，通常會學一些定式，所謂定式是一些固定的下法。到了圍棋高手的境界後則會拋棄定式而建立出自己的一套下法系統，所以學習推薦演算法也是一樣的道理，先透過學習一些熱門的演算法，學習這些演算法的形成想法與演化過程，建立起自己靈活運用數學知識的概念，這樣一來便能舉一反三。

NOTE

NOTE

NOTE